FC 精细化工品生产工艺与技术

洗涤剂生产工艺与技术

宋小平　韩长日　主编

科学技术文献出版社
SCIENTIFIC AND TECHNICAL DOCUMENTATION PRESS
·北京·

图书在版编目（CIP）数据

洗涤剂生产工艺与技术 / 宋小平，韩长日主编. —北京：科学技术文献出版社，2020.1（2020.12重印）

ISBN 978-7-5189-6025-5

Ⅰ.①洗… Ⅱ.①宋… ②韩… Ⅲ.①洗涤剂—生产工艺 Ⅳ.① TQ649.5

中国版本图书馆 CIP 数据核字（2019）第 199846 号

洗涤剂生产工艺与技术

策划编辑：孙江莉　　责任编辑：李　鑫　　责任校对：文　浩　　责任出版：张志平

出 版 者　科学技术文献出版社
地　　址　北京市复兴路15号　邮编　100038
编 务 部　(010) 58882938，58882087（传真）
发 行 部　(010) 58882868，58882870（传真）
邮 购 部　(010) 58882873
官方网址　www.stdp.com.cn
发 行 者　科学技术文献出版社发行　全国各地新华书店经销
印 刷 者　北京虎彩文化传播有限公司
版　　次　2020 年 1 月第 1 版　2020 年 12 月第 2 次印刷
开　　本　787 × 1092　1/16
字　　数　440千
印　　张　19.25
书　　号　ISBN 978-7-5189-6025-5
定　　价　98.00元

前　　言

精细化工品的种类繁多，生产应用技术比较复杂，全面系统地介绍各类精细化工品的产品性能、技术配方、工艺流程、生产工艺、产品标准、产品用途，将对促进我国精细化工的技术发展、推动精细化工产品技术进步，以及满足国内工业生产的应用需求和适应消费者需要都具有重要意义。在科学技术文献出版社的策划和支持下，我们组织编写了这套《精细化工品生产工艺与技术》丛书。《精细化工品生产工艺与技术》是一部有关精细化工品生产工艺与技术的技术性系列丛书。将按照橡塑助剂、纺织染整助剂、胶粘剂、皮革用化学品、造纸用化学品、农用化学品、电子与信息工业用化学品、化妆品、洗涤剂、涂料、建筑用化学品、石油工业助剂、饲料添加剂、染料、颜料等分册出版。旨在进一步促进和发展我国的精细化工产业。

本书为精细化工品生产工艺与技术丛书的《洗涤剂生产工艺与技术》分册，介绍了肌肤用清洁剂、洗发香波、口腔清洁剂、家用洗涤剂、工业用洗涤剂、其他洗涤剂、洗涤剂用表面活性剂及助剂生产工艺与技术，同时介绍了洗涤剂的质量检测。对每个品种的产品性能、技术配方、工艺流程、生产工艺、产品标准、产品用途做了全面系统的阐述，是一本内容丰富、资料翔实、实用性强的技术操作工具书。本书对于从事洗涤剂产品研制开发的科技人员、生产人员，以及高等学校应用化学、精细化工等相关专业的师生都具有参考价值。考虑到洗涤剂这类复配型化学品的技术关键在配方，因此，对每个洗涤剂品种，我们尽可能给出多个技术配方。全书在编写过程中参阅和引用了大量国内外专利及技术资料，书末列出了参考文献，部分产品中还列出了相应的原始研究文献，以便读者进一步查阅。

值得指出的是，在进行洗涤剂的开发生产中，应当遵循先小试，再中试，然后进行工业性试产的原则，以便掌握足够的工业规模的生产经验。同时，要特别注意生产过程中的防火、防爆、防毒、防腐蚀及环境保护等有关问题，并采取有效的措施，以确保安全顺利地生产。

本书由宋小平、韩长日主编,参加本分册撰写的还有郭飞燕、周学明和李小宝等,全书由宋小平、韩长日审定。

本书在选题、策划和组稿过程中,得到了海南科技职业大学、海南师范大学、科学技术文献出版社、海南省重点研发项目(ZDYF2018164)、国家自然科学基金(21362009、81360478)、国家国际科技合作专项项目(2014DFA40850)的支持,孙江莉同志对全书的组稿进行了精心策划,许多高等院校、科研院所和同仁提供了大量的国内外专利和技术资料,在此,一并表示衷心的感谢。

由于我们水平所限,错漏和不妥之处在所难免,欢迎广大同仁和读者提出意见和建议。

编　者

目　　录

第1章　肌肤用清洁剂

肌肤用清洁剂较早使用的是香皂。肌肤用清洁剂有一般的通用制品也有专用制品，如洗脸、洗手、洗澡和婴幼儿等专用的清洗剂，有些专用制品加入某些药品，还兼有防治皮肤病的疗效。

清洁肌肤的目的，主要是除去肌肤外部附着的尘埃、污垢和内部分泌的油脂、汗液及老化的角质层等，使肌肤保持清洁，发挥正常功能。洗涤皮肤同洗涤纤维和其他物体表面的根本不同之处，在于皮肤是有活力的机体。经常保持皮肤清洁可以促进人体健康。同时保持皮肤清洁也有美容意义。但是皮肤上附着的污垢的界限是不明确的，如皮肤上的皮脂是否全部洗掉。本来皮脂是起着保护皮肤的作用，如果使用脱脂力强的强碱性洗涤剂，把本不应该洗掉的皮脂也洗掉，使表皮组织直接暴露在空气中，这样反而会引起皮肤干燥，进而产生皮肤粗糙和皴裂的现象。碱性强的洗涤剂不仅过多的除掉皮脂，而且也溶解一些正常的角质层。一般的洗涤剂以洗掉被洗物上附着的油性污垢作为性能指标。烷基苯磺酸盐型表面活性剂洗掉油性污垢的效能是最好的，用它作为皮肤洗涤剂，就很容易过多地洗掉皮脂，达不到保护皮肤的作用。肥皂是弱酸和强碱性结合的洗涤剂，皮肤分泌出来的酸性物和肥皂的碱性相结合，可以防止过多地洗掉皮肤生理上所必要的脂肪。为了防止过多的洗掉皮脂，常在脱脂力强的合成洗涤剂或肥皂中添加脂肪助剂和其他有关助剂。

1.1　丝肽洁肤液

这种洁肤液含有丝肽，对皮肤和头发温和，能产生持久的乳白泡沫。引自英国专利申请书2242198。

1. 技术配方（质量，份）

聚醚改性硅氧烷	0.5
聚二甲基硅氧烷	0.5
丁二酸酯磺酸盐	0.5
乙醇	10.0
丝肽	0.5
香精	0.1
水	适量

2. 生产工艺

将硅氧烷溶于乙醇中，然后与溶有丁二酸酯磺酸盐的水溶液于加热下混合，冷却后加丝肽和香精，得丝肽洁肤液。

3. 产品用途

沐浴用，对皮肤温和。

4. 参考文献

[1] 沈娟，江艳，丁志刚，等. 丝肽电渗析工艺优化 [J]. 上海化工，2017，42 (4)：13-16.
[2] 周国安，顾金山. 天然丝肽的研究价值 [J]. 香料香精化妆品，1989 (2)：20-21.

1.2 过氧洗面奶

该洗面奶含有过氧化苯甲酰，用时在搓擦下产生活性氧原子，具有杀菌、抑脂、溶角质功能，配方中还有去污和润肤剂。

1. 技术配方（质量，份）

鲸蜡醇	10.0
过氧化苯甲酰	10.0
三乙醇胺	1.4
维胺酯	1.0
甘油单硬脂酸酯	4.0
硬脂酸	4.0
液状石蜡	16.0
甘油	16
抗氧剂（BHT）	0.2
水	147.6

2. 生产工艺

将水相和油相分别加热至 75 ℃，然后将两相混合乳化，得洗面奶。

3. 产品用途

用于痤疮患者洗面，洗时搓擦洗面奶后，在面部停留 10～15 min，然后用水洗净。

4. 参考文献

[1] 徐石朋，陈洋东，吴树朝，等. 皂基洗面奶配方工艺设计 [J]. 广东化工，2018，45 (2)：73-74.

1.3　滑爽洗面剂

这类清洁剂专供洗面，能有效清洗汗渍和油垢，同时可滋润面部肌肤。

1. 技术配方（质量，份）

（1）配方一

组分	用量
硬脂酸	150.00
棕榈酸	50.00
肉豆蔻酸	100.00
月桂酸	50.00
糖脂类	0.03
氢氧化钾	67.00
甘油	100.00
聚乙二醇	50.00
香料	少量
水	433.00

（2）配方二

组分	用量
十二醇聚氧乙烯醚硫酸钠	130
1，3-丁二醇	10
N-椰油酰基-N-甲基-β-丙氨酸钠	20
四聚甘油单油酸酯	10
香料	少量
水	830

（3）配方三

组分	用量
十八醇聚氧乙烯醚	2.00
角鲨烷	6.50
凡士林	0.80
鞣花酸	0.50
甘油单油酸酯	1.00
胶原	1.00
聚丙烯酸钠	0.03
微晶蜡	0.20
对羟基苯甲酸乙酯	0.10
羟乙烷二磷酸酯	0.05
丙二醇	2.00
氢氧化钾	0.01
香料	少量
水	86.86

（4）配方四

组分	用量
椰油酸乙酯基磺酸钠	110

硬脂酸	80
十二醇硫酸钠三乙醇胺	50
丙二醇	100
牛油、椰油酸钠［w（牛油）：w（椰油）＝82%：18%］	25
羟乙磺酸钠	50
烷基苯磺酸钠	20
香料、防腐剂	8
水	555

（5）配方五

单月桂基磷酸钠	600.0
聚乙酰氨基羧甲基葡萄糖	0.6
香精	20.0
二月桂基磷酸钠	200.0
色料	10.0
水	200.0

（6）配方六

聚硅氧烷高弹体粉	50
固体石蜡	100
蜂蜡	30
凡士林	150
失水山梨醇倍半异硬脂酸酯	42
吐温-80	8
液状石蜡	410
水	205

（7）配方七

聚乙烯亚胺	200
聚乙二醇	100
月桂酸二乙醇酰胺	50
月桂基二甲基氧化胺	50
乙醇	50
香精	15
防腐剂	10
水	548

（8）配方八

十三醇聚氧乙烯醚硫酸钠	250
曲酸	10
月桂基硫酸乙醇胺（40%）	350
甘油单棕榈酸酯	10
月桂酸二乙醇酰胺	50
羊毛脂衍生物	20

聚乙二醇	50
香料、色素、防腐剂	少量
水	260

2. 生产工艺

（1）配方一的生产工艺

将氢氧化钾溶于水中，再将 4 种酸加入中和，然后与其余物料混合，制得膏状洗面剂。

（2）配方二的生产工艺

将各物料按配方量混合，混合形成透明的洗面剂。对皮肤无刺激，且有良好的泡沫性。

（3）配方三的生产工艺

将油、脂及表面活性剂混合，然后加入溶有氢氧化钾的水中，最后加入香料，得湿润、使皮肤光亮的洗面奶。

（4）配方四的生产工艺

将水加热至 70 ℃，分别将各物料加至水中，搅拌均匀，降温至 40 ℃ 加香料，得对皮肤极温和的洗面剂。引自加拿大专利申请 2015868。

（5）配方五的生产工艺

将月桂基磷酸盐、聚乙酰氨基羧甲基葡萄糖溶于水中，加入添加剂，搅拌均匀得洗面剂。洗后肌肤舒适，漂洗性能好。引自欧洲专利申请 392665。

（6）配方六的生产工艺

蜡油相加热混合，加入吐温－80，然后与水热混合乳化，制得洗面乳液。引自欧洲专利申请 295886。

（7）配方七的生产工艺

将各物料分散于热水中，得到对皮肤无刺激、去污力和泡沫性优良的洗面奶。

（8）配方八的生产工艺

将各物料溶于热水中，混合均匀得到增白洗面剂。

3. 产品用途

与一般洗面奶相同。

4. 参考文献

[1] 王普兵，卢晓斌. 洗面奶配方体系与市场应用 [J]. 中国洗涤用品工业，2019 (4)：86-91.

[2] 徐良，广丰. 洗面奶及其配方技术概述 [J]. 中国化妆品，2006 (9)：76-81.

1.4　温和洁肤香皂

这种肤用香皂含有乙酯基磺酸盐和丁二酸酯磺酸钠，起泡丰富，对皮肤温和，易于加工。引自欧洲专利申请 441652。

1. 技术配方

椰油酸乙酯基磺酸钠	3.31
羟乙基磺酸钠	0.91
丁二酸椰油酰胺基乙酯磺酸二钠	1.50
香料	0.10
氧化钛	0.02
水	1.00
氯化钠	0.04
硬脂酸	2.98
添加剂	0.15

2. 生产工艺

将各物料混合捏料后，真空脱气，真空压条，打印、冷却、包装。

3. 参考文献

[1] 徐良，广丰. 体用洁肤产品概述 [J]. 中国化妆品，2006 (11)：88-92.

1.5 氧化胺透明皂

这种透明皂呈透明浅黄色，在水中泡沫性能好，使用后使皮肤光滑、湿润。其中含有二水合十四烷基二甲基氧化胺、皂基、三乙醇胺和十八脂肪酸。欧洲专利申请 421326。

1. 技术配方

二水合十四烷基二甲基氧化胺	5.5
牛油-椰油皂基混合物 [w（牛油）：w（椰油皂基）=80%：20%]	34.0
十八脂肪酸	10.0
三乙醇胺	34.0
水	16.5

2. 生产工艺

将氧化胺与皂基及其他原料混合，在 70～80 ℃ 得均匀混合物，真空脱气后，成模，冷却得透明皂。

3. 产品用途

与一般香皂类似。

4. 参考文献

[1] 缑卫军，缑奕显. 全透明皂制备方法浅析与展望 [J]. 广州化工，2018，46

(11)：14-16.
[2] 蒋葳. 几种植物油透明皂的性能比较 [J]. 现代盐化工，2018，45 (1)：32-35.

1.6　清爽沐浴香波

这里介绍的两种专供沐浴洗澡用的香波，都是偏中性，对皮肤无刺激，发泡性好，去污力强，可用于皮肤清洗，洗后全身有清爽感。

1. 技术配方

(1) 配方一

N-硬脂酰基-*L*-谷氨酸单钠	150
十四烷基甲基氨基乙基膦酸钠	250
十六烷基甲基氨基乙基膦酸钠	25
十八烷基甲基氨基乙基膦酸三乙醇盐	10
香精	少量
水	565

(2) 配方二

椰油酰胺基丙基二甲氨基乙酸甜菜碱	50
椰油酰胺聚氧乙烯 (3) 醚硫酸钠	80
椰油酰胺聚氧乙烯 (3) 醚硫酸三乙醇胺	120
乙二醇二硬脂酸酯	20
柠檬酸	少量
香料	少量
水	720

2. 生产工艺

(1) 配方一的生产工艺

将谷氨酸盐和 3 种膦酸盐衍生物加入 75～80 ℃ 的热水中，充分搅拌，冷至 45 ℃ 加入少量香精即得。

(2) 配方二的生产工艺

将各物料依次溶于 80 ℃ 热水中，搅拌均匀，在降至 45 ℃ 时加入香料即得浴用香波。

3. 参考文献

[1] 程文娟. 茶皂素提取纯化及其在婴幼儿香波沐浴露中的应用 [D]. 南昌：南昌大学，2015.
[2] 李明秋. 沐浴露之发展和配方特点 [J]. 中国洗涤用品工业，2004 (2)：43-44.

1.7　洗面清洁霜

这种清洁霜中含有无刺激、无毒、不过敏、不水解的烷氧基化多元醇酯载体，具有很好的洁肤润肤功能。引自欧洲专利申请 396405（1990）。

1. 技术配方

矿物油	50
烷氧基化多元醇酯	50
十八碳脂肪酸	30
鲸蜡醇	5
三乙醇胺	18
香精、防腐剂	少量
水	847

2. 生产工艺

将烷氧基化多元醇酯溶于 75 ℃ 水中，再将其余物料溶解分散于水中，混合均匀得洗面清洁霜。

3. 产品用途

与一般清洁霜相同，用于沐浴或洗面。

4. 参考文献

[1] 徐良. 清洁霜剖析 [J]. 中国化妆品，1999（1）：39.
[2] 徐良，广丰. 清洁霜、面膜和剃须膏的配方技术概述 [J]. 中国化妆品，2006（10）：84-88.

1.8 洗手洁肤剂

该洁肤剂含有表面活性剂和吸附粉，清洁效果好，用于洗手或清洁肌肤。引自欧洲专利申请 370969。

1. 技术配方

烷基醚硫酸钠	10.0
硅胶	1.0
高岭土	20.0
乳糖	30.0
滑石粉	10.0
十八碳脂肪酸镁	0.5
失水山梨醇	18.5

2. 生产工艺

混合均匀，压制成型。

3. 产品用途

与一般洁肤剂相同。

1.9　油垢净洗膏

这种油垢净洗膏可有效地洗涤油垢，常用于车间洗手用。引自波兰专利261950。

1. 技术配方（质量，份）

组分	用量
十二烷基苯磺酸钠	10～20
非离子表面活性剂	1～5
羧甲基纤维素钠	1～6
三聚磷酸钠	5～10
脂肪酸烷基胺	3～6
香精	0.1～0.5
十二烷基苯磺酸（调pH≤9）	适量
水	65～80

2. 生产工艺

在≤80 ℃下，边搅边将羟甲基纤维素钠CMC-Na、20～30份的水加入含有烷基苯磺酸钠的脂肪酸烷基酰胺混合物中，然后用十二烷基苯磺酸中和至pH≤9。冷却至40 ℃加45～50份水、非离子表面活性剂、三聚磷酸钠和香精，均化得油垢净洗膏。

3. 产品用途

取适量搓洗后，用水漂清。

1.10　温和洗手剂

该洗手剂含有牛磺酸盐、肌氨酸盐和表面活性剂等；泡沫适中，手感性好。引自欧洲专利申请256656。

1. 技术配方（质量，份）

组分	用量
十二醇聚氧乙烯醚硫酸盐	10.00
遮光剂	1.00
甲基椰油酰胺基乙磺酸钠	1.80
甘油	1.00
N-月桂酰肌氨酸钠	2.25
添加剂	<2.00

椰油酸单乙醇酰胺	4.00
水	77.95

2. 生产工艺

分别将各物料溶于 65 ℃ 温水中，搅拌均匀即得温和洗手剂。

3. 产品用途

与一般液体洗手剂。

1.11 去油污洗手液

这种洗手剂含有氢化蓖麻油和有机溶剂，能洗除手上的油漆、焦油和油污，特别适合于车间内工人洗手之用。引自德国公开专利 4009534（1991）。

1. 技术配方

乙氧基化蓖麻油	100
氢化蓖麻油	20
D-苧烯	90
丁基聚氧乙烯（2）醚乙酸酯	200
聚氨酯粉	20
椰油酸二乙醇酰胺	43
甘油单月桂酸酯	27
水	41

2. 生产工艺

将水以外的所有原料混合加热，分散均匀后与热水混合乳化制得去油污洗手剂。

3. 产品用途

取适量置于手上，反复搓洗。

1.12 高黏凝胶泡沫浴剂

这种泡沫浴剂黏度高、泡沫丰富、溶解度和皮肤相容性好。引自欧洲专利申请 288919。

1. 技术配方

甘油聚氧乙烯（7）醚单椰油酸酯	25
N-椰油酰胺基丙基-*N*，*N*-二甲基甘氨酸铵（30%）	25
脂肪醇聚氧乙烯（5）醚	50
脂肪醇聚氧乙烯（2）醚硫酸钠（70%）	520

椰油酸单乙醇胺乙氧基化物	50
柠檬酸	1.3
香精	50
水	280

2. 生产工艺

将柠檬酸溶于水中，其余表面活性剂混合加热，分散均匀，然后与水混合，最后加入香精，制得高黏凝胶状泡沫浓缩液。

3. 产品用途

取适量约 20 g 放入洗浴水中，洗浴后全身皮肤感到舒适清爽。

1.13　泡沫润肤清洁剂

这种美容润肤清洁剂，泡沫丰富，可用于沐浴、洗面，具有洁肤滋润肌肤的作用。引自德国公开专利 3910652。

1. 技术配方

十二醇硫酸钠（28%）	178.6
十二烷基聚乙二醇醚羧酸钠（22%）	298.9
月桂酸酰胺基丙基甜菜碱（30%）	130.0
氯化钠	45.0
甘油单月桂酸酯（20%）	10.0
防腐剂	11.0
十二醇聚氧乙烯醚	2.0
香料	1.0
染料	1.0
水	322.5

2. 生产工艺

先将氯化钠溶于水，再与其余物料混合，制得无刺激的清洁润肤泡沫剂。

3. 产品用途

与一般液体洁肤剂类似。

1.14　化妆用香皂

1. 技术配方（质量，份）

皂基	35.0
脂肪醇硫酸钠	35.0

甲基纤维素	5.0
脂肪酸	2.0
β-环糊精	1.0
香精	1.0

2. 产品用途

该配方适合于化妆前清洗面部，对皮肤温和、无刺激性。

1.15 超级温和香皂

技术配方（质量，份）

	（一）	（二）
硬脂酸	0.9.0	19.60
牛油、椰油皂混合物［*w*（牛油）：*w*（椰油皂）＝70%：30%］	9.05	14.40
椰油脂肪酸	8.10	—
月桂酸	—	13.00
辛基甘油醚磺酸钠	67.25	—
$C_{12\sim18}$烷基甘油醚磺酸钠	—	109.70
羟乙基磺酸钠	5.00	—
月桂酰肌氨酸钠	—	25.00
氯化钠	4.00	8.00
钛白	0.30	0.50
香精	1.00	2.00
水	4.00	7.00

1.16 复合酶香皂

技术配方（质量，份）

酶浓缩物（从海藻中提取）	15
皂基（pH＝6.8）	200
薰衣香油	3
稳定剂	2
柠檬酸	1
植物色素	2
油膏*	2

＊油膏组成：*m*（鲸油）：*m*（羊毛脂）：*m*（白蜡）：*m*（甘油三硬脂酸酯）：*m*（硼砂）：*m*（酚钠）＝1.000：0.600：0.150：0.120：0.010：0.002。

1.17　椰油香皂

1. 技术配方

牛油、椰油混合皂	17.2
椰油酸钾	12.0
牛油醇聚氧乙烯醚	21.0
水溶性聚合物	15.0
柠檬酸三钾	7.5
月桂酸	2.4
甘油	12.0
氯化钠	1.2
二氧化钛云母	0.3
乙二胺四乙酸（EDTA）	0.6
香料色料	6.0
水	45.0

该配方引自欧洲专利申请 311343。

2. 工艺流程

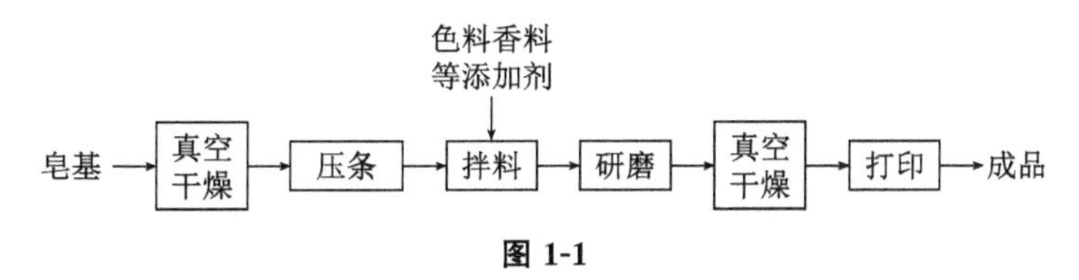

图 1-1

3. 生产工艺

将皂基用真空干燥法（或常压干燥法）干燥后，再与其余物料拌和、研磨，使其混合均匀，经压条、打印、冷却后得成品。

4. 产品标准

外观	组织均匀，色泽一致，香味稳定
中性油脂	≤0.5%
总脂物	≥标准脂肪物质的 98%
总游离碱	≤0.3%
游离苛性碱（NaOH）	≤0.1%
水分及挥发物（103±2 ℃）	≤15%

5. 产品用途

用于沐浴、洗脸及皮肤的清洁，并具有护肤功能。

6. 参考文献

[1] 黄广民. 明珠液体健肤香皂的试制及工艺 [J]. 海南大学学报（自然科学版），1991（4）：58-61.

1.18 液体香皂

本皂具有抗硬水性，有润肤、去屑止痒功能，外观为白色珠光。

1. 技术配方（质量，份）

钾皂	200.0
烷基醇酰胺	120.0
脂肪醇硫酸钠（AS）	35.0
脂肪醇乙氧基化物	73.0
脂肪醇聚氧乙烯醚硫酸钠（AES）	80.0
十一烯基单乙醇酰胺琥珀酸酯磺酸钠（NS）	7.5
乙二醇单硬脂酸酯（润肤剂）	适量
螯合剂（EDTA）	6.8
氯化钠	7.1
香精	适量
水	加至 1000

2. 生产工艺

将钾皂、润肤剂及表面活性剂加热至 75 ℃熔化混匀；另将螯合剂、氯化钠溶于 75 ℃热水，将油相混合物在搅拌下慢慢加入水中，加完后继续搅拌 30 min。然后冷却至 40 ℃左右加入香精，搅匀，包装。

3. 产品用途

浴用每次用 10～20 mL，涂擦于全身后用水冲净；洗头每次用 5～10 mL，充分擦搓后用水冲净。

4. 参考文献

[1] 王泽云，张德昌. 浅议皂类产品的发展趋势 [J]. 中国洗涤用品工业，2016（10）：77-81.
[2] 杨卫国. 复合皂基型液体香皂技术要点和配方设计 [J]. 江苏氯碱，2009（6）：16-18.

1.19 复合酶香皂

这种复合酶能催化蛋白质肽键的水解，使污垢中高分子蛋白质变成低分子水溶性氨基酸，而易于被洗掉。

1. 技术配方

钠皂（pH 6.8）	100.0
海藻中制得的酶浓缩物	7.5
薰衣香油	1.5
植物色	1.0
稳定剂	1.0
柠檬酸	0.5
油膏	1.0

2. 生产工艺

首先配制油膏，按 m（鲸油）∶m（羊毛脂）∶m（白蜡）∶m（甘油三硬脂酸酯）∶m（硼砂）∶m（酚钠）＝1.000∶0.600∶0.150∶12.000∶0.010∶0.002 的配方将各物料混合研磨制成油膏。将钠皂升温 80～90 ℃熔化，加入除熏衣香油外的所有组分，搅匀，研磨半小时，50 ℃加入熏衣香油，压条、打印、包装。

3. 产品用途

与一般香皂相同。

1.20　洁肤调理香皂

1. 技术配方（质量，份）

（1）配方一

牛油皂	77.6
椰油皂	19.4
甘油	1.0
聚乙烯微球料	0.5
月见草油	0.5
香料	1.0

该配方引自比利时专利 900580。

（2）配方二

钠皂料	100.0
乙二胺四乙酸（EDTA）	0.1
钛白粉	0.3
香精	0.1
精制水獭油	1.5

该配方引自捷克专利 237635。

2. 参考文献

[1] 李传茂，刘德海，刘培，等. 皂基型洁面化妆品及其配方和工艺设计 [J]. 广东化工，2016，43 (14)：115－117.

1.21 合成透明皂

透明皂使用精练的、色泽非常浅的油脂，如牛油、椰子油、棕榈油等为原料，另外还要加入作透明剂的乙醇、甘油、蔗糖等。透明皂有两种制法：溶剂法和机制法。溶剂法由油脂在乙醇水溶液中煮沸皂化，加入溶剂后注入皂框，固体皂在室温下风干—老化后制成；机制法是皂基在 2 s 内由 100 ℃ 降至 20 ℃ 急冷得到皂粒，加透明剂后经多次碾磨在控制适当温度下制成透明皂。透明皂的脂肪酸钠皂含量较低，一般为 38%～39%。可用于洗脸化妆。透明皂起泡迅速，泡沫丰富，对皮肤刺激性低，综合去污能力好，保湿成分丰富。

1. 技术配方（质量，份）

(1) 配方一

牛油皂	26.8
N-月桂酰-*L*-谷氨酸三乙醇胺盐	5.0
椰油皂	6.7
香料	0.5
山梨醇	5.0
水	6.5

(2) 配方二

新癸烷酸	16.43
三乙醇胺（工业用）	37.51
三压硬脂酸	19.96
无离子水	6.46
肉豆蔻酸	9.98
亚硫酸氢盐（25%）	0.05
月桂酸	2.93
二乙烯三胺五乙酸五钠	0.18
氢氧化钠	6.50
香料、色素	少量

(3) 配方三

牛油、椰子油混合皂 [*w*（牛油）：*w*（椰子油）＝80%：20%]	48
乙醇	26
氢化妥尔油酰-*L*-谷氨酸钠	6
二丙二醇	6
水	14

2. 生产工艺

（1）配方二的生产工艺

将上述脂肪酸混合，边搅拌混合边加热到 82 ℃，使之均匀透明，再将氢氧化钠、三乙醇胺、二乙烯三胺五乙酸五钠、水等预先混合均匀后加入脂肪酸，充分搅拌，酸中和后，冷却、成型。

（2）配方三的生产工艺

将上述成分混合后，加热到 80 ℃ 溶解，加适量色素、香料，冷却固化、成型。制品的透明性好，在浴室中放置不软化。

3. 参考文献

[1] 缑卫军，缑奕显. 全透明皂制备方法浅析与展望 [J]. 广州化工，2018，46（11）：14-16.

[2] 张肖，武淼，蒋蕻. 加入物法制备透明皂的配方研究 [J]. 广东化工，2016，43（24）：75-76.

1.22　固体复方香皂

1. 技术配方（质量，份）

（1）配方一

肥皂	62.0
脂肪酸羟基乙磺酸钠	15.0
烷基醇酰胺	6.0
石蜡	7.0
水	8.0
香料、其他	2.0

（2）配方二

烷基苯磺酸盐	2.0
肥皂	15.0
脂肪酸	32.0
脂肪酰羟基乙磺酸钠	46.0
食盐	0.5
水	3.0
香料、其他	1.5

（3）配方三

β-羟基烷基磺酸	10.0
肥皂	51.0
高碳醇硫酸酯	19.0
烷基醇酰胺	4.0

脂肪酸	5.0
食盐	4.0
水	6.0
香料、其他	1.0

（4）配方四

牛脂脂肪酸	43.5
烷基苯磺酸钠	30.0
氢氧化钠（33%）	18.7
香料	0.5
水	7.3

2. 生产工艺

配方四的生产工艺为将牛脂脂肪酸加热熔解后添加烷基磺酸钠和水，加热到65～75 ℃时加氢氧化钠和香料，搅拌、冷却成型。制品适用于海水浴。

1.23 液体淋浴皂

这是一种淋浴专用的液体香皂。它具有良好的去污、洗涤和润肤性能，泡沫适中，易于冲洗。

1. 技术配方

去离子水	57.2
季铵盐聚合物	2.5
壬基酚醚（4）硫酸钠	25.0
柠檬酸（20%的溶液）	0.3
椰子酰胺丙基甜菜碱	150.0
香料	适量
防腐剂	适量

2. 生产工艺

在室温下按配方顺序搅拌混合，可制得泡沫满意、无碱性并使皮肤有柔软和调理适感的液体淋浴皂。

3. 产品用途

淋浴用，每次10～20 mL；洗发用，每次5～10 mL。

1.24 中草药药皂

药皂制法和洗涤皂相同，药皂是以牛油、椰子油（或其他油脂）及少量发泡剂、烧碱等原料制成，并加入中草药或法定含量的杀菌剂。药皂除了具有清洁去污的功能外，还有杀菌的作用。

1. 产品性能

除具有香皂的特性外，还有消毒、杀菌、止痒和祛臭效能。其中含中草药提取液。

2. 技术配方（质量，份）

皂料	100
中草药提取液	2～3
杀菌剂或消毒剂	0.2～0.3
增白剂	0.02～0.03
香精、色素	适量

3. 参考文献

[1] 张鹿，蒋欣，胡杰欣，等. 新疆紫草药皂的制作及抑菌作用的研究 [J]. 湖南农业科学，2018 (6)：88-90.

1.25　碘吡喃酮药皂

技术配方（质量，份）

漂白皂料	146.0
羊毛脂	2.0
钛白粉	4.0
碘吡喃酮	0.2
香料	2.0
抗氧化剂	2.0

该配方具有抗菌护肤作用。

1.26　高级药用香皂

1. 技术配方（质量，份）

皂基	80.00
氧化铝、氧化镁、氧化钙等混合氧化物	53.30
依地酸二钠	0.27
香精	1.34
人参浸膏	3.37
柠檬浸膏	3.37
蓝根浸膏	1.35

蜂蜜	4.73
牛乳	2.03
核桃油	3.24
骨油	0.0135

注：药皂中使用的杀菌消毒剂有氯甲酚、氯二甲苯酚、盐酸氯己烯、十一烯酸单乙醇酰胺、3，4，4′-三氯均二苯脲、3-三氟甲基-4，4′-二氯均二苯脲。该配方制得的药皂具有滋养肌肤防止皮肤粗糙的功用。

2. 工艺流程

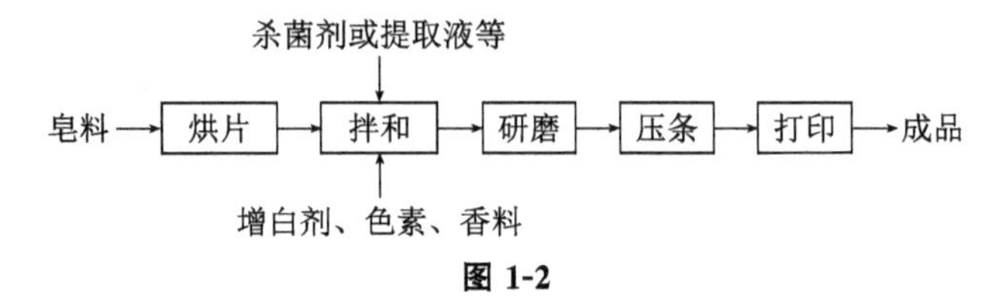

图 1-2

3. 生产工艺

将漂白油脂制得的皂料进行烘片，在拌和锅中将皂料与其余物料按配方比例混合均匀，经研磨、压条、打印得成品。

4. 产品标准

外观	组织均匀，色泽一致
总脂肪物（标准）	≥98%
中性油脂	≤0.5%
总游离碱	≤0.3%
游离苛性碱（NaOH）	≤0.1%
水分及挥发物（103±2 ℃）	≤15%

5. 产品用途

用作肌肤清洁剂，并具有相应的药效作用。

1.27 透明皂

透明皂起泡迅速，泡沫丰富，对皮肤刺激性低，综合去污能力好，保湿成分丰富。

1. 产品性能

固状硬皂，皂体透明，晶莹如蜡。泡沫丰富，去污力强。

2. 技术配方（质量，份）

(1) 配方一

山梨醇	12.00

甘油	12.00
硬脂酸	18.00
肉豆蔻酸	72.00
异硬脂酸	2.40
精氨酸	18.00
棕榈酸	27.60
砂糖	30.00
乙醇	50.00
丙二醇	18.00
氢氧化钠	15.84
水	46.80

(2) 配方二

牛油、椰油混合皂	85.2
松脂酸钾	6.0
油酸	3.6
甘油	6.0
香料	1.0
水	18.0

该皂透光率为 15%。

(3) 配方三

牛油皂	160.8
山梨醇	30.0
椰油皂	40.2
2-(*N*-甲基-*N*-十二烷基氨基)乙基膦酸三乙醇胺盐	30.0
香精	适量
水	39.0

该配方中的透明剂是山梨醇。

(4) 配方四

牛油、椰油混合皂 [*V*(牛油):*V*(椰油)=1:1]	74.0
三乙醇胺(TEA)	29.6
硬脂酸	8.0
棕榈酸	8.0
防腐剂	0.4
甘油	34.6
乙醇	19.8
香精	2.0
水	23.6

该透明皂配方引自欧洲专利申请 335640。

(5) 配方五

	(一)	(二)	(三)
牛羊油	50	100	80

蓖麻油	58	80	80
椰子油	60	100	100
氢氧化钠（32%）	84	161	133
乙醇	30	50	30
甘油	—	25	—
砂糖	35	80	90
香精、色料	适量	适量	适量
水	35	80	80

（6）配方六

椰油酸	80.0
牛油酸	320.0
月桂酸	15.0
1-羟基-1，1-三膦酸钠基乙烷	2.5
氢氧化钠（27.6%）	221.0
聚乙二醇（M=400）	8.4
山梨醇水溶液（70%）	92.8
香精	适量

该透明皂配方引自欧洲专利申请251410。

（7）配方七

混合油脂	200
牛油脂肪酸乙酯	10
乙醇	100
羟基甲基双膦酸甲烷	1
氢氧化钠（34%）	92
砂糖	60
香料	适量
水	40

（8）配方八

钠皂料	210.00
丙二醇	12.00
甘油	9.00
聚乙二醇	6.00
米淀粉	21.00
乙二胺四乙酸	0.15
水	42.00

（9）配方九

纯皂料	115.8
乙醇	4.4
砂糖	21.8
甘油	11.0
山梨醇	12.0

香料、色料	4.8
水	30.2

3. 主要原料

(1) 山梨醇

白色无臭结晶粉末，略有甜味，具有吸湿性。溶于甘油、丙二醇和水，几乎不溶于多数有机溶剂。可燃，无毒，相对密度（d_4^{20}）1.489，熔点 93.0～97.5 ℃（水合物）、110～112 ℃（无水物）。

含量	70%
pH	6～7
含镍	≤0.0005%
含铁	≤0.0070%
还原糖	≤0.2000%

(2) 甘油

无色、无臭、透明的黏稠液体，味甜。可燃，低毒，具有吸湿性。溶于乙醇和水，水溶液呈中性。不溶于苯、氯仿、乙醚等有机溶剂。无水物相对密度 1.2653，折射率（n_D^{20}）1.4746，沸点 290 ℃。

含量（化学纯）	≥97.000%
脂肪酸酯	<0.100%
灼烧残渣（以硫酸盐计）	<0.005%

4. 工艺流程

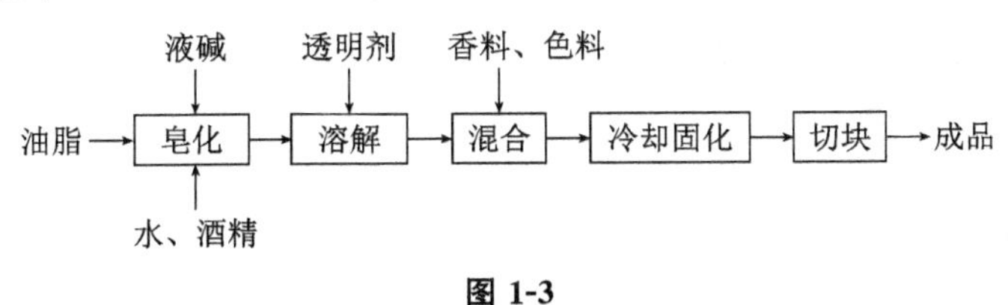

图 1-3

5. 生产工艺

将混合油脂熔融后冷却至 35 ℃，加入液碱和乙醇混合液进行皂化。皂化液溶于水中呈清晰透明状，表示皂化完全。然后加热蒸发大部分乙醇（回收），于胶体磨中加入透明剂（甘油、山梨醇、砂糖），再加入香料、色料。然后冷却、固化成型，切块得成品。

6. 产品标准

皂体清亮透明，性能温和，泡沫丰富。

7. 产品用途

供洗脸、沐浴用。对皮肤有保湿养护作用。

8. 参考文献

[1] 缑卫军，缑奕显. 全透明皂制备方法浅析与展望 [J]. 广州化工，2018，46（11）：14-16.

1.28 滑爽洁肤皂

本制品具有刺激性小，洁肤力强，用后皮肤有舒适滑爽感等特点。制品中含有蛋白质之类有机物质，具有滋养皮肤的效能。

1. 技术配方

羟丙基甲基纤维素	3.0
椰子酸动物蛋白水解物三乙二醇胺盐和山梨醇	4.0
聚乙二醇羊毛酯	4.0
月桂酰硫酸三乙醇胺盐	20.0
月桂酰二乙醇胺	2.0
尼泊金甲酯	0.2
香料	适量
色料	适量
去离子水	适量

2. 生产工艺

把羟丙基甲基纤维素加入水中，搅拌混匀，加热至 70 ℃。把其余原料混合（香料、色料除外）搅拌混匀，加热至 70 ℃。将上述两混合物混合，搅匀，并加入适量香精和色料，混合即得。

3. 产品用途

同一般香皂相同，用于洗脸、洗手和沐浴用。

1.29 精美透明皂

透明皂使用精练的、色泽非常浅的油脂，如牛油、椰子油、棕榈油，还有蓖麻油等原料，另外还要加入作透明剂的乙醇、甘油、蔗糖等。这种透明皂外观精美。

1. 技术配方（质量，份）

（1）配方一

牛油、椰油混合皂 [V（牛油）∶V（椰油）=1∶1]	37.0
三乙醇胺（TEA）	14.8
乙醇	9.9
甘油	17.3

水	11.8
防腐剂	0.2
棕榈酸	4.0
硬脂酸	4.0
香精	1

(2) 配方二

	(一)	(二)
牛(羊)油	90～100	80～90
椰子油	100	90～100
蓖麻油	80	70～80
酒精	40～50	30
烧碱 (33%)	160	130
甘油	25.0	9.5
饱和糖溶液	80	80
色素和染料	1.6～2.0	1.5～1.8

2. 生产工艺

(1) 配方一的生产工艺

将混合皂、TEA、甘油、乙醇、水和防腐剂在 85 ℃ 混合 45 min，再与其余组分混合，注模、冷却得块状透明皂。引自欧洲专利申请书 335640。

(2) 配方二的生产工艺

先将牛（羊）油与椰子油加热到 80 ℃ 左右，滤去杂质，倒入皂化锅中，再加蓖麻油，在搅拌下将烧碱、酒精混合液加入锅中，保持温度在 65～75 ℃。不断搅拌使油脂完全皂化，盖住皂化锅，静置片刻。然后在搅拌下加甘油，再加入热至 80 ℃ 左右的饱和糖溶液（注意除去面上的泡沫），继续搅拌均匀，当游离氢氧化钠含量在 0.15%以下时，再加盖放置。当锅内皂液温度降至 60 ℃ 时，加色素、染料和香料等，并搅拌均匀，冷凝固化成型。最后切块、打印、晾干即为成品。

3. 产品用途

供洗脸化妆用。

4. 参考文献

[1] 张亚明，董海波，赵夏冰，等. 透明皂的生产工艺对其相行为的影响 [J]. 中国洗涤用品工业，2016 (8)：68-71.

[2] 宋春莲. 用生物质鲜花制备香型透明皂技术研究 [J]. 长春理工大学学报（综合版），2006 (3)：186－188.

1.30　洁肤配方香皂

香皂是人们的日常生活必用品，为了满足不同消费者的需要，人们研制了各种不同特性的香皂，现介绍几例洁肤配方香皂。

1. 技术配方

(1) 配方一

肥皂	98.000
地椒油萃取物	0.100
草蒲根油萃取物	0.100
雌雄异株荨麻油萃取物	0.200
二氧化钛	0.300
抗氧化剂	0.300
色料	0.001
香精	1.000

该技术配方具有滋养皮肤的功能。

(2) 配方二

瓜尔胶	78
椰油脂肪酸	156
牛油、椰油混合皂 [*w*（牛油）：*w*（椰油）＝80%：20%]	3400
氢氧化钠（50%）	20
香精	43
乙二胺四乙酸四钠（EDTA-4Na）	5
钛白粉	8
染料	10
柠檬酸	20
水	210

(3) 配方三

椰油酸钾	4.0
牛油、椰油混合皂 [*w*（牛油）：*w*（椰油）＝80%：20%]	57.4
柠檬酸三钾	2.5
氯化钠	0.4
甘油	4.0
牛油醇聚氧乙烯（11）醚	7.0
二氧化钛云母	0.1
乙二胺四乙酸（EDTA）	0.2
月桂酸	0.8
水溶性聚合物	5.0
香料、色料	2.0
水	15.0

(4) 配方四

皂屑	9.68
抗氧化剂	0.03
1—羟基亚乙基二磷酸三磷酸三钠五水合物	0.10

香料	0.10
增塑剂	0.03
酯化蜡	0.10
二氧化钛	0.03

2. 生产工艺

(1) 配方二的生产工艺

先将瓜尔胶、椰油酸与 NaOH 溶液一起加热皂化，得到的产物再与其他物料一起捏合成型即得。引自欧洲专利申请书 266124。

(2) 配方三的生产工艺

将料基用真空干燥法干燥后，与各物料拌和，经研磨后进行压条即得。引自欧洲专利申请书 311343。

(3) 配方四的生产工艺

按配方比捏合拌料≥5 min，以碾压机和螺旋压榨机压成皂条，切块。

1.31　洗面奶

1. 产品性能

洗面奶（facial washing milk）为白色乳液，也称洗面乳、洗面剂。弱酸性，对皮肤无刺激作用，能彻底清除面部毛孔内的污垢，同时补充皮肤所需的养分。用后能使颜面肌肤润滋、光滑。主要复配成分为油性原料、表面活性剂、营养剂（或植物提取液）和香料等。

2. 技术配方（质量，份）

(1) 配方一

油相	
硬脂酸	8.0
液状石蜡	12.0
维生素 E	0.1
鲸蜡醇	2.0
水相	
人参皂甙	0.1
花粉素	0.2
三乙醇胺	2.0
丙二醇	6.0
尼泊金酯、香精	适量
去离子水	69.6

(2) 配方二

椰油酰胺基丙基二甲基氧化胺	16.0

N，*N*，*N*′，*N*′-四（2-羟丙基）乙二胺	8.0
磷酸单月桂酸四（2-羟丙基）乙二胺盐	108.0
甘油	32.0
山梨醇	8.0
交联聚丙烯醇	0.8
月桂酸	8.0
香料、防腐剂	适量
水	211.2

将各物料分散于水中，混合均匀得到洗面奶。该配方引自欧洲专利申请 449503。

（3）配方三

橄榄油	1.2
牛油	8.0
蓖麻油	1.2
椰子油	6.0
氢氧化钠	2.8
乙醇	9.2
液晶添加剂	适量
蔗糖	4.4
香精	适量
水	7.2

（4）配方四

鲸蜡醇	20.0
液状石油	32.0
甘油	32.0
维胺酯	2.0
过氧化苯甲酰	20.0
甘油单硬脂酸酯	8.0
抗氧剂（BHT）	0.4
硬脂酸	8.0
三乙醇胺	2.8
香精	适量
水	294.4

该洗面奶在搓洗时产生活性原子氧，具有杀菌、抑脂、溶角质，以及去污、润肤功能。

（5）配方五

癸基聚葡糖（1，3）醚	10.0
月桂酸三乙醇胺盐（C_{12}FA-TEA）	10.0
L-薄荷醇	0.1
水	79.9
防腐剂、香精	适量

该洗面奶与水相溶性好，起泡力强。

（6）配方六

硬脂酸	20.000
月桂酸	16.000
肉豆蔻酸	20.000
棕榈酸	20.000
氢氧化钾	16.000
1，3-丁二醇	14.000
甘油	30.000
香精	1.000
粘蛋白	0.002
水	63.000

3. 生产工艺

（1）配方一的生产工艺

将油相和水相分别配制，然后于 75 ℃ 将水相与油相混合乳化，冷却至 45 ℃ 加入香精即得。

（2）配方三的生产工艺

将氢氧化钠溶于水，加入乙醇和蔗糖，再加入 4 种油，加热皂化，制得透明皂。然后加入液晶添加剂（庚酸胆甾醇酯 9 份、12-羟基硬脂酸胆甾醇酯 50 份、丁酸胆甾醇酯 10 份、油酸胆甾醇酯 10 份和脂肪酸葡糖酯 1 份的混合物），制得透明洗面奶。

（3）配方六的生产工艺

将氢氧化钾溶于水中，然后加入脂肪酸加热皂化，得到的皂料与其余物料混合均匀得洗面奶。

4. 产品标准

外观	白色均匀乳液
稳定性	存放一年不分层，无沉淀

符合卫生标准，对皮肤无刺激性，具有洁肤润面作用。

5. 产品用途

专供洗脸用。

6. 参考文献

[1] 王普兵，卢晓斌. 洗面奶配方体系与市场应用 [J]. 中国洗涤用品工业，2019 (4)：86-91.

[2] 孟卫华，刘宪俊. 深层护理型皂基洗面奶的研制 [J]. 日用化学品科学，2015，38 (4)：37-40.

1.32 无水洗手净

供缺水地区或在出差、旅游时使用。由油相和水相组成。主要成分为矿物油、硬脂酸、甘油和三乙醇胺等。

1. 技术配方

油相组分

乙氧基化羊毛醇	6
三级硬脂酸	10
甘油基单硬脂酸盐	10
鲸蜡醇	4
无臭矿物油	50

水相组分

甘油	10
三乙醇胺	4
香料、防腐剂	适量
水	106

2. 生产工艺

将水相加热至 85 ℃，搅拌下加入 85 ℃ 油相中，连续混合，冷却至 32 ℃ 即得。

3. 产品标准

项目	指标
含水量	48%
pH	>7
稳定性	−5～45 ℃ 下膏状稳定
去油垢性能	好

4. 产品用途

取适量置手上，反复搓洗即可洗脱手上油垢。

5. 参考文献

[1] 曾宪佑，黄红明，黄畴，等. 工业无水洗手剂的研制及其性能研究 [J]. 化学与生物工程，2005 (5)：47-48.

1.33 芳香洗手膏

这种膏状洗手剂，常用于工厂、车间、实验室洗手用，其中含有表面活性剂、芳香剂及无机助剂，对皮肤不但无刺激，而洗后手感舒适且留香。

1. 技术配方（质量，份）

	（一）	（二）
液体皂	8.00	8.00
十二醇聚氧乙烯醚硫酸钠	10.00	10.00
木粉	26.00	26.00
单萜烯醇	微量	—
丙二醇	0.20	—
膨润土	3.00	8.00
高岭土	30.00	30.00
季戊四醇邻苯二甲酸酯	—	0.15
丙醇	—	0.15
水	21.00	18.00

2. 生产工艺

配方（一）先将单萜烯醇、丙二醇溶于 1.8 份的水中，再与其余物料拌和为膏状；配方（二）先将季戊四醇邻苯二甲酸酯和丙二醇混合后，溶于 4.6 份水中，再与其余物料拌和为膏状。

3. 产品用途

先将手润湿后，取少量洗手膏反复搓洗，用水冲干净。对皮肤无刺激，洗后舒适留香。

1.34　洗手膏

1. 技术配方（质量，份）

失水山梨糖醇单硬脂酸酯聚氧乙烯（20）醚	8.00
铝镁硅酸盐	2.50
失水山梨糖醇单硬脂酸酯（或单油酸酯）	2.00
脱臭煤油	35.00
甲基纤维素（黏度 4 Pa·s）	0.50
防腐剂	适量
水	52.00

2. 生产工艺

将铝镁硅酸盐溶于 30 份水中搅拌均匀，加热到 62 ℃。另将油相组分混合后加热到 60 ℃。然后将前者加到油相中搅拌、冷却。另将 10 份水加热至 90 ℃时再慢慢加进甲基纤维素，搅拌使之分散后，再将剩余的水加进去，冷却后加到油相混合物中，搅拌均匀。

1.35 净手乳剂

1. 技术配方（质量，份）

原料	质量/份
甘油单硬脂酸酯	4.00
鳄梨油	8.50
大豆固醇聚乙二醇衍生物	1.50
鲸蜡醇	4.00
大豆固醇聚乙二醇衍生物环氧乙烷（10）加成物	1.00
月桂基亚胺二丙酸二钠	1.00
甘油	1.00
水	76.50
香料、防腐剂	适量

2. 生产工艺

将前 5 种组成混合后加热到 80 ℃，另将二丙酸衍生物、甘油溶于水，加热到 83 ℃，然后将水相混合溶液加到油相混合液中，充分搅拌均匀，冷却到 45 ℃，加香料、防腐剂即得。

1.36 卸妆用脸部净面膏

1. 技术配方（质量，份）

原料	质量/份
胶态铝镁硅酸	2.00
水	32.00
液状石蜡	29.00
癸醇	5.00
乙酰化羊化脂醇	2.00
橄榄油	2.00
白凡士林	4.00
聚乙二醇 400	8.00
精制地蜡	1.00
山梨糖醇水溶液	10.00
甘油单油酸酯	4.00
失水山梨糖醇单油酸酯	1.00
防腐剂、香料	适量

2. 生产工艺

在缓慢搅拌下将胶态铝镁硅酸钠加到水中，搅拌均匀后，再加入癸醇、乙酰化羊毛脂醇、橄榄油、凡士林，加热到 70～75 ℃。另外将其余成分混合后加热到 70～75 ℃。然后在高速搅拌混合下，将两者加到一起充分搅拌均匀，冷却到室温，制成乳剂。制品可装入塑料瓶中，使用时可挤压出来，擦在化过妆的面部，使化妆油彩溶解容易洗去或擦掉。

1.37　眼部洗净剂

1. 技术配方（质量，份）

加氢硬化蓖麻油	12.00
碳氢化物的半固体混合物	10.00
乙氧基化蓖麻油分散剂	29.70
聚乙二醇异丙基棕榈酸酯	27.80
烃蜡（白色）	5.00
抗氧化剂	0.10
对羟基苯甲酸丙酯	0.10
液状石蜡	15.00
二氧化钛	0.30

2. 生产工艺

将液状石蜡在均质器内搅拌 10 min，加入二氧化钛搅匀，另将其余组分混合，加热到 85 ℃或熔化到透明，然后降温到 75 ℃。最后将两者混合，搅拌冷却到 60～65 ℃，倒进模型中冷却成型。

1.38　柔润清洁剂

本剂为无色或浅色稠状液体，是一种新型的洗发和淋浴用液体香皂，具有柔润和清洁体肤的功能。

1. 技术配方（质量，份）

A 组分

月桂酸	5.00
肉豆蔻酸异丙酯	0.50
乙二醇二硬脂酸酯	1.20

B 组分

甘油	1.00
氢氧化钾	1.25
水	41.60

C 组分

乙氧基化单甘油酯	1.00

聚氧乙烯（200）甘油单牛油酸酯	4.00
月桂基硫酸钠（30%）	26.70
椰子酰胺甜菜碱	14.25
芦荟	1.0
烷基醚氧化胺	2.25

2. 生产工艺

将A组分和B组分均加热到75 ℃，在快而平稳搅拌下将A组分缓慢加到B组分中，将C组分加热成液体，在平稳搅拌下缓慢加到水相中。缓慢搅拌使其冷却。

3. 产品用途

淋浴用每次10～20 mL；洗发用每次5～10 mL。搓洗后用水冲净。

1.39 爽身健肤浴粉

这种含有表面活性剂包覆的无机颜料、酶、脱脂乳等配成的奶状浴剂，分散性好，有促进血液循环，增强肌肤抵抗恶劣环境的生理功能，浴后爽身舒服，润肤健身的功效。

1. 技术配方（质量，份）

(1) 配方一

N-椰油酰基谷氨酸	5
二氧化钛	3
硫酸钠	70
高岭土	4
硼砂	3
碳酸氢钠	12
氯化钠	2
香精	1

(2) 配方二

氢化蓖麻油聚氧乙烯醚	2.5
L-抗坏血酸异丙醚	5.0
生育酚琥珀酸酯钠	2.5
脱脂奶粉	60.0
水	90.0

(3) 配方三

蛋白酶	1
碳酸钠	10
羧甲基纤维素	1
碳酸氢钠	30

硫酸钠	58
聚乙二醇	2
β-环糊精	1
色素	少量

2. 生产工艺

(1) 配方一的生产工艺

将 N-椰油酰基谷氨酸溶于 50～60 ℃ 的水中，与二氧化钛、高岭土、硼砂等混合，干燥后打磨细度在 30 μm 以下，再加入香精等物料，混合均匀，即得产品。

(2) 配方二的生产工艺

将抗坏血酸、生育酚衍生物、蓖麻油聚氧乙烯醚与 80 ℃ 的水混合，再与脱脂奶粉于 50 ℃ 下混合，喷雾干燥即得健身浴粉。

(3) 配方三的生产工艺

将上述物料按配方量加在一起，充分搅匀干燥，磨细粉，制得加酶浴剂。

3. 产品用途

(1) 配方一所得产品用途

每次取 15～20 g 此浴粉，放入 200～250 L 水中，溶散后洗浴用。

(2) 配方二所得产品用途

每次沐浴取 20 g 此浴粉，放于温热水中。

(3) 配方三所得产品用途

生产时可分成 20 g 一小包，每次取一小包加入 200 L 水中，分散后洗浴用。此种加酶浴剂有提高分解肌肤表面细菌蛋白的能力。

1.40　浴盐

浴盐 (bath salt) 多由草药、天然陆地盐、天然海盐、矿物质和植物精油等成分组成，富含人体所需的铁、钙、硒、镁等多种微量元素，长期使用浴盐可以消除肌肤上的黑色素，让肌肤逐渐恢复细白、嫩滑、弹性，对祛除面部暗疮、粉刺、色斑也有功效。

1. 产品性能

浴盐是沐浴用品，具有保湿、角质软化和抗菌作用。施于水中，可使水变成乳白色。产品有粉状和液体两种。

2. 技术配方 (质量，份)

(1) 配方一

无水硫酸钠	100.0
三聚磷酸钠	2.0

硬脂酸钠	5.0
绿茶提取液（绿茶提取物 25 mg/L）	60.0
甘油	2.0
色素	0.1
香精	2.4
羧甲基纤维素（CMC）	4.0

将无水硫酸钠、CMC、硬脂酸钠和三聚磷酸钠混合，研磨后与其余物料混合造粒，其中取液中的水分转化成硫酸钠的结晶水，得到粉状浴盐。

(2) 配方二

碳酸氢钠	60.0
硫酸钠	40.0
脂肪酶	1.0
日本扁柏油	5.5
日本绿 2 号	2.0
聚烷氧基化聚二甲基硅氧烷	20.0
茉莉香精	0.5

(3) 配方三

硫酸钠	50
碳酸钠	20
氯化钠	28
胰酶	2
香精	适量

(4) 配方四

合成硅酸铝	2
β-乳糖	80
碳酸氢钠	9
硫酸钠	8
香精	1

该浴剂具有保湿、护肤作用。

(5) 配方五

碳酸氢钠	48.0
硫酸钠	9.5
水溶性甘菊环	2.0
丙二醇	0.5
香精	适量

该浴盐可控制皮肤失调、婴儿皮肤过敏及皮炎等。

(6) 配方六

硫酸钠	117
碳酸氢钠	120
滑石粉	51

柠檬香精	3
乳化剂	9
荧光色素	微量

该浴盐可使浴液呈现美丽的颜色。

(7) 配方七

无水硫酸钠	60
碳酸氢钠（粒度 145～300 目）	420
蛋白酶	4
蔗糖	6
色素	2
香精	8
水	50

混合后用造粒机造粒，于 50～60 ℃干燥，过筛得到的颗粒料喷入香精即得成品。

(8) 配方八

聚烷氧基化硅氧烷	6.0
硫酸钠	45.0
碳酸氢钠	45.0
硼砂	2.0
色素	2.0
香精	0.5
水	适量

将各物料混合后干燥，制得的浴盐可用于硬、软水，用后使皮肤有光滑感。

(9) 配方九

硫酸钠	60.0
碳酸氢钠	80.0
氯化钠	26.2
乙基苷	30.0
二氧化硅	1.0
色料	0.6
香精	2.0

(10) 配方十

多硫化钠-无水硫酸钠	8
氯化钾	2
氯化钠	6
碳酸氢钠	13
碳酸钠	1
香精	适量

该浴盐对保护皮肤和皮肤病的治疗有较好效果。

(11) 配方十一

硫酸钠	900

氯化钠	176
曲酸	120
过二碳酸氢钠	760
左旋抗坏血酸-2-磷酸酯	40
香精	适量

该浴盐含有曲酸，对皮肤有增白效果。

(12) 配方十二

硫酸钠	700
碳酸氢钠	600
烟酸乙酯	40
丁二酸	400
糊精	200
色素	1
香精	适量

该配方引自欧洲专利申请286901。

(13) 配方十三

氯化钠	1490.0
碳酸氢钠	400.0
月桂醇聚氧乙烯醚	30.0
丁二酸单磺酸酯	30.0
脂烷基酰胺丙基二甲基氧化胺	20.0
若丹明染料	0.3
乙醇	6.0
香精	10.0

引自波兰专利142023。

(14) 配方十四

氯化钠	20.0
碳酸氢钠	80.0
硫酸钠	98.0
液体羊毛脂	1.0
颜料黄202	0.4
香精	适量

3. 主要原料

(1) 硫酸钠

十水合硫酸钠又称芒硝，无水物称为无水硫酸钠、无水芒硝、元明粉。无水硫酸钠为白色固体结晶或粉末，溶于水和甘油，不溶于乙醇。相对密度2.68，有吸湿性。一级品规格如下：

含量	≥99.00%
水不溶物	≤0.05%

钙、镁总量（以镁计）	≤0.15%
铁（Fe）	≤0.002%
pH	6～8

精制无水硫酸钠又称元明粉。

（2）碳酸氢钠

碳酸氢钠又称小苏打、重碳酸钠，白色粉末或不透明单斜晶系细微结晶。相对密度 2.159，加热至 270 ℃ 熔融，同时放出 CO_2。可溶于水，微溶于乙醇。受热分解，在 65 ℃ 以上迅速分解。

总碱量（$NaHCO_3$）	99.00%～100.50%
碳酸氢钠	≥99.00%
水不溶物	≤0.01%

（3）氯化钠

氯化钠又称食盐、工业盐、咸盐，白色或无色半透明立方晶体、颗粒或粉末，味咸，无臭。相对密度 2.165（25 ℃）。溶于水，水溶液呈中性，微溶于乙醇和液氨，不溶于盐酸。一级品规格如下：

氯化钠	≥92.0%
水不溶物	≤0.4%
水溶性杂质	≤1.4%
水分	≤4.2%

4. 工艺流程

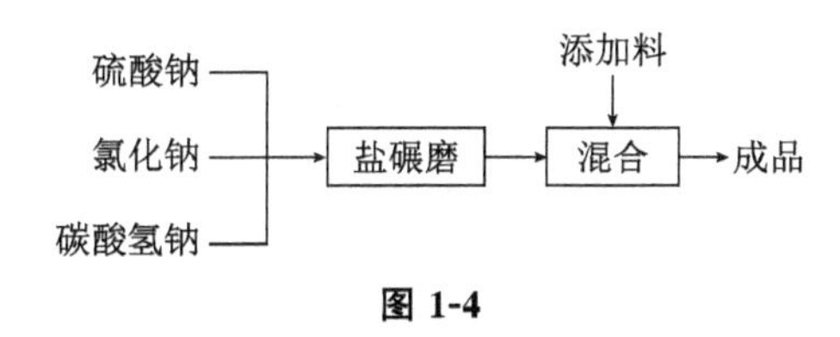

图 1-4

5. 生产工艺

一般工艺是将固体物料混合碾磨，再与其余物料拌和均匀，压片成型得到浴盐。

6. 产品标准

在冷热条件下贮藏，产品质量稳定。对皮肤无刺激，而对皮肤病有一定的疗效。

7. 产品用途

用于沐浴，投入洗澡水中，形成盐浴液。

8. 参考文献

[1] 李彦华. 攻克膏体浴盐技术难关 [J]. 中国盐业，2011（3）：41-44.

[2] 李云，荀春，王怡. 沐浴盐、足浴盐的研究开发 [J]. 云南化工，2004（2）：49-50.

1.41 浴油

浴油（bath oil）是一种新型浴用化妆品。过去洗澡只用香皂，再好的香皂也会使皮脂减少，有损于表皮护肤功能。但如加用浴油，则可适当中和、抗衡皂类因除脂而使皮肤干燥的不利反应。

1. 产品性能

浴油呈油状。根据产品在水中的溶解和分散状态，分为漂浮型、散布型和分散型。用浴油沐浴后，对皮肤有保湿作用，使肌肤柔软、光滑、健美。由动物油、植物油（或烃油）、高级脂肪醇，以及表面活性剂、香精等组成。

2. 技术配方（质量，份）

（1）配方一

石蜡	64
日本蜡	20
硬脂醇聚氧乙烯醚（HLB=10.0）	9
月桂醇聚氧乙烯醚（HLB=13.6）	5
香精	适量
水	2

（2）配方二

鲸蜡醇	30
聚乙二醇 300	23
聚氧乙烯（40）硬化蓖麻油	7
乙醇	40
香料、色料	适量
紫外线吸收剂	适量

（3）配方三

液蜡	15
肉豆蔻酸异丙酯	15
阿拉伯胶	40
糊精	30
香精	适量

（4）配方四

明胶	15
甘油	45
吐温-80	1
液化异丁烷	4
香精	2
水	37

该漂浮型浴油经喷雾形成漂浮的浴膜。

3. 主要原料

（1）鲸蜡醇

鲸蜡醇又称十六醇，白色结晶，熔点 50 ℃，沸点 344 ℃，折射率 1.4283（79 ℃），相对密度 0.8176（d_4^{50}）。能溶于乙醇、乙醚和氯仿，几乎不溶于水。

项目	指标
羟值（化学纯）/（mgKOH/g）	225～232
皂化值/（mgKOH/g）	≤1.0
酸值/（mgKOH/g）	≤0.5
熔点/（℃）	47～50
灼烧残渣	≤0.01%

（2）石蜡

石蜡又称矿蜡，主要成分为高碳烷烃，纯品为白色，含杂质的石蜡为黄色。常温下为固体。遇热熔化，熔点 50～70 ℃。能溶于苯、氯仿、二硫化碳和油类。

（3）聚乙二醇 300

无色黏稠液体，凝固点－15～8 ℃，相对密度 1.1279。微有特殊气味，略有吸湿性，能溶于水和丙酮。

项目	指标
平均分子质量	270～350
pH	4～7
灼烧残渣	≤0.1%

4. 工艺流程

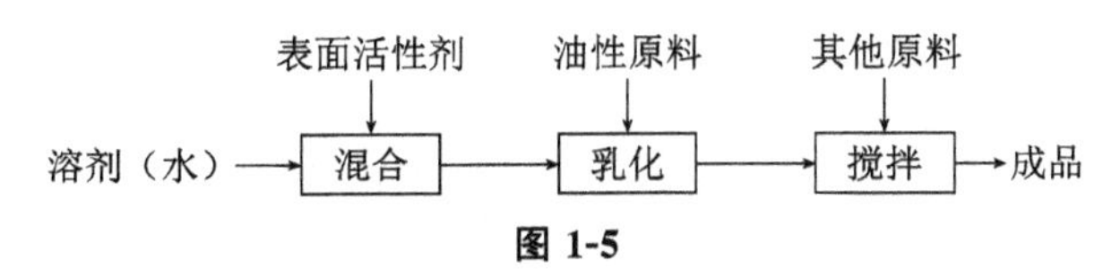

图 1-5

5. 生产工艺

将各物料混合均匀即得。

6. 产品标准

外观为均匀的油状物，贮存 1 年无分层现象。符合卫生标准。对皮肤无刺激，且具有健美作用。

7. 产品用途

用于沐浴。

8. 参考文献

[1] 徐良. 洗浴用制品的配制技术 [J]. 洗净技术，2003（2）：40-42.
[2] 金怀荣. 浴油 [J]. 日用化学品科学，1981（2）：53-55.

1.42 干性皮肤浴油

浴油根据其溶解和分散状态，又有漂浮型、散布型、分散型和起泡型。主要成分是动植物油脂、碳氢化合物、高级醇及乳化和分散用的表面活性剂。用浴油沐浴后皮肤表面残留一层薄油，可以防止皮肤水分蒸发和干燥，使肌肤柔软、光滑，对皮肤具有健美作用。

1. 技术配方（质量，份）

原料	用量
聚乙二醇（300）	23
鲸蜡醇	30
聚氧乙烯硬脂蓖麻籽油	7
香料	适量
乙醇	40
染料	适量
紫外线吸收剂	适量

2. 生产工艺

将各物料按配方量混合均匀即得。

3. 产品用途

取适量加入洗澡水中。

1.43 柔肤泡沫浴剂

1. 产品性能

泡沫浴剂在欧美国家使用非常普遍，它可使沐浴液产生大量泡沫，具有去污、柔肤功能，同时赋予泡沫感和香味。产品有粉末、颗粒、块状、糊状及液状等类型。

2. 技术配方

(1) 配方一

原料	用量
月桂醇聚氧乙烯醚硫酸钠	65.0
甘油聚氧乙烯醚椰油酸酯	4.5
椰油酸二乙醇酰胺	1.5
叶绿素	1.0
氯化钠	2.5
聚烷氧基化烯丙基聚二甲基硅氧烷	20.0
香精	1.0

该泡沫浴剂泡沫稳定、保湿，并使皮肤光滑，产品为液状。

(2) 配方二

成分	用量
月桂酸三乙醇胺盐	100
阳离子纤维素	2
取代磷酸十二烷基酯钠	500
月桂基二甲基氧化胺	80
山梨糖醇	40
甘油	100
香精、防腐剂	适量
水	1170

将各物料溶于水中，最后加入防腐剂和香精，得到泡沫浴剂。

(3) 配方三

成分	用量
月桂基苷聚氧乙烯（3）醚	5.0
月桂酸三乙醇胺盐	2.0
十二烷基乙二胺羟乙基乙酸钠	15.0
甘油	5.0
蔗糖酯	1.0
尼泊金甲酯	0.3
二硬脂酸乙二醇酯	2.0
香精、色素	适量
水	69.7

该浴剂泡沫丰富、去污力好。

(4) 配方四

成分	用量
月桂醇聚氧乙烯醚磷酸盐	18.0
椰油酸三乙醇胺盐	4.0
月桂酸二乙醇胺盐	2.0
N-椰油酰-*L*-谷氨酸钠	4.0
乙二醇二硬脂酸酯	2.0
氢氧化钾	3.0
甘油	8.0
1，3-丁二醇	16.0
羟苯乙酯	0.3
改性酶	1.0
香精	适量

该泡沫浴剂对皮肤具有保湿作用。

(5) 配方五

成分	用量
亚油酸二乙醇胺盐	10.0
月桂醇硫酸酯三乙醇胺盐	40
羊毛醇聚氧乙烯（16）醚	7.0
羊毛脂	2.0
聚山梨酸酯 20	6.0
EDTA（乙二胺四乙酸）	1.0

福尔马林	0.2
香精	2.0
精制水	131.8

(6) 配方六

A 组分

月桂酰胺	20.0
月桂醇硫酸酯三乙醇胺盐	82.5
油酸二乙醇胺	14.0
乙氧基化羊毛脂 (LANTROL AWS)	10.0

B 组分

乙二胺四乙酸	1.0
水	68.5

C 组分

香精	6.0

分别将 A 组分、B 组分加热至 75 ℃，边搅拌边将 A 组分加至 B 组分混合，于 50 ℃ 添加 C 组分，混匀得泡沫浴剂。

(7) 配方七

脂肪醇聚氧乙烯 (2) 醚硫酸钠 (70%)	52.0
脂肪醇聚氧乙烯 (5) 醚	50.0
椰油酸单乙醇胺乙氧基化物	50.0
N-椰油酰胺基丙基-*N*，*N*-二甲基甘氨酸铵 (30%)	25.0
甘油聚氧乙烯 (7) 醚单椰油酸酯	25.0
柠檬酸	1.3
香精	50.0
水	280.0

该凝胶状泡沫浓缩浴剂配方引自欧洲专利申请 288919。

(8) 配方八

α-烯烃基磺酸钠 (40%的溶液)	50.0
1-羟乙基-1-丙醇磺基-2-椰子基-2-咪唑啉	15.0
椰子氧化胺	6.0
无水柠檬酸	1.0
椰子酰二乙醇胺	8.0
香精	适量
水	120.0

该配方为 Lonza 公司制造的一种具有泡沫稳定性和皮肤调理性的高泡液体泡沫浴剂。

(9) 配方九

月桂硫酸钠	75.000
椰油酰胺基丙基甜菜碱	24.000

椰油酰二乙醇酰胺	4.000
司本-80	1.000
吐温-20	1.000
矿物油	1.000
甘油聚氧乙烯醚单椰油酸酯	4.000
十六烷基 EP 型聚醚	1.000
氯化钠	5.000
氯化烯丙基氯化六亚甲基四铵	0.100
染料（蓝）	0.004
水	86

该泡沫浴剂具有洁肤、润肤、爽肤功能，泡沫丰富。引自南非专利 908518。

（10）配方十

蓖麻油聚氧乙烯醚	6
脂肪醇硫酸酯钠	64
椰油脂肪酰二乙醇胺	8
食盐	4
香精	0.6
苯甲酸钠	0.2
色素	适量
水	117.2

3. 主要原料

（1）脂肪醇硫酸酯钠

常用的为月桂醇硫酸酯钠，白色或淡黄色粉状或液体。具有优良的发泡力、去污力和乳化作用。无毒，溶于水，对碱和硬水不敏感。

活性物	≥57%
不皂化物	≤4%
无机盐	≤10%
pH	7.5～9.5

（2）脂肪醇聚氧乙烯醚硫酸钠

淡黄色黏稠液体，易溶于水。具有优良的去污、乳化和发泡性能。生物降解度为 90%。

活性物	70%±2%
未硫酸化物	≤3%
硫酸盐	≤3%
pH	7.0～9.5

（3）椰油酰二乙醇胺

淡黄色透明液体，可溶于水，具有较强的起泡力、浸透力、去污力、防锈性和较好的分散性。

总胺量	135～155

酸值/（mg KOH/g）	6～11
色泽（APHA）	<350
pH（1%的水溶液）	9.5～10.5

（4）苯甲酸钠

苯甲酸钠又称安息香酸钠，白色结晶或颗粒或无色粉末。低毒，易燃。溶于水和乙醇。常用作杀菌剂和防腐剂。

含量	≥99.00%
氯化物	≤0.14%
干燥失重	≤0.15%

4. 生产工艺

一般工艺是将各物料混合分散均匀，最后加入香精而得。

5. 产品标准

产品色泽均匀一致，有良好的贮存稳定性。泡沫丰富，去污力强，具有洁肤护肤功能。符合卫生标准。

6. 产品用途

用于泡沫浴。

7. 参考文献

[1] 徐良. 洗浴用制品的配制技术 [J]. 洗净技术，2003 (2)：40-42.

第2章　洗发香波

香波（shampoo）是外来语，现已成为人们对洗发用品的习惯称呼。香波既具有良好的去污性和起泡性，还具有美容性、疗效性和安全性。按香波的物态可分为透明状、蜜露、乳液、胶冻状、膏状、气溶胶等；按功效可分为普通型、药用、调理、婴儿和专用香波。

2.1　香波的组分

现代香波的组分大致可分为三大类：洗涤剂，为香波提供了优异的去污性能和丰富的泡沫；助洗剂，增加了去污力、泡沫稳定性能；功能添加剂，赋予香波各种不同的特殊功效。香波中的主要成分是洗涤剂。

香波以合成洗涤剂为基础，阴离子型的脂肪酸硫酸钠是最早被采用的一种。除阴离子型外，非离子型、两性离子型，甚至部分阳离子型洗涤剂都得到了成功的应用。根据特定需要，配方中还增添了各种特殊添加剂，因而使香波的组成日趋多样化。

1. 阴离子型

（1）脂肪酸皂

脂肪酸皂系指硬脂酸的钾皂、钠皂或三乙醇胺皂，也可用椰子油酸来代替，不过刺激性稍大些。常用的制造方法是在生产现场按需要中和制得。商品硬脂酸钠（$C_{18}H_{35}O_2Na$），含量不少于96%，游离酸（以硬脂酸代）1%，干燥失重4%，碘值4 gI_2/100 g。

硬脂酸皂在膏状香波中起赋形作用；在液体香波中起增稠作用。

（2）烷基苯磺酸钠（ABS）

由碳链$C_{10\sim14}$（平均碳原子数为C_{12}）的石油正烷基卤或烯烃和苯缩合成烷基苯，再经二氧化硫或发烟硫酸磺化，用烧碱中和而成。稠厚浆液，微黄，无明显石油味，活性物31%～36%；不皂化物（以100%活性物计）≤4；pH 7～9。

主要用于洗衣粉，也可用于香波。有优良的发泡力和去污力。但单独使用时，脱脂力过强，使头发过于干燥，易带静电，不易梳理，且刺激性大。一般常与脂肪醇硫酸盐、烷基醇酰胺等复配，可使产品透明，并能降低成本，是经济型香波的主要原料。

（3）α-烯基磺酸盐

α-烯基磺酸盐（AOS）是一种新型高效软性（即能生物降解）洗涤剂，它去污力好，泡沫在油脂存在下稳定，对皮肤相眼睛的刺激性小，刺激性和毒性都低于烷基磺酸钠和脂肪醇硫酸钠。外观为黄色；活性物＞33%；醇不溶物＜5%；pH9.5～11。

（4）脂肪醇聚醚硫酸钠

分子式 $RO(CH_2CH_2O)_nSO_3Na$（$R=C_{12}$，$n=3$），系聚氧乙烯脂肪醇醚经磺化后用烧碱中和而成。外观为糊状，活性物68%～70%、无机盐3%、游离油3%，pH 7.0～8.5。这是配制透明液体香波的主要成分之一，它有优良的去污力，溶解性能比脂肪醇硫酸钠为好。在一定的酸性条件下比脂肪酸硫酸钠稳定，它起泡迅速，但泡沫不稳定（尤其是在油脂存在下），通常需要和泡沫助剂和泡沫稳定剂复配。它的另一个特点是极易被盐所增稠。

（5）*N*，*N*-油酰甲基牛磺酸钠

活性物含量≥19.0%，不皂化物≤ 2.0%，脂肪酸皂≤2.0%，无机盐≤5.0%，pH 7.2～8.0。它的主要特点是在酸、碱、硬水中、盐溶液中比较稳定，泡沫丰富而稳定，对皮肤和毛发的刺激性小，有一定的柔软特性。

（6）油酰氨基酸钠（613 洗涤剂）

分子式 $C_{17}H_{33}CO(NHCHCO)_nONa$，经油酰氯和蛋白质水解物缩合而成。外观为黄色，稠厚液体，pH 8.0～8.4，渗透≤35s，泡沫 140～150 mm，去污力≥3 级，活性物≥28%。它是蛋白型洗涤剂，对皮肤和头发的柔和性好，没有刺激。它在碱性、中性溶液中很稳定，但在 pH 5 以下有沉淀析出。常用于儿童香波和低刺激性香波。

（7）脂肪醇硫酸钠

分子式：$ROSO_3Na$（$R=C_{12}\sim C_{14}$），脂肪醇经硫酸化后用烧碱中和而得。其性能指标如下：

	优级	一级	二级
总含量	≥59%	≥59%	≥59%
未磺化物	≤1.8%	≤3.0%	≥4.0%
盐分（NaCl、Na_2SO_4）	≤ 5.5%	≤7.5%	≤8.0%
pH（1%的水溶液）	7.5～9.5	7.5～9.5	7.5～9.5
水分	≤3%	≤3%	≤5%
色泽	优于一级品		

泡沫丰富而稠厚稳定，有优良去污力。除了钠盐外，还有钾盐、镁盐、单乙醇胺盐、二乙醇胺盐和三乙醇胺盐。各种盐的性能差异很大，尤其是黏度和浊点，如钠盐的浊点较高，黏度也较高，所以主要用于膏状香波和液体香波。就黏度而言，单乙醇胺盐＞二乙醇胺盐＞三乙醇胺盐，并都有较低的浊点，因此是液体透明香波的主要原料。另外，十二醇硫酸盐有一个有趣的性质，就是它有与肥皂相反的溶解度，即它的镁盐比钠盐的溶解度更高，这对配制透明液体香波是很有利的。

2. 非离子型

（1）烷基醇酰胺

分子式：$RCON(C_2H_4OH)_n$（$n=2$），由肪酸和醇胺缩合而成，其中 n（二乙醇胺）∶n（脂肪酸）＝1∶1。金黄色稠厚液体，游离胺含量为 6.0%，水分＜1%。能稳定和增加洗涤剂镕液的泡沫，有明显的增稠和一定的调理作用及抗静电性。一般不单独使用，常作助洗剂，通常的用量为1%～5%。

（2）吐温-20

吐温-20 又称聚氧乙烯山梨糖醇月桂酸单脂，为山梨糖醇月桂酸脂与环氧乙烷（按每摩尔山梨糖醇月桂酸脂与约 20 mol 的环氧乙烷）在碱性条件下缩合而制得。外观为黄色液体，皂化值 40～60 mg KOH/g，羟值 105～120 mg KOH/g，是优良的增溶剂和乳化剂。对眼睛的刺激性非常小并无蜇痛感，另一个有意义的特点是，由于它的加入能减少体系中其他洗涤剂的刺激性。常用于温和香波与儿童香波，以及用作部分香精的增溶剂。

（3）氧化叔胺

由十二烷基二甲基叔胺和过氧化氢反应得到。外观为无色或淡黄色透明液体，活性物含量约 30%，过氧化物含量<0.2%，pH（1%）7，胶含量<2%。

它的有些性能和烷基酰胺类似，如增稠和稳定泡沫，刺激性小，抗静电优良，增加香波的调理作用。它的 pH 稳定范围大、并与阴离子、阳离子、非离子、两性离子洗涤剂完全相溶，在中性和碱性溶液中，呈非离子特性；在酸性溶液中呈阳离子特性。因此，常把氧化叔胺称为极性非离子洗涤剂。

3. 两性离子型

（1）咪唑啉系列

主要特点是对皮肤、眼睛没有刺激性也没有刺痛感，有优良的泡沫和泡沫稳定性。它和阴离子、非离子、阳离子完全相溶，pH 稳定范围较大，并有杀菌作用。能减少体系内其他洗涤剂或添加剂的刺激性，因此广泛用于婴儿香波。外观为透明淡黄色，活性物含量 49.0%～51.0%，pH（20%）8.0～8.5。

（2）甜菜碱

对皮肤刺激性小，有杀菌作用，有一定的柔软特性，抗硬水，有优良起泡性。等电点为 pH 5.1～6.7，在低于等电点的酸性介质中，呈阳离子性；在高于等电点的碱性介质中，呈阴离子性。用于低刺激性香波中，以及作为助洗剂用于香波配方。

外观为淡黄色透明黏稠液或胶体，活性物含量 30%±2%；含盐量≤10%，pH 6.5～7.5。

4. 功能添加剂

（1）增黏剂

黏度是香波比较重要的特性之一，常用的增黏剂有以下几种。

①烷基醇酰胺。它和无机盐结合使用，效果尤为显著。

②电解质（盐）。常用氯化钠或氯化铵，用量 1%～4%，在 AES 体系中效果尤佳，但成品黏度受环境温度影响较大。

③聚乙醇酯。如聚乙二醇（400）单硬脂酸脂、聚乙二醇（400 或 600）二硬脂酸脂、聚乙二醇（1000）月桂酸脂。主要用于液体香波。

④纤维素衍生物。羟基乙基纤维素（HEC）、羟（基）丙基甲基纤维素（HPMC）、羧（基）甲基纤维素钠盐（CMC）。

⑤脂肪酸皂、椰子油皂。

⑥氧化叔胺。

（2）遮光剂和珠光剂

用作遮光剂和珠光剂的物质有高级脂肪酸的醇酰胺（硬脂酸三乙醇胺皂），乙二醇单硬脂酸酯或双硬脂酸酯、丙二醇和丙三醇的单硬脂酸酯或棕榈酸酯，高级脂肪醇（十六醇、十八醇），硬脂酸的镁盐、锌盐、钙盐；硅酸铝镁。一般用量一般为0.5%～3.0%。

（3）络合剂

络合剂在香波中的主要用途是防止硬水中的钙离子、镁离子沉积在头发表现。有优良的钙皂分散作用。乙二胺四乙酸二钠（EDTA二钠）是使用最多的一种络合剂，其分子式为$C_{10}H_{14}N_2Na_2O_8$，系由乙二胺和氰化钠、甲醛反应生成。商品中要求含量不少于99%，氯化物（Cl）含量不大于0.004，铁（Fe）含量不大于0.001，重金属（以Pb计）含量不大于0.001。其他络合剂有聚磷酸钠等。

2.2 香波的生产技术

由于配方和所用设备的不同，要对香波生产制订统一的规定是不切合实际的。但有些基本的技术原则必须在实践中予以关注。

1. 香波产品的配方设计

香波除有良好的性能外，还应有符合消费者需要的外观美和一定的货架寿命。因此，设计香波配方时应考虑下述几方面的问题。

（1）黏度

香波的黏度高低主要取决于配方中活性剂、助洗剂和无机盐的性能与用量。香波的黏度是成品的主要性能指标之一。消费者大多喜欢黏度高的产品。烷基醇酰胺、氧化胺等都有增稠作用，其程度依赖于引起原料的用量及其配方的配伍性。配方中活性剂用量高些，一般来说，产品的黏度也相应提高。另外，加入一定量的无机盐，如氯化钠、氯化铵等也可增加黏度。加入量应根据所需黏度，视实验结果而定，通常不超过3%。过分加入盐会影响产品在低温下的稳定性。用氯化钠和氯化铵作增稠剂时，体系的黏度会随其用量的增加而提高。但黏度达到一个定值后，反因盐的再增加而降低，这也是需要提请注意的现象。若要使香波的黏度降低，可加适当量的有机溶剂，如乙二醇或丙二醇。

（2）耐热耐寒试验

为了保证成品质量稳定和货架寿命，产品必须经过严格的耐热耐寒试验，通常实验温度是40 ℃、0 ℃或－10 ℃，时间视需要而定。

一般说来，配方中盐的加入，虽有利于提高黏度，但却不利于成品的耐寒性能。透明液体香波耐寒试验，通常试验温度是40 ℃、0 ℃或－10 ℃，时间视需要而定。配方中盐的加入，虽有利于提高黏度，但却不利于成品的耐寒性能。透明液体香波耐寒性是否良好，由体系是否产生混浊、沉淀、分层等现象来衡量。耐热性能差的香波往往出现黏度下降、褪色、pH改变等现象。对珠光型香波，经耐热耐寒试验后，体系的黏度不应发生显著变化，因为这类产品在较高的温度条件下能否保持有珠光，黏度是条件之一。

（3）pH稳定性

香波经长期贮存或贮存条件不当时，若配方体系不具备一定的缓冲性，则pH有可能发生变化，这种变化对产品的质量和外观是不利的。为了保证产品pH稳定，可加入适量的磷酸或柠檬酸作为缓冲剂。

（4）色素和香精的稳定性

香波一般都需要加香、着色，香波的色彩和香味是非常重要的。所用的色素和香精都必须通过稳定性试验，在高温、低温、紫外光及不同的pH条件下进行。色素和香精都应对人体安全无害。

2. 配制工艺

香波的配制工艺是比较简单的。一般设备仅需要带有加热和冷却用的夹套的配料锅，并配有适当的搅拌器。香波的主要原料大多是极易产生泡沫的洗涤剂，因此加料的液面必须浸没搅拌桨叶片，以避免过多的空气混入。香波的配制过程以混合为主，但各种类型的香波有其各自不相同的特点。

（1）透明液体香波

有两种生产工艺：一是冷混法（节约能源），二是热混法。一般来说，以烷醇胺类（月桂基硫酸三乙醇胺）为主要原料和用椰子二乙醇胺为助洗剂的，可用冷混法。步骤是先将烷醇胺类洗涤剂溶解于水中，再加入其他助洗剂，待形成均匀溶液后，就可加入其他成分，如香料、色素、防腐剂、络合剂等。最后用柠檬酸或其他酸类调节至所需的pH范围，黏度用无机盐（氯化钠或氯化氨）来调整。若遇到加香料后不能完全溶解，可先将它同少量助洗剂混合后，再投入溶液。或者使用香料增溶剂来解决。

当配方中含有蜡状固体或难溶物质时，则必须采用热混合法。热混合法的操作步骤是将主要洗涤剂溶解于热水或冷水中，在不断搅拌下加热到70 ℃，然后加入要溶解的固体原料，继续搅拌，直到溶液呈透明为止。当温度下降到35 ℃左右时，加色素、香料和防腐剂等。pH的调节和黏度的调节一般都应在较低的温度下进行。采用热混合法，温度不宜过高（一般不超过70 ℃），以免配方中的某些成分遭到破坏。

配制应注意的是，高浓度洗涤剂的溶解（如脂肪醇醚硫酸钠，70%含量糊状）必须把它缓慢加入水中，而不是把水加入洗涤剂中，否则会形成黏性极大的团状物，导致溶解困难。适当的加热可以加速溶解。

（2）珠光香波和乳液香波

珠光香波和乳液香波的制造一般采用热混法。若用单硬脂酸乙二醇酯作珠光剂，应当注意，加热温度不宜超过70 ℃，珠光香波能否具有良好的珠光外观，不仅与珠光剂量有关，而且与搅拌速度和冷却时间快慢有联系。快速冷却和相当迅速的搅拌，会使体系外观暗淡无光。而控制一定的冷却速度，可使珠光剂结晶增大，因而获得闪烁晶莹的光泽。加色素、香料、防腐剂时，体系的温度应在40 ℃左右；pH和黏度的调节也应在尽可能低的温度下进行。

3. 参考文献

[1] 王劲，陈志龙. 香波的功效及其配方设计 [J]. 日用化学品科学，2012，35

(2)：25-28.
[2] 林荣钦. 香波配方及常见问题浅析 [J]. 中国洗涤用品工业，2005 (6)：78-80.

2.3 香波的质量

科学的配方是香波质量的重要保证和质量控制的基本依据。不论是由于原料的增减、变化、代用或是产品质量的改进、提高，而需要更动配方时，都必须先经严密的试验和鉴定，确认无不良后果后才能更动。

多数香波都是单纯的物理性混合（除皂基型香波），因此某种原料规格和质量指标的变动，都能在成品中表现出来，严重时会影响产品质量。所以原料的质量控制对保证成品质量至关重要。原料进厂后，必须经过取样检验，证明合格后方能投入生产。

严格规范操作规程是控制产品质量的重要环节，违规操作、错误的操作及称量不准确等都会造成严重的质量事故。因此，必须加强全面质量管理，即加强全过程的管理。

香波的微生物控制也是备受重视的影响产品质量的问题。香波的微生物污染源有水质的污染、原料的污染（如洗涤剂和添加剂）、生产的环境、包装材料、使用过程。这里着重谈水和原料的微生物污染情况。

1. 水质的微生物污染

受到微生物菌污染的香波中约有 95%是和水质受污染有关，固为香波的制造工艺（一般有两种：冷混合法和热混合法）中，即使是热法它的最高温度通常也不会超过 90 ℃，这样的温度条件对某些细菌，如洋葱假单胞菌根本没有影响。即使配有良好防腐剂的香波在含有大量微生物的水质中也会趋于失败。因此，香波用的水大多是经纯化的高纯水，因为天然水或自来水含有钙盐、镁盐、氯化钠及其他有害杂质。纯化水的设备最好采用电渗析淡化器，经处理的去离子水再用紫外线灯照射灭菌后使用，就更为理想了。经紫外线灯照射灭菌的水，应每日抽样检验，保证无杂菌。

2. 原料的微生物污染

香波中的洗涤剂感受微生物菌污染的难易程度各不相同，以脂肪醇硫酸三乙醇胺和脂肪醇硫酸钠为例，这两种洗涤剂均为香波中常用的品种，它们极易受革兰阴性菌的污染。有资料报道，曾在这两种洗涤商品中检出微生物菌落数高达 10 000～50 000 只/g 样品。理想的解决方法是，原料生产厂在成品中加入防腐剂，然后装运，这样能有效地控制微生物在贮运期间的大量繁殖。当然防腐剂的选择也要慎重，既要考虑到防腐剂和本洗涤剂的配伍问题，也要考虑到添加防腐剂的本洗涤剂和其他洗涤剂及助剂的配伍性，否则会给应用带来影响。

一般 CMC 和其他的粉状添加剂其本身不需防腐，不过也不能疏忽大意。

3. 香波中常见的微生物菌

一般受微生物污染的香波，其中 98%是属需氧革兰阴性杆菌，并以假单胞杆菌为主，它不仅存于洗涤剂中，在去离子水和某些添加剂中也大量发现，最常见的代表菌种是洋葱假单胞菌、恶臭假单胞菌。

一般规定受检香波样品内微生物菌落数不得超过 1000 只/g 样品，并且不能检出绿脓杆菌、大肠杆菌和金色链霉菌。

4. 香波的防腐试验

香波的防腐试验方法是在香波样品上反复用选定的菌种接种，通常接种的菌落数为 500 000～1 000 000 只/g 样品，接种后隔日观察其数量的增减。

消费者希望香波不仅要泡沫丰富，去污优良，而且还要有良好的洗后感，使洗后头发柔软，有光泽易于梳理等，通常，评价的项目有下列几个方面。

①泡沫和泡沫稳定性。由于发泡是香波最重要的特性之一，所以测量香波产生的泡沫是必不可少的试验项目。罗氏泡沫试验法是在测定泡沫和泡沫稳定性中使用最广泛和得到公认的方法之一。另外，水硬度的影响，油类的存在（模拟头发的污垢）和其他添加剂对起泡作用的影响，也可据此得以评定，而且重现性好。另外，还有一种测定泡沫量的方法，即“泡沫振荡法”，这是一种简单而有效的泡沫和泡沫稳定性的评定方法。这种方法是用具塞分液量筒振荡（按一定的次数）具塞量筒内的洗涤剂溶液，然后读出刻度上泡沫量。需指出的是此法读出的值和罗氏法所得之值不能类比。

②泡沫丰富一般是受消费者欢迎的，但漂洗不净却令人不快。这方面目前尚无仪器可以代替人的感受，通常的评价方法是请一定数量的应试者试用，然后用统计方法来分析他们的意见。另一种方法是请有经验的专家来评定。

③梳理性能（干梳和湿梳）。头发的梳理性能主要取决于头发纤维表面的摩擦性能，这种摩擦性又是取决于头发的角质外层的状态及用香波后对角质外层的影响程度。在完好无损的头发纤维中，角质外层保持比较紧密、光滑的构型。正常的梳理方法和通常的外界因素也会对角质层有不同程度的损伤。这种损伤造成了头发纤维发生缠结，从而导致在梳理时要用较大的力来克服之。根据这种原理用张力试验来测定梳理头发束时所用的力，由此来评价香波的梳理性能。

④洗涤力即去污力，是香波的一种重要功能，一般指的是清除头发的污垢和过量的油脂。但过分的脱脂会破坏头发的表面状态，是不合乎要求的。目前测定的方法还很不完备，而且多半是靠感官。

香波在硬水中的耐受程度对它的销路影响很大。用罗氏泡沫法可以方便地了解香波这方面的性能，方法是以不同硬度的水来配制香波溶液，然后观察该香波在不同硬度水的溶液内泡沫高度的变化。

⑤刺激性。香波产品应无明显的刺激性。

5. 参考文献

[1] 刘运洪. 洗发香波的体系及质量控制 [J]. 中国化妆品，2002 (12)：64-67.

2.4　脂肪酸盐洗发香波

皂化法洗发香波用的脂肪酸原料，应选用亲水性强、泡沫多和去污性好的，如月桂酸、椰子油脂肪酸、油酸等。在椰子油脂肪酸中除月桂酸外还含有其他脂肪酸，特别是低碳脂肪酸对皮肤有刺激性，高碳脂肪酸对水的溶解性差，所以在使用椰子油脂肪酸之前，应进行蒸馏取月桂酸含量多的馏分。油酸的原料主要是橄榄油、牛油和米糠油等，也须经过蒸馏制取纯度高的油酸。在皂化方法上一般不使用直接皂化法，如油酸，是用苛性钾或三乙醇胺进行中和。

技术配方

（1）配方一

橄榄油	7.0
椰子油	14.0
氢氧化钾（50%的溶液）	10.2
水	68.8
香料、色素	适量

（2）配方二

油酸	8.0
椰子油脂肪酸（月桂酸含量多的）	15.0
氢氧化钾	10.7
水	66.3
香料、色素	适量
色素	适量

2.5 烷基苯磺酸盐系洗发香波

1. 产品性能

该类香波以合成表面活性剂为主要成分。烷基苯磺酸钠盐表面活性剂的脱脂能力强，在水中的溶解性差不适于做洗发香波的成分。如果以烷基苯磺酸的三乙醇胺盐作为洗发香波的主要成分，去污力和脱脂力比较温和，在低温下也能完全溶解于水，而且价格比较便宜，一般作为普通制品使用。

2. 技术配方（质量，份）

烷基苯磺酸钠（50）	13.63
烷基苯磺酸三乙醇胺（50%）	31.83
香料、色素等	适量
水	54.54

2.6 高碳醇系洗发香波

高碳醇系洗发香波以高碳醇系表面活性剂为主要原料的，虽然价格比较高，还是能受到使用者欢迎。在原料醇中多数是使用起泡力强的十二烷醇。碳数超过 12 以上的高碳醇，虽然去污力增强，但是起泡力下降，在低温下水溶性差，一般不使用。特别是液体洗发香波，主要是以十二烷基醇为主体成分。为了改进制品性能，可添加适当量的脂肪酸烷基醇酰胺。

技术配方（质量，份）

(1) 配方一

十二烷醇硫酸脂三乙醇胺盐（50%）	42.87
月桂酸二乙醇酰胺	28.57
异丙醇	14.28
香料、色素等	14.28

(2) 配方二

十二烷醇硫酸三乙醇胺盐（50%）	27.27
十二烷醇硫酸钠盐（35%）	27.27
月桂酸二乙醇酰胺	9.10
水	36.36
香料、色素等	适量

(3) 配方三

十二烷醇硫酸酯二乙醇胺盐（60%）	30.0
月桂酸二乙醇酰胺	6.0
香料、色素	适量
水	64.0

2.7　防头皮屑洗发香波

1. 技术配方（质量，份）

月桂基硫酸铵（40%）	15.0
十一碳烯酸二乙醇胺	1.5
十二烷醇硫钠（35%）	25.0
中草药（如柴胡、甘草、常春藤等）提取液	1.0
氯化钠	2.0
香精油	0.6
乙二酸酯	0.3
水	54.6

2. 参考文献

[1] 喻育红，周进，张玲. 中草药营养去屑洗发香波的研制 [J]. 化学工程师，2012，26 (11)：61-63，75.

2.8 油性发用洗发香波

1. 技术配方（质量，份）

十二烷醇硫酸钠（30%）	27.00
对羟基苯酸甲酯	0.15
月桂酸二乙醇酰胺	5.00
二硬脂酸聚乙二醇 6000	1.50
色素、香料	适量
精制水	配成 100

2. 生产工艺

先将十二烷醇硫酸钠和对羟基苯酸甲酯混合后加热到 60 ℃。另外将水加热到 75 ℃ 后，加到前者混合液中，经 15 min 混合搅拌，冷却到 40 ℃，再加到月桂酸二乙醇酰胺、二硬脂酸聚乙二醇 600、色素和香料，冷却到 30 ℃即得。

2.9 高级硅油香波

这种香波含有非挥发性的硅油，使头发洗后留有油光。

1. 技术配方（质量，份）

十二醇聚氧乙烯（2）醚硫酸钠	130
椰油酰胺基丙基甜菜碱	23
瓜耳胶羟丙基三甲基氯化铵	4
硅酮乳液 [m（硅油）∶m（$C_{12}AE_2S$）∶m（十六/十八醇）=50∶46∶4]	50
二硬脂酸聚乙二醇酯	20
香精、防腐剂、色料	少量
水	780

2. 生产工艺

将各有机物料混合加热后与水混合乳化，然后加入香精、色料、防腐剂，搅拌均匀后，脱气，灌装即得。

3. 产品用途

与一般洗发香波相同。

4. 参考文献

[1] 陈丽，徐建人，莫启武. 硅油对香波发泡力的影响 [J]. 日用化学品科学，2000 (S1)：96-99。

2.10　防晒香波

这种洗发香波中加有防晒剂，可吸附在头发上以增强头发的抗晒力，适宜夏天及南方使用。引自欧洲专利申请 38689。

1. 技术配方（质量，份）

成分	质量
十二醇聚氧乙烯醚硫酸钠	160.0
对甲氧基肉桂酸辛酯	20.0
瓜耳胶羟丙基三甲基氯化铵	2.0
甲醛水溶液	0.5
香精	5.0
水	817.5

2. 生产工艺

将各物料溶于水中，混合均匀后，脱气灌装，得到含防晒剂香波。

3. 产品用途

与一般香波相同。

4. 参考文献

[1] 杨秀全. 具有高效防晒性能的温和型香波 [J]. 日用化学品科学，2000（4）：35.

2.11　硅油柔发香波

这种香波含有硅氧烷共聚物，它能赋予头发油亮光泽和柔软润滑感。引自欧洲专利申请 408311。

1. 技术配方（质量，份）

成分	质量
十二醇聚氧乙烯醚硫酸钠	160
硅氧烷-丙烯酸氨乙酯-乙烯吡咯烷酮共聚物	15
十二酰基二乙醇酰胺	20
香精	2
防腐剂	1
水	802

2. 生产工艺

甲基丙烯酸二甲基氨基乙酯 70 份、乙烯基吡咯烷酮 25 份、硅氧烷 [$H_2C=CHCO_2(CH_2)_2Si(CH_3)_2OSi(CH_3)_2$] 60 份、三甲基硅氧烷 5 份、无水乙醇 150 份和偶氮二异丁腈 0.6 份的混合物，在 80 ℃ 回流 8 h，制得共聚物。将共聚物、表面活性剂和添加剂与水混合即得。

3. 产品用途

与一般香波相同。

4. 参考文献

[1] 徐志远，成文，程建华，等. 大粒径氨基改性硅油乳液在调理香波中的应用[J]. 有机硅材料，2009，23 (6)：383-387.

2.12 三合一调理洗发香波

以洁发、护发、去屑止痒、柔软调理、光泽润发的多种功能，性能温和，对皮肤无刺激的多效受到消费者的欢迎，这里介绍三合一调理洗发香波。

1. 技术配方（质量，份）

(1) 配方一

月桂酰基甲基牛磺酸钠	100
月桂基二甲基氨基乙酸甜菜碱	80
聚（二甲基烯丙基）氯化铵	5
十二醇聚氧乙烯醚	30
柠檬酸	1
椰油酸二乙醇酰胺	40
香料	少量
水	734

(2) 配方二

十二醇聚氧乙烯醚硫酸钠	50
乙二胺四乙酸（EDTA）	2
烷醇酰胺	50
葡糖-6-椰油酸单酯	50
羊毛脂衍生物	10
葡萄糖-6-庚酸酯	50
乙醇	5
对羟基苯甲酸酯	10
香精、色素	少量
水	770

(3) 配方三

二甲基硅氧烷	40
N-十二酰基-*N*-羟基乙二胺乙酸钠	100
丁二酸十二烷酯磺酸二钠	100

月桂酰二乙醇胺	10
香料	少量
水	780

(4) 配方四

羟乙基纤维素和三甲基烷氧基胺	2.0
十二烷基醇硫酸钠	120.0
丁羟基甲苯	0.5
2-溴-2-硝基-1，3-丙二醇	0.1
柠檬酸	100.0
颜料、香料	少量
水	868.0

(5) 配方五

甲基丙烯酸-丙烯酸酯共聚物	0.1
聚丙烯酸	0.3
α-烯基磺酸钠	1.5
异辛酸十六烷酯	0.3
香精	少量
水	7.8

(6) 配方六

十二醇聚氧乙烯醚硫酸钠	1.60
瓜耳胶羟丙基三甲基氯化铵	0.02
硅油（1%的乳液）	0.05
十二烷基甜菜碱	0.20
交联聚丙烯	0.04
香精	少量
水	8.09

(7) 配方七

椰油醇聚氧乙烯醚硫酸钠	153.9
十二烷基聚氧乙烯（7）醚酒石酸钠	288.0
两性离子表面活性剂	97.0
棕榈仁油脂肪酸聚乙二醇酯	10.0
七水合硫酸镁	4.9
氯化钠	31.4
柠檬酸三钠	0.8
椰油酸二乙醇酰胺	10.0
香精	少量
水	404.0

(8) 配方八

羟乙基羧甲基咪唑啉混合物	3
氢化蓖麻油乙氧基化合物	10
聚二甲基硅氧烷（聚合度 1000）	5

液化石油气	6
丙二醇	20
鲸蜡醇	15
椰油酸二乙醇酰胺	10
液态异构烷烃	6
香精	少量
水	872

（9）配方九

2-椰油酰胺戊二酸三乙醇胺（30%）	200
椰油烷基甜菜碱（30%）	200
椰油酸二乙醇酰胺	40
十二醇聚氧乙烯（3）醚	10
十四醇聚氧乙烯（3）醚	10
香精	少量
水	340

（10）配方十

椰油酰基谷氨酸单钠	60
十二醇聚氧乙烯醚硫酸三乙醇胺	50
甲基糖苷聚氧乙烯醚二油酸酯	20
阳离子纤维素	2
月桂酸二乙醇酰胺	20
α-烯基磺酸钠	40
香精	少量
水	808

（11）配方十一

椰油二乙醇酰胺	10
2，4-二氯苯甲醇	1
2-溴-2-硝基丙二醇	1
丁基化羟基甲苯	0.5
Phonothin	2
十二醇聚氧乙烯醚硫酸钠（70%）	200
聚乙二醇	40
壬基酚聚氧乙烯醚	124
乙氧基化羊毛脂（60%）	30
香精	少量
水	529

（12）配方十二

异十三烷基聚氧乙烯（3）醚乙酸钠	110
十二醇聚氧乙烯（3）醚磷酸二钠	40
椰油酰胺基丙基甜菜碱	20
氯化钠	20

椰油酸二乙醇酰胺	30
水	780

2. 生产工艺

(1) 配方一的生产工艺

将柠檬酸、表面活性剂及其他物料溶于水中，充分搅拌分散均匀即得。引自欧洲专利申请 416447。

(2) 配方二的生产工艺

将各物料按配方量溶于水中，充分搅拌分散均匀即得。

(3) 配方三的生产工艺

将各物料按配方量溶于水中，搅拌分散均匀，得发泡性和洗净力均好，对皮肤和眼睛刺激很小的新型洗发香波。引自英国申请专利 2236321。

(4) 配方四的生产工艺

将各物料按配方量溶于水中，高速分散均匀即得。引自欧洲专利申请 437114。

(5) 配方五的生产工艺

先将 α-烯基磺酸钠溶于水中，然后再加其余物料，充分搅拌分散均匀即得。

(6) 配方六的生产工艺

将各物料溶于水中，搅拌分散均匀即得。引自欧洲专利申请 432951。

(7) 配方七的生产工艺

将椰油醇聚氧乙烯醚硫酸钠与七水合硫酸镁、柠檬酸三钠、氯化钠混合，制得的混合物再与其余物料混合，搅拌分散均匀，制得洗洁性及泡沫性好、对皮肤无刺激的洗发香波。引自联邦德国公开专利 387—9769。

(8) 配方八的生产工艺

将除液化石油气外的各物料，按配方量混合均匀，装罐后通入液化石油气，制得泡沫型香波，泡沫稳定，且不黏头发，洗后头发疏松柔软、光滑。

(9) 配方九的生产工艺

将各物料溶于水中，搅拌分散均匀，制得在 20 ℃ 时黏度 1.160 Pa·s 的高黏度香波。

(10) 配方十的生产工艺

将各物料依次溶于水中，分散均质化后，脱气、装瓶，制得高黏度、高泡沫、高稳定香波。

(11) 配方十一的生产工艺

将 2-溴-2-硝基丙二醇和 2，4-二氯苯甲醇溶于水后，再加入其余物料，混合均匀得除虱香波。引自英国专利申请 2240716。

(12) 配方十二的生产工艺

将表面活性剂和氯化钠溶于水中，混合均质化后，脱气、装瓶。得到起泡力强、pH 6.5 的香波。

3. 产品用途

头发用温水浸湿后，取适量香波搓洗，然后用清水漂洗。

4. 参考文献

[1] 周蓉. 一种珠光调理洗发香波的研制 [J]. 宜春学院学报，2011，33（12）：59-61.

[2] 龚盛昭，揭育科，赖绍新. 香波调理剂的调理性能研究 [J]. 日用化学工业，2000（5）：24-25.

2.13 温和洗发精

这种洗发精泡沫性好，对眼睛刺激性小，洗后头发柔软，光亮，易于梳理。引自美国专利4992266。

1. 技术配方（质量，份）

十二醇聚氧乙烯醚硫酸铵	270.00
十二醇硫酸铵	270.00
聚乙二醇	1.17
氯化铵（20%的水溶液）	50.00
染料溶液	20.00
香精	5.00
水	399.89

2. 生产工艺

将各物料混合均匀，加入香精制得洗发精。

3. 产品用途

与洗发香波相同。

2.14 护发调理漂洗剂

这种护发漂洗剂含有长链烃基化合物，可改善干、湿长发的梳理性，并赋予光泽，使头发柔软舒展，富有弹性。引自欧洲专利申请407040。

1. 技术配方（质量，份）

羟乙基纤维素	10
鲸蜡醇	20
十六烷基三甲基氯化铵	10
凡士林（$C_{27\sim33}$含量6%）	5
香料、防腐剂	少量
去离子水	955

2. 生产工艺

将油相混合物加热均化后加入水中，乳化后再加防腐剂、香料，得到护发漂洗剂。

3. 产品用途

先用洗发香波洗去头发上的污垢，然后取适量护发漂洗剂涂在头上，轻轻按摩并保留 3～5 min，最后用清水冲洗。

4. 参考文献

[1] 庭濑英明，余辉. 高碳醇及其衍生物在香波和漂洗剂中的应用 [J]. 日用化学品科学，1992 (3)：29-32.

2.15　干性发用洗发香波

技术配方（质量，份）

成分	份
十二烷醇硫酸三乙醇胺（40%）	49.0
油酸三乙醇胺（50%）	9.8
丙二醇	2.0
油醇	1.0
水	38.2

2.16　透明型洗发香波

1. 技术配方（质量，份）

成分	份
十二烷醇硫酸酯异丙醇胺	49.0
椰油酸三乙醇胺	9.8
甘油 $C_{18\sim26}$ 脂肪酸酯	2.0
十六烷基磷酸酯	1.0
水解动物蛋白质的季铵化衍生物	38.2

2. 生产工艺

将前两种成分混合后加热到 70 ℃，再将水解动物质蛋白质加进去，分散均匀后，再加甘油脂肪酸酯，搅拌降温，再加磷酸酯，由于黏度较高，须缓慢搅拌均匀。

2.17 双层双色摇溶型洗发香波

技术配方（质量，份）

原料	质量/份
十二烷基二甲基苄基氯化铵	2.82
椰子油脂肪酸钾	56.34
氯化钠	5.63
液状石蜡 [黏度（100～110）$\times 10^{-3}$ Pa·s]	8.45
橄榄油	2.82
失水山梨糖醇硬脂酸酯	1.41
乙醇（95%）	14.08
甘油（85%）	8.54
色素、香料	适量

色素随选用密度不同的两种颜色。

2.18 儿童用洗发香波

儿童香波必须选用刺激性小的原料。

1. 技术配方（质量，份）

（1）配方一

原料	质量/份
脂肪醇醚磺基丁二酸酯	35.0
十二烷醇硫酸钠	22.0
月桂酸二乙醇酰胺	3.0
水	40.0
香料	适量
柠檬酸（调节 pH 至 6.0～6.5）	适量

（2）配方二

原料	质量/份
牛脂氨基磺酸盐	7.0
十二烷醇硫酸钠（30%）	30.0
水	63.0
盐酸（调节 pH 至 5.0）	适量

（3）配方三

原料	质量/份
十二烷醇硫酸钠改性的烷基咪唑啉甜菜碱	35.00
月桂基二乙醇酰胺	10.00
十四烷醇酰胺	3.80
聚氧乙烯（7.5）羊毛脂油	3.00
EDTA 三钠	0.03
对羟基苯酸甲酯	0.20
咪唑烷基脲防腐剂	0.20

精制水	加至 100.00
丙二醇	2.00

2. 生产工艺

按上述配方的顺序加入上述物料后混合，混合后加热到 75 ℃，再冷却到室温。本品为透明、浅色、中等黏度，去污性能好，对眼睛刺激性很小。

3. 参考文献

[1] 郑德芳，秦德潜. 儿童香波 [J]. 日用化学工业，1982（6）：24-27.

2.19　膏状洗发香波

1. 产品性能

膏状洗发香波（cream shampoo）又称洗发膏。不透明膏状体，泡沫丰富、去污力强，使用时极易分散。主要有效成分为表面活性剂。

2. 技术配方（质量，份）

（1）配方一

椰油酰胺基丙基甜菜碱	160.0
月桂硫酸钠	600.0
瓜耳胶羟丙基三甲基氯化铵	20.0
月桂基羟丙基二甲基季铵盐	40.0
乙烯吡咯烷酮/甲基丙烯酸氨基乙基共聚物季铵盐	20.0
乳酸	10.0
尿素	360.0
三乙醇胺	4.0
亚硫酸氢铵	166.5
亚硫酸铵	46.4
氨水	17.5
香料、染料	适量
水	555.6

该调理膏状香波引自欧洲专利申请 395332。

（2）配方二

	（一）	（二）
月桂硫酸盐	25	56
椰子油酰二乙醇胺	—	4
月桂酰二乙醇胺	3.0	—
十八醇	—	8
硬脂酸	3.0	—
羊毛脂	—	0.5

氢氧化钾（8%）	5.0	—
三聚磷酸钠	10.0	—
碳酸氢钠	10.0	—
香精、防腐剂、染料	适量	适量
水	44.0	31.5

（3）配方三

A组分

羊毛脂	2.0
硬脂酸	8.0
甘油	8.0

B组分

脂肪醇硫酸钠	20.0
椰子酰二乙醇胺	3.0
羧甲基纤维素（CMC）	1.0
3，5-二水杨酰对溴苯胺	适量
N，*N*-油酰甲基牛磺酸钠	0.5
氢氧化钾（28%）	6.0
水	53.5
香精	适量

（4）配方四

月桂醇聚氧乙烯（3）醚硫酸钠（30%）	60.0
月桂醇硫酸酯钠盐（30%的水溶液）	30.0
月桂酰二乙醇胺	4.0
乙二醇单硬脂酸酯	6.0
蛋白质衍生物	6.0
羊毛脂衍生物	2.0
香精	4.0
染料	适量
防腐剂	0.5
精制水	92.0

（5）配方五

橄榄油	20
椰子油	16
苛性钠	1
苛性钾	8
乙醇	5.6
水	适量
香精	1

（6）配方六

月桂硫酸钠	40.00
丙二醇单硬脂酸酯	4.00

硬脂酸	10.00
椰子油单乙醇酰胺	2.00
氢氧化钠	1.50
香精	3.00
水	113.75

3. 主要原料规格

(1) 月桂硫酸钠

月桂硫酸钠又称十二烷基硫酸钠、K_{12}、AS、椰油醇硫酸钠，白色或淡黄色粉状或液体。溶于水，对碱和硬水不敏感，具有去污、乳化和优异的发泡力，无毒。生物降解性好。

	粉状产品	液体产品
活性物含量	≥60%	≥30%
不皂化物	≤2%	≤3%
无机盐	≤5%	≤6%
泡沫高度/mm	190	—
pH	8.0～9.5	7.0～9.0

(2) 椰子油单乙醇酰胺

椰子油单乙醇酰胺又称椰子脂肪酰单乙醇胺，淡黄色薄片状固体，不易溶于水，同肥皂和其他表面活性剂混用时，可溶为透明液体。具有稳泡、增黏、浸透、去污、抗硬水的能力。生物降解力97.3%。

总胺值	<10
熔点/℃	67～71
pH（1%～10%的乙醇水溶液）	8.5～9.5
色泽（APHA）	≤400

(3) 月桂酰二乙醇胺

淡黄色透明黏液，可以任何比例分散于水中，同其他阴离子或非离子表面活性剂混用，制得透明液体。具有起泡、稳泡、去污、分散和增黏特性。

4. 工艺流程

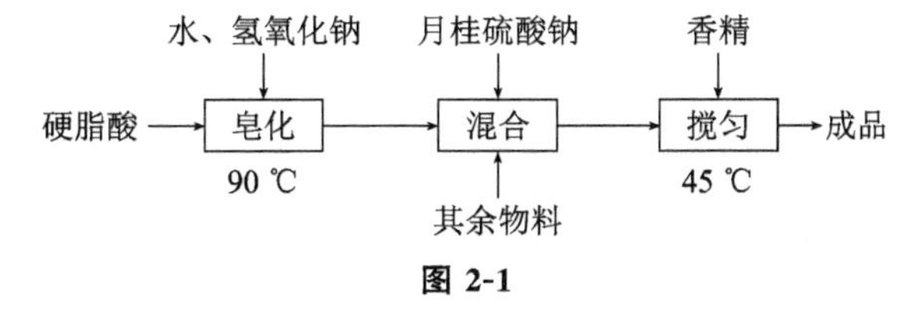

图 2-1

注：该工艺流程为配方六的工艺流程。

5. 生产工艺

(1) 配方三的生产工艺

将A组分混合加热至90 ℃；将CMC溶于水中，加入除香精以外的原料，并加热至 90 ℃得 B 组分，得到的 B 组分与 A 组分混合均匀，于 55 ℃ 加入香精，搅拌至冷凝得洗发膏。

（2）配方五的生产工艺

皂化后静置，加入乙醇、香精，混匀即得。

（3）配方六的生产工艺

将硬脂酸投入反应锅中，加入水，加热至 90 ℃，加入氢氧化钠和其余物料。搅拌冷却至 45 ℃ 加入香精，搅拌均匀即得。

6. 产品质量

膏体细腻均匀，软硬适中，无杂质，色泽均一，香气宜人。泡沫初始高度不低于 180 mm，5 min 后不低于 170 mm。0 ℃ 和 40 ℃ 下膏体不流动，无油水分离现象。膏体 pH≤9.8。

7. 产品用途

用于洗发，是头发和头皮的常用清洁剂。

8. 参考文献

[1] 张建锋. 洗发膏 [J]. 日用化学工业，1980（6）：15-16.

2.20 珠光香波

1. 产品性能

珠光香波（pearly shampoo）为有珠光色泽的乳液状。通过控制珠光剂在香波中的结晶度，使珠光剂均匀地悬浮在香波乳液中，从而得到反射晶莹的珍珠光泽。该香波具有洗发、护发双重功能，又称二合一珠光香波。

由表面活性剂、头发营养剂（护发剂）、香精和珠光剂组成。常用的珠光剂有乙二醇单硬脂酸酯、乙二醇二硬脂酸酯。

2. 技术配方（质量，份）

（1）配方一

聚季铵盐-24	1.0
月桂酰二乙醇胺	3.0
月桂基甲基葡糖苷聚氧乙烯（10）醚羟二氯丙烷	5.0
十二烷基硫酸钠（28%）	86
十二烷基聚氧乙烯（3）醚硫酸铵（28%）	28
聚乙二醇-14（1%的水溶液）	4.0
异丁烯酰乙基甜菜碱-异丁烯酸共聚物	4.0
乙二醇二硬脂酸酯	1.5
鲸蜡醇-十八醇混合物 [V（鲸蜡醇）∶V（十八醇）=1∶1]	1.0

尼泊金酯、香料	适量
精制水	66.5
柠檬酸调 pH 至 6.0	适量

(2) 配方二

脂肪醇聚氧乙烯（25）醚磺基丁二酸钠	30.0
十二烷基聚氧乙烯醚硫酸钠	60.0
甲基椰油酰基牛磺酸钠	8.0
季铵盐化合物-41	9.0
月桂酰胺二乙醇胺	10.0
苯甲酸 $C_{12\sim15}$ 醇酯	2.0
乙二醇硬脂酸酯	4.0
香精	适量
防腐剂	0.8
水	50.0

(3) 配方三

三乙醇胺-椰子水解动物蛋白和山梨醇混合物	6.0
月桂基油基甲基胺动物胶原氨基酸	2.0
聚氨基丙基缩二胍和氯二甲苯酚混合物	0.4
十二烷基醇硫酸铵	60.0
椰油酰二乙醇胺	5.0
椰油酰胺基丙基甜菜碱	9.0
尼泊金甲酯	0.4
瓜尔胶羟基丙基三甲基氯化铵	0.8
乙二醇硬脂酸酯	1.4
香精	0.4
硬脂基三甲基铵水解动物蛋白	2.0
精制水	112.8
柠檬酸调 pH 至 6.5	适量

(4) 配方四

月桂醇硫酸三乙醇胺盐（C_{12}AS-TEA）	45.00
聚氧乙烯（3）二硬脂脂酸酯	4.50
聚二甲基烷氧烷乳液（10%）	0.30
氢化蓖麻油	0.03
椰油酰二乙醇胺	12.00
防腐剂	适量
色素	0.30
香精	3.00
水	234.87

该珠光香波具有良好的调理护发作用，无珠光物分离现象。

(5) 配方五

椰油酰二乙醇胺	8.00

硬脂酸聚乙二醇酯	0.05
硬脂醇聚氧乙烯（3）醚	1.00
月桂醇硫酸三乙醇胺盐（C_{12}-AS-TEA）	15.00
乙二醇双癸酸酯	0.05
硅氧烷乳液	0.20
防腐剂、色料	适量
香精	1.00
精制水	74.70

（6）配方六

	（一）	（二）
聚乙二醇（400）二硬脂酸酯	3.0	3.0
乙二醇单硬脂酸酯	0.5	1.0
月桂硫酸钠	45.0	45.0
椰子酰二乙醇胺	2.5	—
1，2-丙二醇	—	2.0
氯化钠	1.0	—
尼泊金酯	0.3	0.3
香精	1.0	1.0
精制水	46.7	47.7

（7）配方七

椰油酰胺丙基甜菜碱	14.0
乙二醇双硬脂酸酯（珠光剂）	1.0
月桂醇聚氧乙烯醚硫酸钠（28%）	46.5
椰油酰二乙醇胺	2.0
硅酮-乙二醇共聚物	4.5
氯化钠	2.0
香精	1.0
色料	0.3
尼泊金酯	0.3
精制水	28.4

（8）配方八

月桂基甜菜碱	28.0
椰子油酸二乙醇酰胺	6.0
硬脂酰二乙胺	2.0
聚季铵盐-10（2.5%的水溶液）	20.0
月桂酰甲氨基丙酸钠	54.0
月桂醇聚氧乙烯（2）醚硫酸钠水溶液	35.0
甘油	4.0
磷酸	0.8
乙二醇二硬脂酸酯	4.0
乙二胺四乙酸二钠	0.4

尼泊金甲酯	0.2
香精	适量
二甲酮、甘油、环甲酮和烷基聚氧乙烯醚羧酸钠	4.0
精制水	3.5

(9) 配方九

棕榈仁油酰单乙醇胺	2.0
月桂基硫酸铵（水溶液）	65.0
异硬脂酰吗啉乳酸酯	12.0
二甲基酮共聚磺基丁二酸二钠	4.0
乙二醇二硬脂酸酯	1.0
聚季铵盐-7	0.8
色素	0.3
香料	1.0
N，*N*-二甲基己内酰胺和羟苯甲酸甲酯	适量
水	21.2

(10) 配方十

椰子油酰二乙醇胺	4.00
乙二醇单硬脂酸酯	2.00
净洗剂 209	2.00
月桂基硫酸钠	0.35
脂肪醇醚硫酸盐	13.00
SJR—400	1.00
EDTA	0.05
氯化钠	0.80
丝肽	0.50
尼泊金酯	0.30
色素、香精	适量
水	80.00

(11) 配方十一

月桂醇聚氧乙烯醚硫酸三乙醇胺	60
月桂酸三乙醇胺	150
甜菜碱	30
可可酸二乙醇胺	30
丝氨酸（低肽混合物）	50
丝肽	30
羊毛醇聚氧乙烯醚	5
双十二烷基磷酸酯钾	10
聚酰胺阳离子	8
聚季铵阳离子	8
乙二醇双硬脂酸酯	10
色料、香精	适量

尼泊金酯	2
水	604

（12）配方十二

月桂醇聚氧乙烯醚硫酸钠（100%）	18.0
月桂硫酸钠	18.0
月桂酸二乙醇酰胺	8.0
对羟基苯甲酸乙酯	0.2
EDTA-2Na	0.2
氯化钠	2.0
香精	1.2
水解蛋白	1.0
乙二醇单硬脂酸酯	4.0
染料	适量
柠檬酸（调 pH）	适量
精制水	147.0

3. 生产工艺

（1）配方一的生产工艺

将聚季铵盐-24 于 25 ℃ 搅拌分散于水中，加热至 75 ℃，然后依次加入表面活性剂和其余物料。保温 75～80 ℃，加入乙二醇二硬脂酸酯、鲸蜡醇-十八醇混合物，搅拌 10 min，搅拌下冷却至 45 ℃，加入尼泊金酯、香料。用柠檬酸调 pH 至 6.0，脱气后灌装即得。

（2）配方九的生产工艺

将表面活性剂混合加热至 70 ℃，加入季铵盐-7，冷却至 50 ℃，用柠檬酸调 pH 至 5.0～6.0，加入香料、色素和防腐剂及余量水，混匀后，脱气，灌装得到成品。

（3）配方十的生产工艺

先将水加热至 75 ℃，加入表面活性剂等原料，于 40 ℃ 加入丝肽、色素、香精、尼泊金酯等。搅匀后用柠檬酸调 pH 至 6.5。该配方为洗发、护发、营养三合一型珠光香波。

（4）配方十一的生产工艺

将丝肽和丝氨酸加水混合（≤35 ℃）。表面活性剂和其余物料与等量水混合，加热至 80 ℃，溶解后，冷至 45 ℃，与丝肽和水混合物混合，再加入香精、色料、尼泊金酯。并用柠檬酸调 pH 至 5.0。得到的膏体于 20～25 ℃ 陈化 24 h，陈化期不得搅动，以使其珠光充分析出。

4. 主要原料规格

（1）乙二醇单硬脂酸酯

乙二醇单硬脂酸酯又称单硬脂酸乙二醇酯、EGMS，白色至奶油色固体或薄片，可溶于乙醚、氯仿、丙酮、甲醇、乙醇、甲苯、矿物油中，不溶于水。

凝固点/℃	56～58

HLB	2.4
皂化值/（mgKOH/g）	180～188
碘值/（gI_2/100 g）	<0.5
酸值/（mgKOH/g）	<4

用作珠光剂、乳化剂、分散剂、增溶剂、柔软剂、消泡剂、抗静电剂等。

（2）乙二醇双硬脂酸酯

白色至奶油色固体或薄片，可溶于异丙醇、甲苯、豆油、矿物油，不溶于水。具有乳化、分散、柔软、增溶和珠光性能。

凝固点/℃	63～65
碘值/（gI_2/100 g）	1
皂化值/（mgKOH/g）	190～199
酸值/（mgKOH/g）	<5
HLB	1.4

（3）聚乙二醇（400）双硬脂酸酯

聚乙二醇（400）双硬脂酸酯又称聚氧乙烯双硬脂酸酯、PEG400DS，白色固体，可溶于异丙醇、矿物油、硬脂酸丁酯、甘油、过氯乙烯、汽油类溶剂，分散于水中。

凝固点/℃	35～37
碘值/（gI_2/100 g）	<1
皂化值/（mgKOH/g）	116～125
酸值/（mgKOH/g）	<10
HLB	8.1

（4）椰油酰二乙醇胺

淡黄色透明液体，可溶于水，具有较强的起泡力、浸透力、去污力、防锈力和较好的分散性。

总胺值	135～155
酸值/（mgKOH/g）	6～11
pH（1%的水溶液）	9.5～10.5
色泽（APHA）	<350

（5）月桂醇聚氧乙烯醚硫酸钠

月桂醇聚氧乙烯醚硫酸钠又称脂肪醇聚氧乙烯醚硫酸钠、醇醚硫酸盐、AES、AES-Na、C_{12}-AES-Na。淡黄色黏稠液体，易溶于水，具有优良的去污、乳化和发泡性能。广泛用于液体洗涤剂中，生物降解度>90%。

活性物	70%±2%
未硫酸化物	≤3%
硫酸盐	≤3%
pH	7.0～9.5

5. 工艺流程

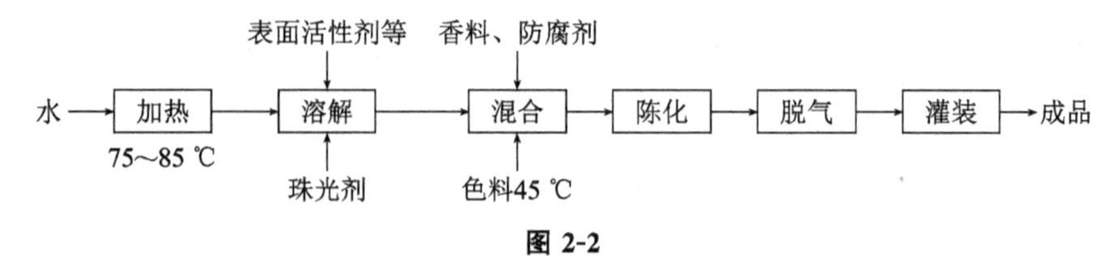

图 2-2

6. 生产工艺

将水加热至 75～85 ℃，加入无机盐、表面活性剂、珠光剂及油性原料，搅拌下冷却至 45 ℃，加入防腐剂、香料、色料及添加的药剂（如水解蛋白、中药提取剂等不宜在较高温度下混合的药剂），搅拌至料温 40 ℃，陈化后脱气，灌装得珠光香波。有时在添加香料等原料后，需加柠檬酸，调整料液 pH 至所需范围。

7. 产品标准

外观	5 ℃ 以上能正常流动。42 ℃ 和－15 ℃ 下 24 h不破乳、不变色，珠光不消失。振动珠光感更加明显
pH	6～7
2%溶液发泡高度/mL	≥600

8. 产品用途

用于洗发、护发。

9. 参考文献

[1] 周蓉. 一种珠光调理洗发香波的研制 [J]. 宜春学院学报，2011，33（12）：59-61.

[2] 石建东，袁荣鑫. 珠光香波的研制 [J]. 应用化工，2007（2）：199-201.

2.21 药物香波

1. 产品性能

药物香波除具有一般香波的共性外，还具有药物赋予的特殊功用。

2. 技术配方（质量，份）

（1）配方一

咪唑啉两性表面活性剂	6.0
烷醇酰胺	10.0
月桂硫酸钠	30.0

羊毛脂	4.0
氯化钠	2.0
芦荟汁	50.0
香精	2.0
色素	适量
防腐剂	0.4
精制水	97.6

芦荟系百合科多年生肉质草本植物，芦荟汁含有芦荟素、芦荟大黄素、糖类、配糖物、氨基酸、生物酶、维生素、矿物质等多种活性化学成分，具有杀菌、导泻、解毒、消炎、保温、防晒、抗癌等作用，在香波中具有软化头发、强壮发根、防止断发等作用。

（2）配方二

月桂醇硫酸酯钠	75.0
十二烷基二甲基氧化胺	15.0
胎盘提取液	5.0～10.0
丙二醇	3.0
无水柠檬酸	0.9
甲醛（37%）	0.3
香精	2.4
尼泊金酯	适量
精制水	205.2

胎盘作为药材在我国已有悠久的历史，胎盘提取物含有系列生物活性物质，对发质具有滋养作用。

（3）配方三

	（一）	（二）
油酸	6.0	5.0
硬脂酸	—	2.0
月桂硫酸钠	20.0	20.0
脂肪酸烷醇酰胺	5.0	5.0
三乙醇胺	6.0	10.0
大蒜无臭有效物	0.5	0.5
香精	0.8	0.8
氯化物	适量	适量
防腐剂	适量	适量
精制水	61.7	56.7

大蒜不仅是一种营养丰富的调味品，同时也是一种抑菌、美容、护发、生发等功能的药品。

（4）配方四

	（一）	（二）
脂肪醇聚氧乙烯醚硫酸钠（80%）	16.00	14.00
SAS（60%）	2.40	1.44

脂肪酸烷醇酰胺	2.00	3.00
珠光剂	3.00	—
食盐	3.20	4.70
桑葚提取液	3.00	3.00
色素	适量	适量
香精	0.30	0.30
防腐剂	适量	适量
精制水	70.30	73.56

桑葚是乌须、乌发、生眉、生发之宝，它是桑树所结的一种聚合浆果，又称桑果、桑枣、桑粒、乌葚、文武实、桑实。桑葚含有丰富的维生素 A、维生素 B_1、维生素 B_2、维生素 C、维生素 D、胡萝卜素、果糖及矿物质，还含有脂肪油。具有滋养毛发、乌发、生发功用。

(5) 配方五

咪唑啉两性表面活性剂	18.0
十二醇硫酸钠	19.0
枸杞子、地骨皮提取物	5.0
椰子酸烷醇酰胺	3.8
羊毛醇聚氧乙烯醚	4.2
丙二醇	10.0
香精、防腐剂	适量
精制水	40.0

将各物料于 78 ℃ 混合分散均匀，搅拌冷至 50 ℃，加入香精、防腐剂，然后继续搅拌至 30 ℃ 即得药物香波。

(6) 配方六

肉豆蔻醇硫酸钠	3
硬脂酸钠和水解蛋白质	12
月桂醇硫酸酯钠	30
椰子油酸癸酯	1
椰子酰乙醇胺	4
川芎和首乌提取物	44
植物香精、防腐剂	适量
精制水	45

该药物香波具有防脱发、白发作用。

(7) 配方七

月桂醇硫酸铵	20.0
可可酰二乙醇胺	4.5
月桂醇硫酸酯异丙醇胺盐	20.0
可可酰丙基甜菜碱	9.0
鲸蜡醇聚丙二醇醚磷酸盐	4.5
油醇醚	5.0
羊毛醇聚丙二醇醚	1.0

二乙醇胺	0.3
地龙提取物	2.0
香精、防腐剂	适量
精制水	33.7

将二乙醇胺、地龙提取物溶于 55～60 ℃ 水中，其余物料混合于 55～60 ℃ 下分散均匀，然后将两物料混合，均质，于 33 ℃ 加入香精、防腐剂。地龙又名蚯蚓，是富有营养价值的中药，含有丰富的蛋白质、脂肪、酶和多种矿物质。该香波具有柔发、护发和滋养头发的功效。

3. 工艺流程

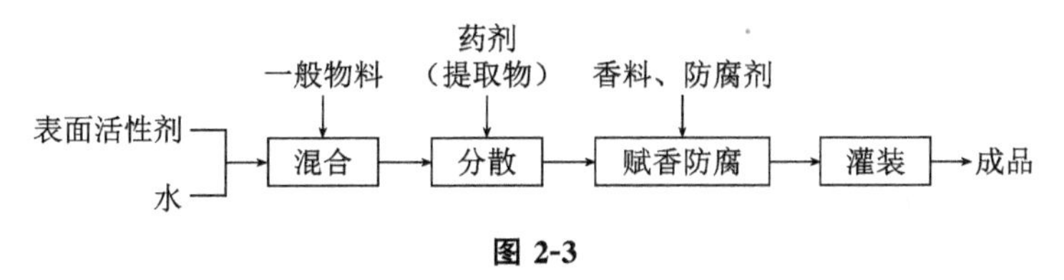

图 2-3

4. 生产工艺

将表面活性剂等物料加入水中，加热于 50～65 ℃ 分散均匀，然后加入药物提取物，混合均匀，于 40 ℃ 加入香料、防腐剂，搅拌至 30 ℃ 得药物香波。

5. 产品标准

符合一般香波标准，色泽均匀的液体，具有洁发、柔发功能，并具有相应的药理作用。

6. 产品用途

用于洗发、护发，并具有滋养头发功用。

7. 参考文献

[1] 吕海珍. 中药洗发香波的研制 [J]. 中国中医药现代远程教育，2012，10 (20)：157-159.

[2] 康建华，陈平娥. 发用透明中药香波的研制 [J]. 山西师范大学学报（自然科学版），2005 (2)：61-62.

2.22　胶冻香波

1. 产品性能

胶冻香波（gel shampoo）透明呈胶冻状，带均匀的浅淡色泽且有一定的稠度。外观晶莹夺目。兼有洗发护发功能。

一般透明香波中加入适量胶凝增稠剂（如羧甲基纤维素、藻蛋白酸钠、鹿角菜酸

钠等）复配而成。

2. 技术配方（质量，份）

（1）配方一

月桂醇硫酸铵	7.8
月桂基二甲基氧化胺	2.0
羟丙基甲基纤维素	3.5
正戊烷	3.8
香精	1.0
精制水	82.9

将表面活性剂与正戊烷混合后加入 50 ℃ 热水中，然后于 45 ℃ 加入香精即得。引自欧洲专利申请 247766。

（2）配方二

月桂基聚氧乙烯醚丁二酸磺酸钠	75.0
N-椰油酰胺基丙基-*N*，*N*-二甲基甘氨酸铵	48.5
脂肪醇聚氧乙烯醚硫酸钠	61.0
脂肪醇聚氧乙烯醚（3）	10.0
季铵化羟乙基纤维素	0.5
尼泊金酯	2.5
色素	1.5
香精	3.0
精制水	303

将表面活性剂混合与水分散均匀，加入其余物料，于 40 ℃ 加入香精、色料、尼泊金酯，脱气后，得到对皮肤温和、去污力强、泡沫丰富的香波。引自德国公开专利 3901067。

（3）配方三

椰油酰胺基羟基磺基甜菜碱	10.0
月桂醇硫酸酯三乙醇胺	70.0
油基两性羟基丙基磺酸酯	40.0
月桂酰二乙醇胺	6.0
聚季铵-10	0.5
色素	0.4
香精	2.0
精制水	73.5

（4）配方四

月桂醇聚氧乙烯醚硫酸钠	15.0
三甲胺季铵化聚（羟乙基纤维素－表氯醇）	0.5
单丙基二丙二醇醚	5.0
香精、防腐剂	适量
精制水	79.5

（5）配方五

月桂醇硫酸酯铵	35.0
椰子油酰胺丙基氧化胺	6.0
羧甲基纤维素	2.0
香精、色料	适量
柠檬酸（调 pH 至 5.5～6.5）	适量
水	57

3. 主要原料规格

（1）月桂醇硫酸酯铵

月桂醇硫酸酯铵又称脂肪醇硫酸酯铵，具有优良的去污、发泡、乳化、润湿性能。对人体无毒，无刺激作用。

外观	淡黄色液体
活性物	≥26%
无机盐	≤3.5%
pH	6.0～7.0

（2）月桂基二甲基氧化胺

月桂基二甲基氧化胺又称十二烷基二甲基氧化胺、OA、OB-2。无色或微黄色黏稠液体，溶于水。在弱酸性中呈阳离子特性，在中性和碱性条件下呈非离子型。具有优良的柔软、抗静电、增泡和稳泡特性。对皮肤刺激小、温和。

活性物含量	30%±2%
色泽（APHA）	≤100
pH	6～8

（3）羧甲基纤维素

羧甲基纤维素又称羟甲基纤维素钠、CMC。

外观	白色或微黄色纤维状粉末
取代度	≥0.65
氯化物	≤5%
pH	7±1
水分	≤10%
2%的水溶液黏度	0.3～1.2 Pa・s

（4）羟丙基甲基纤维素

白色纤维状或颗粒状粉末。无臭、无异味。在水中溶胀形成透明胶体溶液。不溶于无水乙醇、醛及氯仿。在大多数电解质中稳定。

羟丙基	5%～8%
甲氧基含量	26%～28%
黏度（2%）/（Pa・s）	0.04～0.06
凝胶温度（0.2%）/℃	60～67
水不溶物	<0.5%
水分	<5.0%

4. 工艺流程

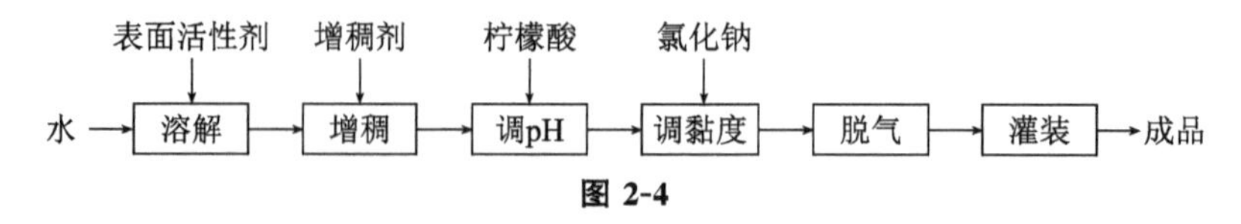

图 2-4

5. 生产工艺

将表面活性溶于 60～75 ℃ 水中，分散均匀后，加入增稠剂。用柠檬酸调 pH 至 5.5～6.0，用氯化钠调整黏度，然后于 40 ℃ 加入香精、色料，脱气后灌装。

6. 产品标准

在冷热条件下胶冻不被破坏、不改变，pH 5.5～6.0，去污性能好。符合卫生标准，对皮肤无刺激。

7. 产品用途

用于洗发、护发。

2.23 酸性香波

1. 产品性能

酸性香波（acidic shampoo）为透明液体状。pH 小于 6.0。其 pH 与人体皮肤相接近，不伤头皮和头发。头发洗后柔软、光亮，不易长头屑。

2. 技术配方（质量，份）

（1）配方一

原料	用量
甲壳质硫酸盐（20%）	3.0
月桂醇硫酸三乙醇胺	15.0
月桂酰二乙醇胺	5.0
防腐剂	0.1
精制水	76.9
柠檬酸（调 pH 至 5.0～5.5）	适量

（2）配方二

原料	用量
硬脂酰胺基丙基咪唑啉乳酸盐	3.0
月桂醇硫酸酯三乙醇胺（40%）	70.0
椰油基酰胺丙基甜菜碱（30%）	20.0
香精	2.0
防腐剂、染料	适量
柠檬酸（调 pH 至 4.5～5.0）	适量
水	99.0

(3) 配方三

椰油酰胺丙基甜菜碱	30.0
月桂基硫酸酯三乙醇胺盐(40%)	105.0
异构硬脂酰胺丙二甲基胺乳酸盐	4.5
香精	3.0
防腐剂、染料	适量
精制水	148.5
柠檬酸(调 pH 至 4.5)	适量

该配方为中黏度酸性配方。

(4) 配方四

月桂硫酸铵	50.1
椰油酰胺基丙基甜菜碱	4.5
EDTA-2Na	9
香精	3.0
柠檬酸(调 pH 至 5.0~5.5)	适量
精制水	236.4

该配方引自美国专利 4938953。

(5) 配方五

椰子酰胺丙基甜菜碱	6.0
α-$C_{14\sim16}$烯烃硫酸钠	40.0
月桂醇硫酸钠	40.0
月桂酰二乙醇胺	6.0
聚乙二醇二硬脂酸酯	4.0
胶朊水解蛋白	4.0
异硬脂酰乳酸钠	5.0
香精	2.0
色素、防腐剂	适量
精制水	95.0
氯化钠(调节黏度)	适量
乳酸(调 pH 至 5.5)	适量

(6) 配方六

月桂醇硫酸铵(30%)	105.00
椰子酰胺丙基胺氧化物	22.50
香精	3.00
精制水	171.00
柠檬酸(调 pH 至 6.0)	适量

(7) 配方七

椰油酰二乙醇胺	2.50
月桂醇硫酸铵	9.80
2-甲基-3-(二氢)-异噻唑啉酮(杀菌剂)	0.05
1,3-二羟甲基-5,5-二甲基乙内酰脲	0.20

己二酸-二乙烯三胺共聚物	0.20
氯化钠	0.70
香精	0.40
水	84.60
柠檬酸（调 pH 至 4～6）	适量

该酸性调香波泡沫丰富，可有效改善头发润湿及干燥阶段的调理性能。引自美国专利 5137715。

（8）配方八

月桂酰二乙醇胺	57.14
异丙醇	28.56
月桂醇硫酸酯三乙醇胺（50%）	85.74
香精	1.60
色料、防腐剂	适量
水	28.56
柠檬酸（调 pH 至 5.5）	适量

3. 主要原料规格

（1）月桂醇硫酸铵

淡黄色液体，阴离子表面活性剂，具有良好的去污、发泡、乳化性能。对人体无毒、无刺激作用。

活性物含量	≥26%
无机盐	≤3.5%
pH	6.0～7.0

（2）月桂基硫酸酯三乙醇胺

月桂基硫酸酯三乙醇胺又称十二烷基硫酸酯三乙醇胺、脂肪醇硫酸三乙醇胺、LST，阴离子表面活性剂，淡黄色黏稠液体。具有优良的去污、润湿、发泡和分散性能。

含固量	≥40%
不皂化物	≤3%
pH	7.0～8.0

（3）椰油酰胺基丙基甜菜碱

椰油酰胺基丙基甜菜碱又称 Empigen BS，浅黄色液体，溶于水，属两性表面活性剂，可与阴离子、非离子或其他两性离子表面活性剂配伍。在广泛的 pH 范围是稳定的。对眼睛和皮肤刺激性小。

活性物	30.0%±1.0%
游离酰胺	≤2.0%
氯化钠	5.5%±1.0%
pH（5%的水溶液）	4.5～8.0

（4）柠檬酸

柠檬酸又称 2-羧基丙三羧酸、枸橼酸。无色半透明晶体或粉末，无毒、无臭。

有强酸味。易溶于水和乙醇。熔点 153 ℃（无水物），相对密度 1.542。

项目	指标
含量	≥99%
硫酸盐	≤0.05%
燃烧残渣	≤1%
铅	≤0.0005%

4. 工艺流程

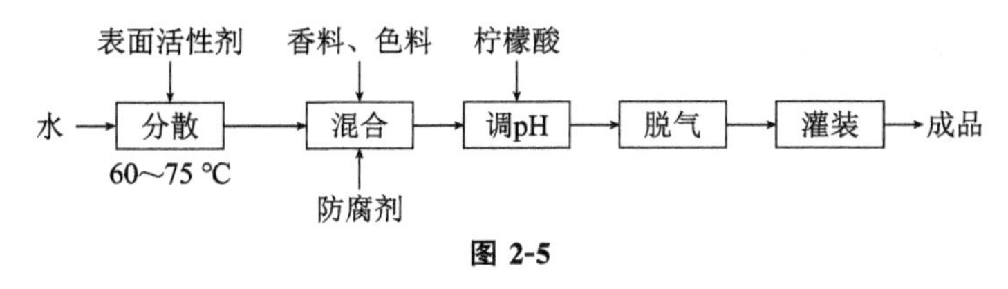

图 2-5

5. 生产工艺

将表面活性剂等原料分散于水中，于 60～75 ℃ 下搅拌均匀，于 40～45 ℃ 加入香料、色料、防腐剂。然后用柠檬酸调 pH 至低于 6.0。脱气后陈化、灌装得成品。

6. 产品标准

透明澄清，无杂质，无沉淀。42 ℃ 和 −15 ℃ 下不混浊、不变色。产品呈微酸性。pH 在 6.0 以下。符合卫生标准，对皮肤无刺激。

7. 产品用途

用于洗发。头发洗后光亮、柔软，易于梳理。

2.24　滑爽香波

该香波洗发感觉好，起泡性能优良，洗后头发滑爽飘柔，发型保持性优良。引自英国专利申请书 2255101。

1. 技术配方（质量，份）

原料	用量
十二烷基多葡萄糖苷	0.10
丁二酸月桂基聚氧乙烯醚酯磺酸二钠	1.00
酰胺基甲酮	11.10
香料	适量
水	8.78

2. 生产工艺

将各物料分散于水中，搅匀，得到滑爽香波。

3. 产品用途

与一般香波相同，用于洗发。

2.25 透明调理香波

阳离子表面活性剂与阴离子表面活性剂以适宜比例复配，可避免它们的不相容性及产生沉淀。该香波中含有阳离子表面活性剂，也含有阴离子表面活性剂，为光学透明的调理香波。引自美国专利5145607。

1. 技术配方（质量，份）

甲基氯异噻唑啉酮/甲基异噻唑啉酮	0.10
聚烷氧基化聚二甲基硅氧烷	2.00
十二醇硫酸铵	9.8
十二醇聚氧乙烯醚硫酸钠	1.7
羟基十六烷基羟乙基二甲基氯化铵	1.00
月桂酸二乙醇酰胺	1.50
二乙二醇甲基醚	2.50
羟乙基纤维素	0.90
羟丙基纤维素	0.10
柠檬酸	0.05
香精	少量
水	80.35

2. 生产工艺

将各物料分散于水中，混合搅匀即得。

3. 产品用途

与一般香波相同。

4. 参考文献

[1] 刘伟成，梁高卫，吴培诚，等. 一种无硅油透明洗发香波的研制 [J]. 日用化学品科学，2015，38 (1)：30-33.

2.26 薄荷醇香波

该香波以胶体二氧化硅为悬浮剂，加以色料，具有很好的外观效果。其中含有薄荷醇、硅油、聚氧乙烯羊毛脂，具有良好的调理和洗发功能。引自加拿大专利2073403。

1. 技术配方（质量，份）

聚氧乙烯（27）羊毛脂	3.00

苯乙烯、丙烯酸酯共聚物	1.00
月桂酰胺基二乙醇胺	5.00
十二醇硫酸酯三乙醇胺	40.0
1-薄荷醇	1.50
胶体二氧化硅	1.00
二甲基硅氧烷	0.50
羟丙基甲基纤维素	0.75
云母和钛白	0.20
柠檬酸	0.90
煤焦油溶液	10.50
氯二甲苯酚	0.50
季铵化蛋白质	2.00
红色染料	少量
香精	1.50
去离子水	30.00

2. 生产工艺

将各物料混合分散搅拌均匀，即得到薄荷醇香波。

3. 产品用途

与一般香波相同。

2.27　高级洗头膏

用本品洗发，可去头屑，对皮肤无刺激作用，即使沾到眼睛上，对眼睛黏膜刺激性小。

1. 技术配方（质量，份）

月桂酸基硫酸钠	6.0
月桂酸基硫醚	6.0
椰油脂肪酸二乙基酰胺	5.0
防腐剂、杀菌剂	0.5
香精	0.5
β-环状糊精	1.0
水	81.0

2. 生产工艺

将上述各组分与水加在一起，混合搅拌均匀即可。

3. 产品用途

与一般洗头膏、洗头香波相同。

2.28 去屑止痒洗发膏

这种洗发膏由于加入了水杨酸酰对溴苯胺，因此，除了正常的洗涤去污作用外，还具有去屑、止痒、消毒和杀菌功能，同时洗后能使头发光洁、舒适柔软。

1. 技术配方（质量，份）

A 组分

硬脂酸	8
羊毛脂	适量
甘油	8

B 组分

脂肪醇硫酸钠	20
椰子酰二乙醇胺	3
N，*N*-油酰甲基牛磺酸钠	适量
氢氧化钾水溶液（28%）	6
羧甲基纤维素钠盐（CMC）	1
磺基琥珀酸单十一烯酸酰胺基乙酸钠盐	适量
3，5-二溴水杨酰对溴苯胺	适量
水	53.5

2. 生产工艺

将 A 组分中的各物料混合后加热到 90 ℃；B 组分中水和 CMC 事先溶好，再将其他原料（除香精外）全部加入，并加热到 90 ℃后，将 A、B 两组分进行混合搅拌，待温度降至 55 ℃时加香精，搅匀后即得成品。

3. 产品用途

与一般洗发膏相同。每次用量 5 g 左右。

2.29 去头屑香波

1. 产品性能

去头屑香波（dandruff control shampoo）为均匀液体或膏状。可抑制头皮角化细胞的分裂，并具有抗微生物和杀菌作用，从而起到去屑止痒功能。

主要成分是表面活性剂、加脂剂、香精和药剂。去屑止痒药剂有吡啶硫酮锌、水杨酸、十一烯酸单乙醇酰胺、磺基丁二酸单酯二钠、3-三氟甲基-4，4′-二氯代碳酰替苯胺、2，4，4′-三氯—2′-羟基二苯醚、二（2-吡啶钴氨盐）-1，1′-二氧化锌。

2. 技术配方（质量，份）

(1) 配方一

原料	用量
月桂酰肌氨酸钠	10.0
月桂醇硫酸三乙醇胺盐	25.0
锌吡啶酮（48%的分散液）	3.0
对羟基苯甲酸甲酯	0.2
香精	0.2
黄原胶	0.5
着色剂	0.5
去离子水	61.3

(2) 配方二

原料	用量
月桂醇聚氧乙烯醚硫酸钠	50.00
月桂硫酸钠	33.80
月桂酸二乙醇酰胺	20.00
咪唑烷基脲	5.00
柠檬酸	4.25
指甲花	0.15
乙二醇硬脂酸酯	20.00
神经酰胺	10.00
半乳糖神经酰胺	1.00
乙醇聚氧乙烯醚	4.00
乙二胺四乙酸二钠（EDTA-2Na）	1.00
尼泊金甲酯	5.00
尼泊金丙酯	3.00
硫酸胆甾醇酯	1.00
氯化钠	1.00
色素	1.50
香精	适量
水	385.25

该香波具有洁发、护发、去屑、止痒、调理多重功用，引自欧洲专利申请278505。

(3) 配方三

A组分

原料	用量
月桂醇聚氧乙烯醚硫酸钠	16.0
椰油酰胺基丙基甜菜碱	2.0
乙二醇二硬脂酸酯	1.5
瓜耳胶羟丙基三甲基氯化铵	0.1
色素	0.1
香精	0.2
尼泊金酯	0.1
水	80.0

B 组分

2-巯基吡啶氧锌	0.50
交联聚丙烯酸	0.40
尼泊金酯	0.15
香精	0.30
色料	0.10
水	98.00

将 A 组分、B 组分分别配制，分别包装。用前将 A、B 两组分等量混合。可有效防治头屑，洗发后使头发柔松。引自欧洲专利申请 468703。

（4）配方四

	（一）	（二）
脂肪醇聚氧乙烯醚硫酸钠（28%）	80.0	120.0
酰胺基聚氧乙烯硫酸镁盐	16.0	—
octopirox	0.4～1.0	0.4～1.0
尼泊金酯	0.4	0.4
香精	0.6	0.6
氯化钠	8.2	调黏度
椰油酰胺丙基甜菜碱	—	6.0
珠光剂（genapol PGM）	—	6.0
水	93.7	65.6
柠檬酸（调 pH 至 6～7）	适量	适量

配方中原料 octopirox 是德国赫司特公司研制的止痒去屑药剂，其结构式：

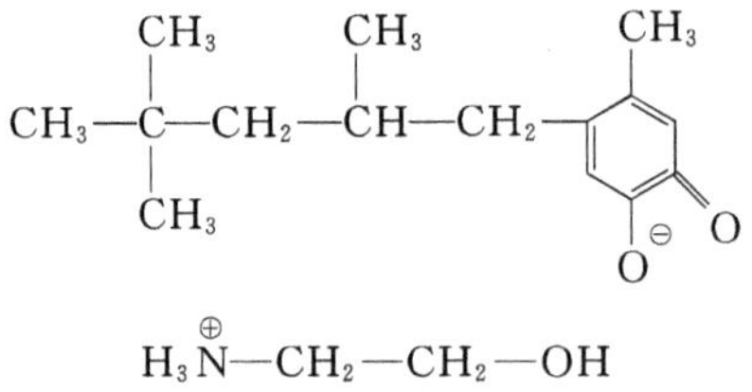

$$CH_3-C(CH_3)_2-CH_2-CH(CH_3)-CH_2-(\text{ring: } CH_3,\ O,\ O^{\ominus})$$

$$H_3\overset{\oplus}{N}-CH_2-CH_2-OH$$

octopirox 为白色或淡黄色的晶状粉末。在 pH 3～9 时可以稳定存在。pKa＝7.4。在香波中用量 0.2%～0.5%。

配方（一）为高效去头屑香波，清澈液体，含活性物 14.4%；配方（二）为珠光型去头屑香波，含有活性物 17.7%。

（5）配方五

脂肪醇聚氧乙烯醚硫酸铵（AES-NH_4）	15.0
椰油烷基咪唑啉	6.0
椰油酰胺基丙基甜菜碱	2.5
二硫化硒（止痒去屑剂）	1.0
聚乙二醇 600	40.0
聚乙二醇 800	35.0
香精	0.5

(6) 配方六

DL-缬氨酸（抗头屑剂）	5.0
月桂醇聚氧乙烯醚硫酸钠（$C_{12}AE_2S$-Na）	11.2
氯化钠	4.0
香精	0.2
水	79.6

该配方引自联邦德国公开专利 4128518。

(7) 配方七

月桂醇聚氧乙烯醚硫酸铵	1494
椰油单乙醇酰胺	258
月桂醇硫酸铵	315
硬脂酸乙二醇酯	300
硅橡胶	50
聚乙二醇	200
硬脂醇	18
1-氧-2-巯基吡啶	100
尼泊金酯	20
色素	25
香精	120
水	7140

该香波具有止痒、去屑作用，洗发后使头发柔软，引自美国专利 472041。

(8) 配方八

椰油酰胺基丙基二甲基甜菜碱（30%）	50
月桂基肌氨酸钠（30%）	200
月桂醇聚氧乙烯醚硫酸钠（25%）	300
月桂酰二乙醇胺	20
1-氧-2-巯基吡啶锌	20
5-氯-2-甲基-4-噻唑啉-3-酮	0.0115
2-甲基-4-噻唑啉-3-酮	0.0035
氯化锌	0.5
香精	适量
水	410

该去头屑香波配方引自美国专利 5227156。

(9) 配方九

月桂醇硫酸铵（C_{12}-As-NH_4）	50.0
椰油酰二乙醇胺	6.0
椰油基甜菜碱	12.0
油酰胺磺基琥珀酸二钠	30.0
羟丙基瓜尔胶	1.0
锂镁皂土（magnabrite，5%的分散体）	20.0
色素	1.0

香精	3.0
防腐剂（尼泊金酯）	2.0
水	75.0

（10）配方十

	（一）	（二）
月桂醇聚氧乙烯醚硫酸钠	40.00	—
月桂酸乙醇胺盐	—	7.00
油酸乙醇胺盐	—	2.00
铝硅酸镁	1.20	2.00
羟丙基甲基纤维素	—	1.60
$C_{14\sim16}$烯基磺酸钠	—	70.00
羟基吡啶硫酮锌	2.10	8.00
水解蛋白	—	4.00
肉豆蔻酰胺二乙醇胺	5.00	—
焦磷酸四钠	0.06	—
防腐剂、色素、香精	适量	适量
精制水	51.64	105.04
柠檬酸（调 pH 至 7.0）	适量	适量

3. 主要原料规格

（1）脂肪醇聚氧乙烯醚硫酸钠

本品按浓度分为 70 型和 28 型。70 型为浅黄色凝胶状膏体，28 型为透明或浅黄色液体，易溶于水。有优异的去污、乳化、发泡、生物降解等特性。70 型指标如下：

活性物含量	70%±2%
未硫化物含量	≤3.0%
硫酸钠含量	≤2.0%
色泽（黑色，5%的溶液）	≤6.0
pH（1%的溶液）	7.0～9.0

（2）椰油酰胺基丙基甜菜碱

浅黄色液体，属两性离子表面活性剂，可与阴离子、非离子和其他两性离子表面活性剂混配，溶于水，对眼睛和皮肤刺激性小。

活性物	30.0%±1.0%
密度（20 ℃）/（g/cm³）	1.0
氯化钠	5.5%±1.0%
游离酰胺	≤2.0%
pH（5%的水溶液）	4.5～8.0

（3）咪唑烷基脲

咪唑烷基脲又称 JM-1 型防腐剂。白色流动性粉末。易吸潮。0.15%～0.25%的咪唑烷基脲对黄色葡球菌、大肠杆菌、绿脓杆菌均有抑制作用。易溶于水，难溶于矿物油。能和离子型、非离子型表面活性剂配伍。

含氮量	26.0%～28.0%

pH（1%水溶液）	6.0～7.0
灼烧残渣	≤3.0%
干燥失重	≤5.0%
铅/（mg/kg）	≤40

4. 工艺流程

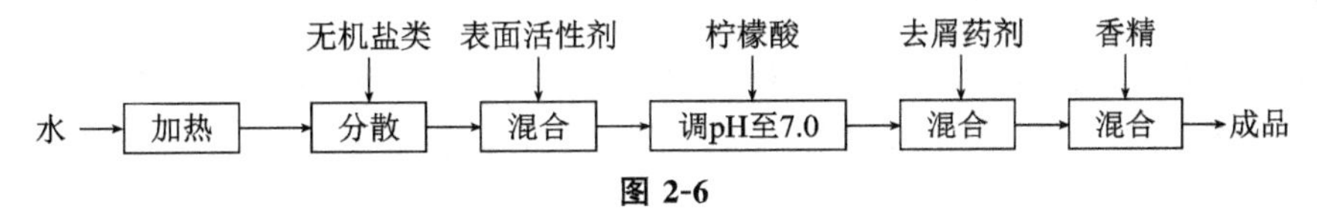

图 2-6

5. 生产工艺

将水加热至 70 ℃，将无机盐类分散于水中，然后加入各种表面活性剂，用 50%的柠檬酸调 pH 至 6.5～7.0，搅拌下加入去屑药剂，冷却于 45 ℃ 加入香精，得去屑香波。

6. 产品标准

液体产品 24 ℃时黏度为 7.0 Pa·s。膏状产品均匀细腻。pH 6.5～7.0。有良好的止痒去屑功能，对头皮无刺激，对头发无损害。洗发后使头发柔软。

7. 产品用途

用于洗发，具有止痒去屑作用。

8. 参考文献

[1] 蒋日琼，万玉华，张榕文，等. 中药洗发香波的研制及去屑功效研究 [J]. 香料香精化妆品，2012（3）：39-44.

[2] 庄严，胡卫华，于利，等. 概述香波的调理与去屑技术 [J]. 中国洗涤用品工业，2012（6）：23-27.

2.30　洗发护发调理香波

1. 产品性能

调理香波（conditioner shampoo）为乳液状。具有洗发、护发双重功能。主要由表面活性剂、调理剂、香精等组成。冲洗时调理剂从香波中沉淀出来，形成一层薄膜，覆盖于头发上，从而起到护发作用。

2. 技术配方（质量，份）

（1）配方一

咪唑啉两性表面活性剂	28.0

椰子油酰胺丙基甜菜碱	15.0
霍霍巴油	0.5
椰子酰二乙醇胺	5.0
羊毛脂季铵化合物	1.0
精制水	50.5
尼泊金脂	0.2
香精	1.0

将椰子酰二乙醇胺与霍霍巴油于45 ℃混合均匀。表面活性剂溶于70 ℃水中，混匀后冷至45 ℃，与前者混合，然后加入尼泊金酯和香精，冷至室温制得调理香波。

(2) 配方二

N-月桂酰基肌氨酸钠	15
氨基硅氧烷	1.5
月桂酸二乙醇酰胺	15
EDTA-2Na	0.15
苯甲酸钠	1.5
精制水	264

(3) 配方三

月桂醇硫酸三乙醇胺盐	30.000
椰油脂肪酸二乙醇酰胺	6.000
羟甲基壳多糖	4.000
羧丙基甲基纤维素	2.000
儿茶单宁	0.002
香精	1.000
水	157.000

该调理香波配方引自欧洲专利申请507272。

(4) 配方四

月桂醇聚氧乙烯醚（3）硫酸钠	5.00
月桂基二甲基氨基乙酸钠	5.00
椰油脂肪酸二乙醇酰胺	3.00
二硬脂酸乙二醇酯	1.50
阳离子纤维素	0.50
二甲基硅氧烷（50%）	0.02
尼泊金酯	0.20
香精、颜料	适量
水	84.80

该配方为珠光调理性香波。

(5) 配方五

椰油酸二乙醇酰胺	11.2
大豆蛋白衍生物	3.2

N-月桂基-*L*-谷氨酸钠	65.20
橄榄油	3.20
鲸蜡醇	4.00
4-羟基苯甲酸盐/苯氧基乙醇	2.00
十六烷基三甲基氯化铵（29.6%）	4.80
香精	1.60
柠檬酸（调 pH）	适量
水	30.48

该配方为蛋白调理香波。

(6) 配方六

N-椰油酰基-*N*-甲基葡萄糖胺	7.00
三甲基十六烷基氯化铵	1.00
椰油醇聚氧乙烯醚硫酸铵	27.00
乙二醇二硬脂酸酯	6.00
十八醇	0.36
鲸蜡醇	0.82
聚二甲硅氧烷	2.00
尼泊金酯	0.40
柠檬酸	0.32
氯化铵	6.00
香料	1.30
水	148.13

该配方具有洗发、护发、去头屑和调理功能。

(7) 配方七

聚烷氧基化聚二甲基硅氧烷	8.0
月桂醇聚氧乙烯醚硫酸铵	6.8
甲基异噻唑啉酮	0.4
月桂醇硫酸铵	39.2
羟基十六烷基羟乙基二甲基氯化铵	4.0
月桂酸二乙醇酰胺	6.0
脂肪醇聚氧乙烯（2）醚	6.0
羟丙基甲基纤维素	0.4
羟乙基纤维素	3.6
柠檬酸	0.2
香精	2.0
水	321.4

该透明型调理香波配方引自美国专利 540190。

(8) 配方八

月桂醇聚氧乙烯醚硫酸钠（3.5%）	70.0
甲基酰基牛磺酸钠	8.0
月桂酰二乙醇胺	10.0

脂肪醇聚氧乙烯醚磺基丁二酸二钠	30.0
季铵盐阳离子表面活性剂	9.0
苯甲酸月桂醇酯	2.0
硬脂酸乙二醇酯	4.0
防腐剂、抗氧剂	适量
香精	3.0
水	67.0

(9) 配方九

月桂醇硫酸酯三乙醇胺盐(46%)	80
咪唑啉两性表面活性剂	16
月桂酰二乙醇胺	10
羊毛醇聚氧乙烯醚	2
羟丙基纤维素	2
香精、色素	适量
水	90

(10) 配方十

椰油酰二乙醇胺	2.0
椰油酰胺基丙基甜菜碱	6.0
月桂基聚氧乙烯醚硫酸钠(30%)	36.0
豆油酰二乙醇胺	4.0
苄醇	1.0
三乙醇胺椰子水解动物蛋白	6.0
水解动物蛋白	4.0
甘油	4.0
EDTA-4Na	0.2
香精、色料、防腐剂	适量
精制水	136.8

(11) 配方十一

椰油酰胺基丙基甜菜碱	4.0
二甲基硅烷醇微乳液(粒径 0.036 μm)	2.0
十二醇聚氧乙烯醚硫酸钠	4.0
脂肪醇聚氧乙烯醚	32.0
福尔马林	0.2
氯化钠	2.0
香精	1.0
水	154.6

该配方引自欧洲专利申请 529883。

(12) 配方十二

鲸蜡醇	1.80
月桂醇硫酸铵	12.56
月桂醇聚氧乙烯醚硫酸铵	54.24

硬脂醇	0.76
椰油酸单乙醇酰胺	12.00
乙二醇二硬脂酸酯	8.00
聚二甲基硅氧烷	4.00
十六烷基三甲基氯化铵	2.00
苯基乙基二甲基甲醇	16.00
乙烯吡咯烷酮-乙酸乙烯共聚物	16.00
异噻唑啉酮衍生物（杀菌剂）	0.12
色素	1.00
香精	4.80
水	266.72

该配方为硅油调理香波的技术配方。

(13) 配方十三

聚季铵盐	6.0
月桂酰肌氨酸钠	10.0
骨胶原水解产物	2.0
EDTA-4Na	0.4
$C_{14\sim19}$烯基磺酸钠	12.0
月桂醇硫酸三乙醇胺盐	20.0
肉豆蔻基二甲胺氧化物	8.0
椰子酰二乙醇胺	6.0
椰子酰单乙醇胺	2.0
聚乙二醇（150）二硬脂酸酯	0.4
香料	1.0
防腐剂、色料	适量
水	133.2
柠檬酸（调 pH 至 7.0）	适量

将表面活性剂溶于 70 ℃ 水中，冷至 50 ℃，加入月桂酰肌氨酸钠与聚季铵盐混合物。搅拌下冷至 42 ℃，加入骨胶原水解产物、EDTA-4Na、香料、染料、防腐剂。最后用柠檬酸调 pH 至 7.0 即得成品（调理香波）。

(14) 配方十四

椰油酰胺丙基甜菜碱	46.0
硅油	50.0
鲸蜡醇/十八醇	4.0
月桂醇聚氧乙烯（2）醚硫酸钠	306.0
二硬脂酸聚乙二醇酯	40.0
瓜耳胶羟丙基甜菜碱	46.0
香精	40.0
防腐剂	6.0
色料	0.4
水	1760

该调理香波含有非挥发性硅酮，洗发后使头发留有油光，引自欧洲专利申请400976。

（15）配方十五

月桂醇硫酸酯三乙醇胺（总含固量40%）	32.0
两性取代的咪唑啉	16.0
羟丙基纤维素	2.0
羟乙基醇聚氧乙烯醚	2.0
月桂酸三乙醇胺	1.0
香精	3.0
色料	0.8
水	138.0

3. 主要原料规格

（1）月桂醇硫酸酯三乙醇胺

月桂醇硫酸酯三乙醇胺又称脂肪醇硫酸三乙醇胺、十二烷基三乙醇胺、LST。淡黄色黏稠液体，pH=7～8，不皂化物含量≤3%，活性物含量≥40%。

（2）月桂醇聚氧乙烯醚硫酸钠

月桂醇聚氧乙烯醚硫酸钠又称醇醚硫酸钠、AES、月桂醇聚氧乙烯醚硫酸钠。阴离子表面活性剂。淡黄色黏稠液体。生物降解度>90%。

活性物含量	70%±2%
未硫酸化物	≤3%
硫酸盐	≤3%
pH	7.0～9.5

（3）椰油酰胺基丙基甜菜碱

椰油酰胺基丙基甜菜碱又称empigenbs，浅黄色液体，溶于水，属两性表面活性剂，广泛用于香波、泡沫浴等。在广泛的pH范围内是稳定的，可与阴离子、非离子和其他两性表面活性剂混配。对眼睛和皮肤刺激性小。

活性物含量	30%±1.0%
氯化钠	5.5%±1.0%
游离酰胺	≤2.0%
密度（20 ℃）/（g/cm^3）	1.0
pH（5%的水溶液）	4.5～8.0

（4）羧酸盐型两性咪唑啉表面活性剂

羧酸盐型两性咪唑啉表面活性剂又称两性取代的咪唑啉、2-烷基-*N*-羟甲基-*N*羧乙基咪唑啉，琥珀色黏稠液体，溶于水，是一种无毒、无刺激、生物降解性的两性表面活性剂。可与阴离子、阳离子、非离子表面活性剂有良好的混配使用性。具有优良的柔软、抗静电和发泡性能。

活性物含量	40%±2%	50%±2%
pH（10%的水溶液）	8.5～9.5	

（5）十六烷基三甲基氯化铵

十六烷基三甲基氯化铵又称1631，白色或微黄色膏体或固体，阳离子表面活性剂，可与阳离子、非离子、两性离子有良好的配伍性。耐热、耐光、耐强酸、耐强碱。具有良好的抗静电性、柔软性和杀菌防霉作用。生物降解性好。

活性物含量	≥70%
pH（1%的水溶液）	～7.0

（6）乙二醇二硬脂酸酯

乙二醇二硬脂酸酯又称 EGDS，白色或奶油色固体或薄片，可溶于异丙醇、甲苯、豆油、矿物油。

凝固点/℃	63～65
碘值/（gI_2/100 g）	＜1
酸值/（mgKOH/g）	＜5
皂化值/（mgKOH/g）	190～199
HLB	1.4

广泛用作洗涤剂、化妆品、日用化学品中的乳化剂、珠光剂、分散剂、增溶剂、柔软剂等。

4. 工艺流程

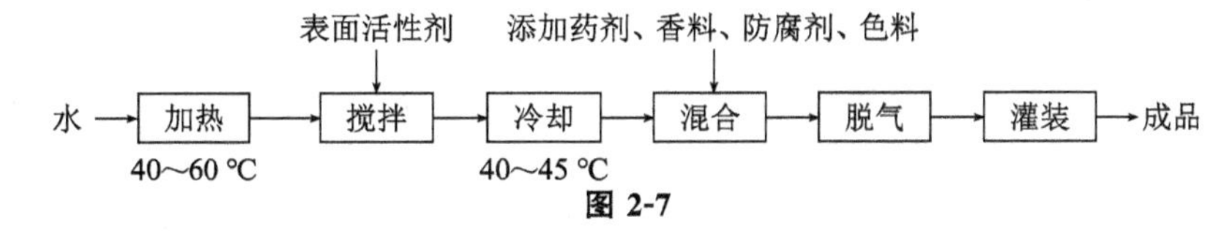

图 2-7

5. 生产工艺

将水投入反应锅中，加热至 50～60 ℃，然后加入表面活性剂等物料，搅拌下冷却至 40～45 ℃，加入添加的药剂、香料、防腐剂、色料，搅拌均匀，脱气后灌装，得调理香波。

6. 产品标准

乳液均匀，贮存稳定，无分离现象。耐热、耐寒性能好，冷热条件下乳液不破坏，符合卫生标准，不刺激头皮，有良好的洗发、护发作用。

7. 产品用途

用于洗发，具有洁发、护发、柔发功能。

8. 参考文献

[1] 任珊珊. 新型洗护二合一洗发产品的配方研究 [D]. 郑州：郑州大学，2018.
[2] 劳燕，霍爱萍. 洗护发创新产品新动向 [J]. 日用化学品科学，2013，36（11）：8-11.

2.31　生发调理香波

1. 产品性能

生发调理香波含有多肽等头发营养剂，具有洗发、调理和生发功能。

2. 技术配方（质量，份）

表面活性剂	0.5～50.0
羟乙基纤维素羟丙基三甲基氯化铵醚	0.1～5.0
异硬脂酰改性的胶原水解物氨基甲基丙二醇盐	0.1～10.0
角蛋白多肽	0.1～5.0
胶原多肽	0.01～1.00
防腐剂	0.01～1.20
香精	适量
EDTA－2Na	0.02～0.20
精制水	加至 100

3. 主要原料规格

（1）表面活性剂

该配方中表面活性剂可以是月桂醇硫酸铵、月桂醇聚氧乙烯醚硫酸盐等。

（2）胶原多肽

胶原蛋白质、多肽存在于哺乳动物的皮、软骨、筋膜、血管、肠等处，这些原料水解后可获得胶原水解物，由约 18 种氨基酸组成。与毛发角朊有良好的亲合性，可被毛发吸收，能防止毛发损伤或对损伤毛发起修补作用，补充毛发的蛋白质成分。

外观	白色或淡黄色粉末
蛋白质（多肽）	≥90%
相对分子质量	1000～5000
水分	≤5%
灰分	≤4%
pH（1%的水溶液）	5.5～6.5

4. 生产工艺

将表面活性剂等溶于 60～70 ℃ 热水中，然后于 40 ℃ 以下加入胶原多肽、角蛋白多肽、香精、防腐剂等，混合均匀得生发调理香波。

5. 产品用途

用于洗发生发，具有营养头发和防止脱发功能。

6. 参考文献

[1] 施昌松，郭大仕，张洪广，等. 防脱发生发香波的配方研究［J］. 日用化学品科学，2005（12）：32-36.

第3章　口腔清洁剂

3.1　药物牙膏

药物牙膏加有药物以预防龋齿和抑制形G石生成的牙膏护能缓解或减轻早期牙周疾病，如牙齿对冷热酸等的过敏、牙龈发炎和出血等。常用的药物有丹皮酚、焦磷酸钠、柠檬酸锌、草珊瑚、两面针和三七等。

1. 产品性能

具有洁齿、杀菌，防止牙结石、牙斑菌的形成，去除牙色素、防龋、防治牙病等功效。

2. 技术配方（质量，份）

(1) 配方一

山梨醇	22.0
碳酸钙	39.0
腰果酚	0.2
十二醇硫酸钠	1.3
羧甲基纤维素钠	1.1
糖精钠	0.1
香精	1.0
水	35.3

该牙膏能有效地抑制突复型链球菌，达到防治口腔炎症的目的。

(2) 配方二

白垩	35.0～45.0
甘油	15.0～25.0
胡萝卜籽浸汁	0.3
茴香籽浸汁	0.1
鼠李属沙棘浸汁	0.1～0.2
十二醇硫酸钠	0.2
羧甲基纤维素钠	1.0
对羟基苯甲酸丙酯	0.3
糖精钠	0.1
香精油	1.0
香料	0.5～1.5
水	加至100

该牙膏中含有多种植物浸取汁，能有效地防止龋齿和防治牙病，引自苏联专利 1121003。

(3) 配方三

氧化硅 63X	26.00
氧化硅 244	11.40
甘油	29.00
椰油烷基二甲基氧化铵	0.35
亲油杀菌剂百里酚	0.30
氨基硅基硅氧烷	1.00
羟乙基纤维素	1.00
氟化钠	0.20
二氧化钛	0.50
糖精钠	1.00
香料	1.00
水	29.05

该牙膏中含有氨基烷基硅氧烷，能在牙齿表面形成一层亲和性膜，使牙膏中的杀菌剂百里酚与其一同沉积在牙齿表面，从而有效地防治龋齿与牙斑，引自欧洲专利申请 528457。

(4) 配方四

磷酸钙	30.0
山梨醇（70%）	15.0
甘油	10.0
酸性杂多糖	0.1
十二醇硫酸钠	1.5
无水硅酸	2.0
羧甲基纤维素	2.0
糖精钠	0.1
香料	0.8
水	38.5

该牙膏可有效地抑制牙周病。

(5) 配方五

	(一)	(二)
碳酸钙	45	50
甘油	20	30
2-氧钠-4-甲氧基二苯酮	1	—
3-［对-（反-4-氨基甲基环已羟基）苯基］丙酸盐酸盐	—	0.005
十二醇硫酸钠	1.5	1.0
羧甲基纤维素钠	1.0	0.5
糖精钠	0.1	0.1
香精	1.0	0.8
水	30.4	18.4

配方（一）中所含 2-氯钠-4-甲氧基二苯酮，可有效地防治牙周疾病。配方（二）含 3-［对-（反-4-氨基甲基环己羰基）苯基］丙酸盐酸盐能抑制血纤维蛋白的溶解作用，用以防治多种牙病，对牙周炎尤为有效。

（6）配方六

山梨醇（70%）	45.00
甘油	10.00
氧化硅	20.00
氟化锡	0.45
二水合氯化锡	1.50
葡萄糖酸锡	2.08
角叉胶	0.35
羧甲基纤维素钠	1.00
十二醇硫酸钠（27.9%）	4.00
二氧化钛	0.52
氢氧化钠（50%）	0.60
糖精钠	0.23
染料（1%的溶液）	0.05
香料	1.00
水	12.50

该牙膏可有效地增强牙齿表面的珐琅质，防治齿龈炎，引自欧洲专利申请 311260。

（7）配方七

磷酸氢钙	49.0
丙二醇	25.0
水溶性叶绿素	0.1
海藻酸钠	1.7
十二醇硫酸钠	2.6
尼泊金甲酯	0.2
糖精钠	0.3
香精	1.2
水	20.1

该牙膏可消除口臭，治疗牙床出血、牙床脓肿及促进牙龈组织生长。

（8）配方八

碳酸钙	50.000
山梨醇（70%）	25.000
甲基丙烯酸三元共聚物	微量
EP 型聚醚	0.500
十二醇硫酸钠	0.500
羧甲基纤维素钠	1.000
氢氧化钠	0.003
尼泊金甲酯	0.500
糖精钠	0.100

香精	0.300
水	22.100

(9) 配方九

白垩	34.00
甘油	25.00
二氧化硅	2.50
防龋齿剂	1.50
润滑油	1.20
羧甲基纤维素钠	1.40
十二醇硫酸钠	2.50
碳酸盐缓冲剂 (pH 8.9)	2.50
苯甲酸钠	0.22
糖精钠	0.08
香料	1.20
水	27.90

其中防龋齿剂的制法：将骨头粉碎后用无机酸处理，分离出无机质和蛋白质，稀释后加柠檬酸，制得防龋齿剂。该牙膏可有效地防止龋齿，引自美国专利4415550。

(10) 配方十

白垩	39.0～45.0
甘油	19.0～20.0
鼠尾草浸剂	0.33～0.50
啤酒花球果浸剂	0.33～0.50
春黄菊浸剂	0.33～0.50
羧甲基纤维素钠	1.00～1.20
十二醇硫酸钠	1.20～1.80
尼泊金甲酯	0.20～0.40
水	加至100

该牙膏可防治多种牙齿疾病。

(11) 配方十一

氢氧化铝	40.0
含0.2%还原糖的山梨醇	20.0
硫酸铜	0.1
羧甲基纤维素钠	2.0
十二醇硫酸钠	1.4
糖精钠	0.1
香精	1.0
水	35.4

该牙膏具有洁齿、杀菌作用，对除口臭尤为有效。

(12) 配方十二

磷酸氢钙	40.0
山梨醇	10.0

甘油	10.0
ε-氨基己酸	0.1
赖氨酸	0.1
羧甲基纤维素钠	1.5
糖精钠	0.1
香精	适量
水	38.2

该牙膏可有效地抑制牙周炎等牙病。

3. 主要原料规格

(1) 氟化亚锡

氟化亚锡也称二氟化锡，分子式 SnF_2，分子量 156.7，无色单斜或片状结晶，微溶于水，不溶于醇、醚。相对密度 4.57，熔点 213 ℃，对皮肤有刺激，暴露在空气中生成氧氟化锡，用作防龋剂。

含量	≥98.5%
盐酸不溶物	≤0.005%
硫酸盐（以 SO_4^{2-} 计）	≤0.0030%
铁	≤0.0030%
砷	≤0.0001%
重金属（以 Pb 计）	≤0.0200%

(2) 叶绿素

叶绿素也称叶绿素铜钠盐，铜叶绿酸三钠，分子式 $C_{34}H_{31}O_6N_4CuNa_3$，分子量 724.17。铜叶绿酸二钠，分子式 $C_{34}H_{30}O_5N_4CuNa_2$，分子量 684.16，墨绿色粉末。易溶于水，略溶于醇和氯仿。水溶液透明蓝绿色，无沉淀。

干燥失重	≤4.0%
硫酸灰分	≤36.0%
总铜（以 Cu 计）	≤4.0%～6.0%
游离铜（以 Cu 计）	≤0.0250%
砷	≤0.0002%
铅	≤0.0005%
pH（1%的溶液）	9.0～10.7

(3) 海藻酸钠

海藻酸钠也称藻朊酸钠，结构式：

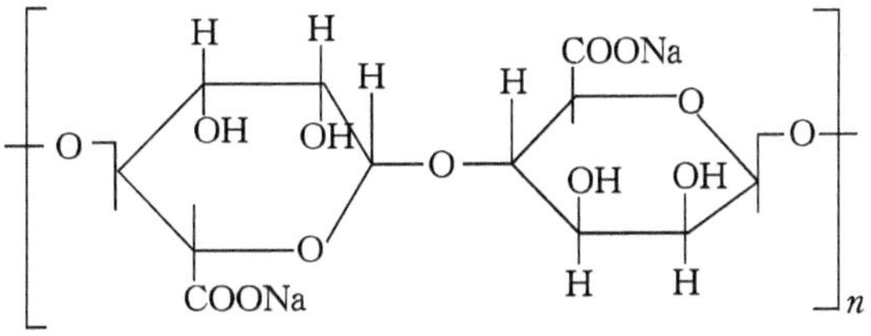

（结构式：重复单元含 COONa、OH、H、O 基团，下标 n）。

白色或淡黄色粉末，几乎无臭、无味。有吸湿性。溶于水成黏稠状胶状液体，1%的水溶液 pH 为 6～8。黏性在 pH 为 6～9 时稳定，加热至 80 ℃ 以上则黏性降低。海藻酸钠的水溶液与钙离子接触可形成海藻酸钠钙凝胶，如加草酸盐、氟化物、磷酸盐可抑制其凝固。不溶于乙醇、乙醚、氯仿和酸。

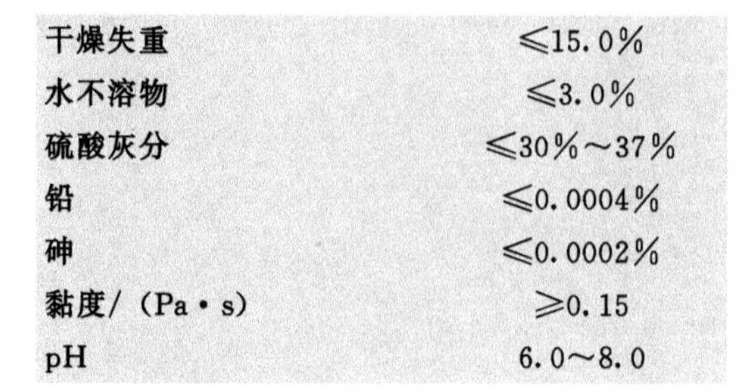

干燥失重	≤15.0%
水不溶物	≤3.0%
硫酸灰分	≤30%～37%
铅	≤0.0004%
砷	≤0.0002%
黏度/（Pa·s）	≥0.15
pH	6.0～8.0

4. 工艺流程

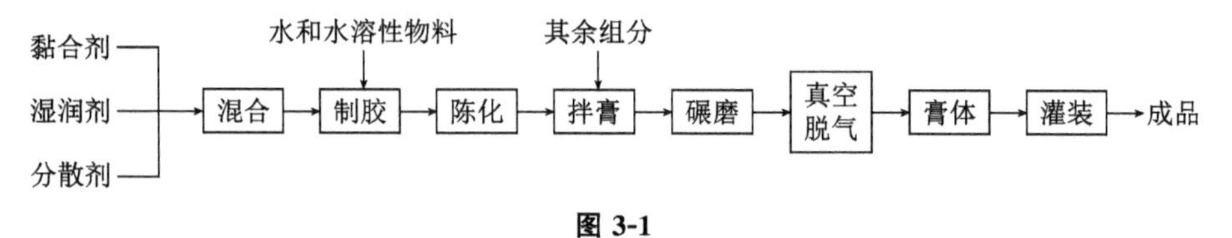

图 3-1

5. 产品标准

符合药物牙膏部颁标准，要求对人体无害，无副作用，防治牙病效果明显。并经过药理检验和临床考查。膏体细腻稳定，气味纯正。

6. 产品用途

主要用于防治牙齿各类疾病，保健牙齿，消除口臭，防止龋齿和牙斑的形成。

7. 参考文献

[1] 李鸣宇，刘正，朱彩莲. 防龋药物牙膏及含漱剂开发过程的科学性 [J]. 牙膏工业，2001 (2)：41-43.

[2] 杨洪团，申楚良. 冬凌草药物牙膏的研制 [J]. 牙膏工业，1997 (4)：16-18.

3.2 除斑渍牙膏

这种除斑渍牙膏能除咖啡和茶渍。贮存时氟离子的稳定性高，且不干扰氟离子的生物效力的牙膏，引自欧洲专利申请 176249。

1. 技术配方（质量，份）

单氟磷酸钠	0.8
糖精钠	0.2
二氧化钛	2.0
无水硅酸铝	10.0
二氧化硅	15.0

甘油	10.0
山梨醇	10
羟乙基纤维素	2
C_{12}-脂肪醇硫酸钠	1.5
香精	1.2
水	加至 100

2. 生产工艺

先将水、甘油和羟乙基纤维素混合制胶，然后加入二氧化钛、二氧化硅、C_{12}-脂肪醇硫酸钠等粉料进行捏合，再经研磨、存放陈化、真空脱气即成膏体，然后灌装即得成品。

3. 产品用途

与一般牙膏相同。早晚刷牙，一般 1～2 个月可脱去牙斑。

4. 参考文献

[1] 青木優子，郑苏江，野村安雄，等. 含葡聚糖酶牙膏对牙菌斑模型的分解和去除研究 [J]. 口腔护理用品工业，2018，28 (3)：12-14.

3.3 除烟渍牙膏

这种牙膏对消除由于长期吸烟、饮茶而沉积于牙齿表面的烟油、污渍和色斑有特效。

1. 技术配方（质量，份）

羧甲基纤维素（CMC）	1.0
甘油	18.0
十二醇硫酸钠	2.6
香料	1.0
除色素剂	0.2～4.0
糖精钠	0.3
氢氧化铝	45.0
缓蚀剂	0.3
蒸馏水	31.2

2. 生产工艺

先用甘油将 CMC 均匀分散，再加水和水溶性添加剂、除色素剂，制得溶胶。再拌加氢氧化铝粉料、十二醇硫酸钠、香料。经研磨后陈化，真空脱气后灌装。

3. 产品用途

与一般牙膏相同。

4. 参考文献

[1] 李德豹，鲍韬，刘婧. 去除烟渍牙膏配方开发及清洁能力研究 [J]. 口腔护理用品工业，2013，23 (1)：11-14.

3.4 防菌斑牙膏

牙菌斑和牙结石是口腔内不洁物的代表，80%～90%的龋齿和牙周炎都是牙菌斑引起的，牙菌斑是局部致龋因素，是牙结石的母体，故开发防治牙结石和牙菌斑的新型牙膏，已是防治口腔疾病的主要措施之一。

1. 技术配方（质量，份）

羧甲基纤维素（CMC）	0.120
焦磷酸钙	3.900
铝硅酸镁	0.040
甘油	1.800
月桂醇硫酸盐	0.040
山梨醇	0.025
单甘油酯月桂基硫酸钠	0.075
丙二醇	0.100
香料	0.085
糖精	0.012
蒸馏水	3.200

2. 生产工艺

用甘油将 CMC 均匀分散，再加水和水溶性添加剂，使黏合剂膨胀胶溶，经贮存陈化后，拌加焦磷酸钙粉料、表面活性剂、香料。再经研磨，存放陈化，真空脱气后灌装。

3. 产品标准

符合药物牙膏部颁标准，要求对人体安全无害，防治牙菌斑和牙结石的效果显著。

4. 产品用途

与一般牙膏相同。

5. 参考文献

[1] 邱百灵，常金兰，何涛，等. 新型亚锡-氟化钠牙膏和交叉刷毛牙刷减轻牙龈炎和清除牙菌斑效果研究 [J]. 实用口腔医学杂志，2015，31 (6)：821-825.

3.5　儿童牙膏

儿童牙膏是根据儿童特点而设计的。由于儿童处于成长发育阶段，且喜食糖果糕点，故易发生龋齿。儿童牙膏具有防治儿童龋牙和保护儿童乳齿健康成长的双重作用。

1. 技术配方（质量，份）

羧甲基纤维素	0.10～0.12
十二醇硫酸钠	0.25～0.28
防龋剂	0.05～0.08
氢氧化铝	4.00～5.00
糖精	0.03～0.035
缓蚀剂	0.02～0.04
香料	0.10～0.13
蒸馏水	2.5～3.2

2. 产品标准

除符合牙膏部颁标准外，pH 接近中性，不刺激口腔黏膜。牙膏的摩擦性小，不伤乳牙。香型适合儿童口味。

3. 产品用途

供儿童使用，与一般牙膏相同。

4. 参考文献

[1] 徐义祥. 温和型儿童牙膏的研制 [J]. 口腔护理用品工业，2019，29 (2)：33-34.

[2] 汪发文，康春生，范雨石，马驰骋. 牙膏产品的发展现状及未来展望 [J]. 口腔护理用品工业，2018，28 (2)：24-26.

3.6　含氟防龋牙膏

1. 产品性能

含氟防龋牙膏中含有能离解成氟离子的水溶性氟化物，常用的氟化物有氟化钠、单氟磷酸钠、氟化锶、二氟化锡等，使用时牙膏中的氟离子被牙齿表面吸收后，能增强牙齿表面的珐琅质，提高牙齿的防酸、抗酸能力，进而起到防治龋齿的作用，氟化物牙膏是一类重要的药物牙膏，为白色或带色膏体。因氟化物具有一定的腐蚀性，需采用有特殊内涂层的金属管包装。

2. 技术配方

(1) 配方一

山梨醇 (70%)	29.28
羧甲基纤维素钠	1.00
单氟磷酸钠	0.76
碳酸钙	50.00
磷酸二氢钠	0.31
十二醇硫酸钠	0.30
糖精钠	0.02
薄荷油	0.05
钛白	0.50
水	17.78

配制时先将羧甲基纤维素钠与山梨醇混合，再加入水及水溶性物料，然后加入十二醇硫酸钠、薄荷油、粉料等组分，捏合制成膏体，研磨后真空脱气，最后灌装即得高效含氟防龋牙膏。本配方引自欧洲专利申请 304327。

(2) 配方二

磷酸氢钙	50.0
羧甲基纤维素钠	1.0
甘油	20.0
氟化钠	0.1
十二烷醇硫酸钠	1.0
糖精钠	0.2
异麦芽糖	1.0
香料	1.0
水	25.7

本配方能有效地抑制牙斑的生成，为联邦德国专利配方。

(3) 配方三

改性二氧化硅	31.50
甘油	22.00
羧甲基纤维素钠	1.00
单氟磷酸钠	0.76
氟化钠	0.10
十二醇硫酸钠 (39%)	4.66
七水合硫酸锌	0.48
苯甲酸钠	0.10
钛白	1.00
糖精钠	0.20
香精	0.90
水	37.30

配制时先将羧甲基纤维素钠、甘油、糖精钠及水溶性添加剂一起溶胀制胶，再加

氟化物，陈化后加其他物料后捏合成膏体，膏体贮存后研磨，真空脱气，灌装得成品，引自欧洲专利申请 345116。

(4) 配方四

偏磷酸钠（不溶性）	45.00
山梨醇	23.00
二氟化锡	0.64
汉生胶和瓜尔胶	1.40
抗坏血酸	0.40
钛白粉	0.40
糖精	0.14
香料	1.00
水	28.02

配制时先将汉生胶和瓜尔胶溶胀于山梨醇中，再加水和水溶性助剂，然后加入二氟化锡，胶体陈放后再加其余物料，经研磨、贮存，最后进行真空脱气灌装得成品。引自比利时专利 840457。

(5) 配方五

水合硅石	24.00
山梨醇	35.00
磷酸柠檬酸酯四钠	4.03
氟化钠	0.24
聚丙烯酸	0.25
十二醇硫酸钠（28%）	5.00
钛白粉	0.53
汉生胶	0.80
聚乙二醇	5.00
糖精	0.28
染料	0.05
香料	0.90
水	23.92

本配方具有防牙结石的功效，引自欧洲专利配方 387024。

(6) 配方六

山梨醇（70%的糖浆）	15.00
磷酸二钙	30.0
羧甲基纤维素钠	0.5
甘油	25.0
氟硅酸钠镁	0.8
单氟磷酸钠（26.6%的水溶液）	3.0
十二烷醇硫酸钠（30%的水溶液）	5.0
甲醛	0.5
糖精钠（10%的水溶液）	1.5
香料	0.5
水	18.2

配制时将氟硅酸钠镁分散在水中，羧甲基纤维素钠分散在山梨醇和甘油中至颗粒完全溶解。将氟硅酸钠镁水溶液加至羧甲基纤维素钠的醇溶液中，再加糖精钠和单氟磷酸钠，混成均相。然后加磷酸二钙，搅拌至物料呈现光泽。最后加入十二烷基硫酸钠、甲醛和香料，搅拌均匀，抽真空灌装得成品。

(7) 配方七

合成生物胶	0.700
甘油（99%）	10.000
水合硅石磨料	14.000
水合硅石增稠剂	8.000
三聚磷酸钠	5.000
山梨醇（70%）	29.609
氟化钠	0.243
十二醇硫酸钠	1.150
聚乙二醇	3.000
二氧化钛	0.956
氢氧化钠（25%）	1.800
糖精钠	0.214
红色淀（FD-C30号）	0.017
1号蓝（0.2%）	0.168
10号黄（0.02%）	0.137
香精	0.800
水	24.206

先将甘油与合成生物胶、山梨醇、糖精钠和水混合溶胀制胶，然后加入氟化钠，陈放后加入其余物料进行膏体捏合，膏体贮存后研磨，真空脱气灌装得成品。引自美国专利4923684。

(8) 配方八

山梨醇	15.80
三水合-α-三氧化二铝	52.00
甘油	8.00
单氟磷酸钠	0.76
单水合磷酸氢钠	0.25
羧甲基纤维素钠	1.00
十二醇硫酸钠	1.20
椰油	0.20
香料	0.89
水	19.70

引自联邦德国公开专利3701123。

(9) 配方九

山梨醇糖浆	4.000
硅干凝胶	1.000
硅气凝胶	0.800

一氟代磷酸钠	0.800
十二醇硫酸钠	0.150
汉生胶	0.100
三水合柠檬酸锌	0.050
焦磷酸亚锡	0.040
五水合硫酸铜	0.002
钛白	0.100
糖精钠	0.020
维生素 C	0.200
香精	0.100
色素	微量
水	3.350

配制时先将胶体化合物与水及水溶性添加物混合制胶，再加入一氟磷酸钠搅拌混合均匀，然后加入粉料及其余物料捏合成膏体，贮存后研磨，真空脱气、灌装即得成品。该配方引自加拿大专利申请 2026907（1991）。

（10）配方十

山梨醇（70%）	13.65
偏磷酸钠	28.54
洋苏叶萃取物	4.00
氟化十八铵	2.23
氧化铝	3.33
羟乙基纤维素	2.20
尼泊金甲酯	0.16
薄荷醇油	1.00
香料	1.20
叶绿素	0.10
糖精钠	0.11
水	43.74

氟化十八铵由等量的十八胺与 38% 的氟化氢混合，加热到 40～45 ℃，保温 15 min 制得。香料由 72 份薄荷油、17 份皱叶薄荷油、8 份薄荷醇、3 份水杨酸甲酯配成。该配方引自罗马尼亚专利 92860。

（11）配方十一

山梨醇（70%）	4.500
沉淀氧化硅	1.000
羟基磷石灰	1.000
二氧化钛	0.100
汉生胶	0.110
单氟磷酸钠	0.080
十二醇硫酸钠	0.150
磷酸	0.015
氢氧化钠	0.015

甲醛	微量
甘油	1.700
香精	0.100
水	1.210

将山梨醇、汉生胶和甘油混合后，加入水及水溶性添加剂，混匀陈放，然后加入其余物料，捏合，研磨，真空脱气后灌装。该配方引自欧洲专利申请431672。

（12）配方十二

水合氧化铝	42.00
焙烧的氧化铝	10.00
甘油	20.00
椰油酰胺丙基甜菜碱	5.00
羟乙基纤维素	0.10
二异丁基苯氧基乙氧基乙基二甲基苄基氯化铵	0.50
单氟磷酸钠	0.76
糖精钠	0.30
香料	1.00
水	9.34

将季铵盐分散于香料中，加甜菜碱混合成油凝胶，另将糖精钠和氟化物溶于水中，加甘油和羟乙基纤维素混合分散成水凝胶。将油凝胶和水凝胶混合成稳定凝胶，再加入两种氧化铝捏合，研磨，制得成品。引自美国专利4701318。

（13）配方十三

山梨醇（70%）	14.0
焦磷酸钙	40.0
失水山梨醇聚氧乙烯酸二异硬脂酸酯	0.6
氯化钠	7.50
氟化钠	0.30
甘菊环	0.05
羟乙基纤维素甘油	7.00
二氧化钛	0.40
N-十四烷基氯化吡啶	0.70
盐酸（1 mol/L）	0.50
糖精钠	0.30
色料	0.05
香精	2.00
蒸馏水	2.60

先将糖精钠、氯化钠溶于水中，加入羟乙基纤维素甘油，均匀分散制胶，然后加入氟化钠及其余物料进行膏体捏合，研磨，真空脱气，灌装。引自英国申请专利2210265。

（14）配方十四

铝硅酸钠	22.00
甘油	25.00

单氟磷酸钠	0.76
羧甲基纤维素钠	1.00
十二醇硫酸钠	1.50
二氧化钛	0.40
糖精钠	0.18
香料	1.00
水	48.16

该配方引自比利时专利 895055。

(15) 配方十五

山梨醇	2.500
无定形二氧化硅	2.070
磷脂	2.000
单氟磷酸钠	0.085
羧甲基纤维素钠	0.160
十二醇硫酸钠	0.150
二氧化钛	0.050
氢氧化钠 (5%)	0.040
芳香剂	0.100
蒸馏水	2.900

先将山梨醇与磷脂混合，另将单氟磷酸钠和羧甲基纤维素钠与水混合后，加入醇酯液中混合均匀，再加入其余组分捏合，研磨，脱气后灌装即得成品。引自联邦德国公开专利 3417235。

(16) 配方十六

木糖醇	5～8
甘油	20～25
白垩	25～33
冷杉枝碳酸浸汁	0.4～0.5
单氟磷酸钠	0.7～0.8
羧甲基纤维素钠	2～15
吐温-80	1.8～2.0
香精油	1.0～1.5
香料	0.5～1.0
防腐剂	0.4～0.5
水	加至 100

(17) 配方十七

山梨醇 (70%)	60.47
二氧化硅	20.00
十二醇硫酸钠	4.00
生物合成胶	0.50
氟化钠	0.24
磷酸钠	1.45

磷酸二氢钠	0.59
交联聚丙烯酸	0.25
糖精钠	0.32
云母	0.10
香料	0.60
色料	0.50
双反渗透水	10.98

将水溶性添加剂加入水中混合均匀，然后与山梨醇、生物合成胶及交联聚丙烯酸混合制胶，再加入其余物料捏合成膏体，研磨后真空脱气，灌装。引自英国专利申请2197196。

(18) 配方十八

山梨醇	1.00
甘油	1.00
无水硅酸铝	1.00
二氧化硅	1.50
单氟磷酸钠	0.08
二氧化钛	0.20
十二醇硫酸钠	0.15
羟乙基纤维素	0.20
糖精钠	0.02
香料	0.15
蒸馏水	4.70

先将水溶性物料溶于水中，再将水溶液、羟乙基纤维素加入甘油中制胶，然后加入粉料及其余物料，捏合成膏后贮放，研磨，真空脱气，灌装即得成品。引自欧洲专利申请176249。

(19) 配方十九

	(一)	(二)
山梨醇 (70%)	25	50
甘油	10	—
聚乙二醇-300	—	3.00
十二醇硫酸钠	2.00	1.70
二氧化硅	25.50	16.00
羧甲基纤维素钠	1.00	—
氟化钠	0.24	0.23
聚羧酸钠	2.00	—
草酸钠	—	1.20
二氧化钛	0.50	—
糖精钠	0.40	0.30
增稠二氧化硅	—	2.50
三氯羟基二苯醚	0.30	—
柠檬酸氢二钠	—	0.40

氢氧化钠（50%）	1.00	—
香料	0.95	0.80
角叉胶	0.60	—
水	31.51	22.87

配方（一）将水溶性物料溶于水中，然后与角叉胶、甘油、三氯羟基二苯醚、山梨醇、聚羧酸钠的混合物混合均匀，再加入其余物料捏合，研磨后脱气，灌装即得成品。引自联邦德国公开专利 3942643。

配方（二）先将聚乙二醇、山梨醇和羧甲基纤维素钠混合，加入增稠二氧化硅，然后加入水溶性混合物的水溶液，混合均匀后加入其余物料，捏合制膏，研磨后脱气，灌装即得成品。引自欧洲专利申请 390457。

（20）配方二十

甘油	7.050
聚乙二醇	0.300
脱乙酰杂聚糖	0.030
二氧化硅气凝胶	0.500
二氧化硅（含 1%三氧化二铝）	1.800
单氟磷酸钠	0.076
二氧化钛	0.040
十二醇硫酸钠	0.120
糖精钠	0.020
香料	0.056

将各组分加入甘油中捏合制膏，研磨后真空脱气，灌装即得成品。引自联邦德国公开专利 3516254。

3. 主要原料规格

（1）单氟磷酸钠

分子式 Na_2PO_3F，相对分子质量 143.95，白色粉末，易溶于水，吸湿性强，熔点约 625 ℃。主要用作牙膏添加剂，具有防龋功效。也用作饮用水的氟化杀菌剂及金属表面清洁剂。

含量	≥97.0%
游离氟	≤0.4%
砷/（mg/kg）	≤1
铅/（mg/kg）	≤1

（2）氟化钠

分子式 NaF，相对分子质量 42.0，无色立方体或四方形结晶或白色粉末。在水中溶解度 4 g/100 mL（15 ℃），4.3 g/100 mL（25 ℃），5 g/100 mL（100 ℃）。微溶于醇，水溶液呈弱碱性，水溶液能使玻璃发毛，但干燥的结晶或粉末可存放在玻璃器皿中。相对密度 2.558，熔点 993 ℃，沸点 1695 ℃。有毒，对皮肤有腐蚀作用。主要用作牙膏的防龋剂、农业杀虫剂、木材防腐剂、金属助溶剂。

含量	≥98.000%

水不溶物	≤0.050%
游离酸（以 HF 计）	≤0.100%
氯化物（以 Cl^- 计）	≤0.005%
重金属（Pb）/（mg/kg）	≤50
澄清试验	合格

（3）山梨醇

山梨醇又称山梨糖醇、清凉茶醇。分子式 $C_6H_8(OH)_6$，相对分子质量 182.17。山梨醇有固体和液体两种规格。固体山梨醇为白色晶体，无气味，具有吸湿性，易溶于水、丙酮、热乙醇和乙酸，微溶于甲醇、冷乙醇，味凉而甜；液体山梨醇为糖浆状，无色透明的水溶液，无臭，含固体量 50%～70%。不挥发、无毒、不易燃。贮存时可从空气中吸收较少水分，与铁接触会变色。70%的山梨醇在 20 ℃ 以下贮存可析出结晶或溶液增稠。相对密度 1.205（50%的山梨醇），1.285 以上（70%的山梨醇）。

结晶山梨醇

外观	粉末或颗粒
含量	≥91.0%
还原糖	≤0.3%

70%的山梨醇

外观	无色透明浓糖浆状
还原糖	≤1%
pH	5～7
镍（Ni）/（mg/kg）	≤5
折光率（20 ℃）	1.4575

50%的山梨醇

外观	浆状液体
还原糖	≤1%
pH	5～7
镍（Ni）/（mg/kg）	≤5
折光率（20 ℃）	1.4190

（4）羧甲基纤维素钠

羧甲基纤维素钠又称 CMC-Na，白色纤维状或颗粒状粉末，有吸湿性，无臭、无味，不溶于乙醇、乙醚、丙酮等有机溶剂。易溶于水及碱性溶液形成透明粘胶体，水溶液对热稳定，水溶液的黏度随 pH 和聚合度而异，并随温度的升高而降低。主要用作牙膏膏体的增稠剂和黏合剂。

外观	白色或微黄色纤维状粉末
水分	≤7.5%
醚化度	0.8～0.9
黏度（2%的水溶液，25 ℃）/（mPa・s）	800～1200
盐分	≤5%
pH	6.5～8.0

4. 工艺流程

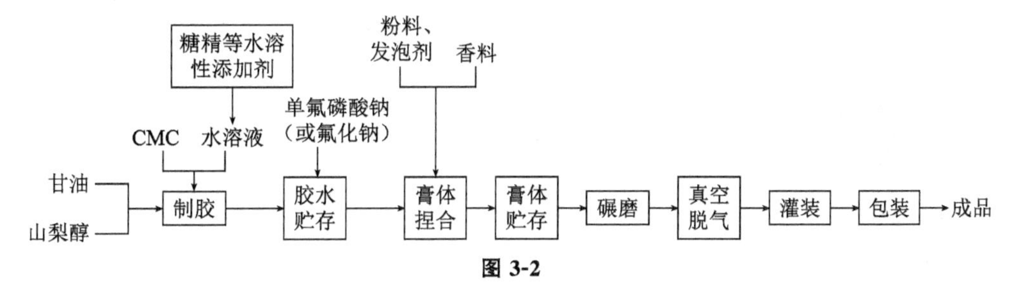

图 3-2

5. 生产工艺

用甘油、山梨醇等将羧甲基纤维素（或羟乙基纤维素）等组分均匀分散，再加水和水溶性添加剂，使黏合剂膨胀胶溶。经贮存陈化后，搅拌下加入粉料等剩余组分。然后进行研磨、存放陈化，真空脱气即成胶体，再经灌装、包装后即得成品。

6. 产品标准

膏体均匀细腻，无分离，无结粒，洁净无杂质，香味定型，无异味。要保持牙膏中氟离子的稳定性，要求贮存一年以上的牙膏中的氟含量维持在 60%以上，以确保其功效。

7. 产品用途

主要用于增强牙齿表面的珐琅质，提高牙齿抗酸能力，有效防治龋齿。

8. 参考文献

［1］张秋云，孙雨，田计兰，等. 含氟牙膏的主要功能成分及其理化性质［J］. 科技视界，2015（30）：151.

［2］杜璐杉，明大增，李志祥. 含氟牙膏的分类及发展趋势［J］. 口腔护理用品工业，2009，19（5）：29-32.

3.7　脱敏型牙膏

1. 产品性能

脱敏型牙膏（desensitizing toothpaste）为白色或带色膏体。膏体中加有抗敏性药品或复方药物，也可加中草药剂。能有效地防治牙本质过敏，以及因过冷、过热、过甜、过酸或物理性刺激而引起的牙齿酸痛症。

2. 技术配方（质量，份）

（1）配方一

山梨醇（70%）	22.00

三水合氧化铝	50.00
乙酸钾	5.00
十二醇硫酸钠	1.50
二氧化钛	1.00
羧甲基纤维素钠	1.00
单氟磷酸钠	0.76
甲醛	0.04
苯甲酸	0.10
糖精钠	1.00
香料	0.20
水	17.40

将山梨醇与羧甲基纤维素钠混合分散均匀，加入水溶性混合物的水溶液，溶胀制胶，陈化后加入粉料及其余物料，捏合，研磨，真空脱气，灌装即得成品。引自欧洲专利申请283231。

(2) 配方二

山梨醇（70%）	12.00
甘油（96%）	10.00
马来酐-乙烯甲基共聚物锶盐	7.50
磷酸钙	41.70
十二醇硫酸钠	1.20
焦磷酸四钠	0.25
羧甲基纤维素钠	0.85
氢氧化钠（5%）	0.05
苯甲酸钠	0.50
糖精钠	0.20
香精	1.00
去离子水	24.48

该配方引自美国专利5188818。

(3) 配方三

甘油	22.500
白垩	39.500
羧甲基纤维素钠	1.400
十二醇硫酸钠	1.000
甘油磷酸钙	1.100
药甘菊萃取液	0.040
薄荷萃取液	0.200
苯甲酸甲酯	0.150
苯甲酸丙酯	0.150
聚乙烯吡咯烷酮	0.350
糖精	0.035
香精油	1.250

香精	1.100
蒸馏水	31.260

将甘油与羧甲基纤维素钠均匀分散，然后与水溶性混合物的水溶液混合制胶，加入萃取液，再与粉料及其余物料捏合制膏，研磨后真空脱气。引自苏联专利 1569017。

(4) 配方四

山梨醇（70%）	48.00
二氧化硅	14.00
硝酸钾	5.00
聚乙二醇-1500	5.00
2，4，4′-三氯-2′-羟基二苯醚	0.20
单氟磷酸钠	0.82
羧甲基纤维素钠	0.75
增稠剂	1.00
十二醇硫酸钠	1.70
二氧化钛	0.50
苯甲酸钠	0.08
糖精	0.20
香精	1.00
蒸馏水	21.83

该配方引自欧洲专利申请 278744。

3. 主要原料规格

(1) 甘油

甘油又称丙三醇、甘醇，结构式 $CH_2OHCHOHCH_2OH$，相对分子质量 92.11，无色透明的黏稠液体，无臭，有甜味。吸水性强，能从空气中吸取水分，可以以任意比例与水、乙醇混溶。微溶于乙醚，不溶于苯、氯仿、四氯化碳、二氧化碳等有机溶剂，不溶于油脂。熔点 17.9 ℃，沸点 290 ℃（分解），相对密度（d_4^{20}）1.2613。

含量	≥95%
透明度	透明
相对密度（d_{25}^{25}）	1.2491
石蕊试纸反应	中性
灰分	≤0.05%
气味	无不良气味

(2) 二氧化硅

二氧化硅又称硅氧、硅酐，分子式 SiO_2，相对分子质量 60.06。无色结晶或无定形粉末，无味，加热时膨胀系数是已知物质中最小的。相对密度 2.20（无定形）、2.65（石英），熔点 1710 ℃（方石英）。熔融物呈玻璃状。溶于过量的氢氟酸生成四氟化硅气体，几乎不溶于水或酸。与热的浓磷酸作用缓慢，无定形粉末能与熔融的碱类起作用。化学性质不活泼，与牙膏中的其他原料相容性好。平均粒度 4～8 μm。

外观	无定形粉末
pH（5%的水分散体）	7.0～7.5
灼烧失重（900 ℃）	11.6%
Na_2SO_4含量	≤0.4%
吸油量/（mL/100 g）	125
平均粒度/μm	4～5

（3）聚乙二醇

结构式H（OCH_2CH_2）$_n$OH，平均分子量为200～20 000，乙二醇高聚物的总称。随分子量不同从无色无臭黏稠液体变至蜡状固体。平均分子质量300，n=5.00～5.75，熔点−15～8 ℃，相对密度1.124～1.130；平均分子量600，n=12～13，熔点20～25 ℃，闪点246 ℃，相对密度1.13。随分子量增加，吸湿能力相应降低。与许多化学品不起作用。有良好的吸湿性、润滑性、黏结性。无毒、无刺激。蒸气压低，对热、酸、碱稳定。可溶于水、醇和许多其他有机溶剂。

外观	白蜡状固体
羟值/（mg KOH/100 g）	70～90
pH（5%的水溶液）	4.0～7.0
色值（APHA）	≤50
熔点/℃	43～46

（4）十二醇硫酸钠

十二醇硫酸钠又称十二烷基硫酸钠、月桂基硫酸钠、椰油醇硫酸钠，分子式$C_{12}H_{25}NaO_4S$，相对分子质量288.38，结构式CH_3（CH_2）$_{11}$$OSO_3Na$。白色或淡黄色粉末结晶或液体，有特殊气味，结晶熔点约180 ℃（分解）。溶于水，溶液呈中性，对碱和硬水不敏感，粉状者易吸水结块。具有去污、乳化和优异的发泡力，能乳化脂肪，稍溶于醇，几乎不溶于醚、氯仿和轻石油。在湿热空气中分解，是一种阴离子表面活性剂，无毒，生物降解性好。

粉状十二醇硫酸钠	一级品	二级品
活性物含量	≥60%	58%
未磺化物	≤2%	3%
无机盐	≤5%	7%
pH	—	8.0～9.5
泡沫高度/mm	≥190	100

4. 工艺流程

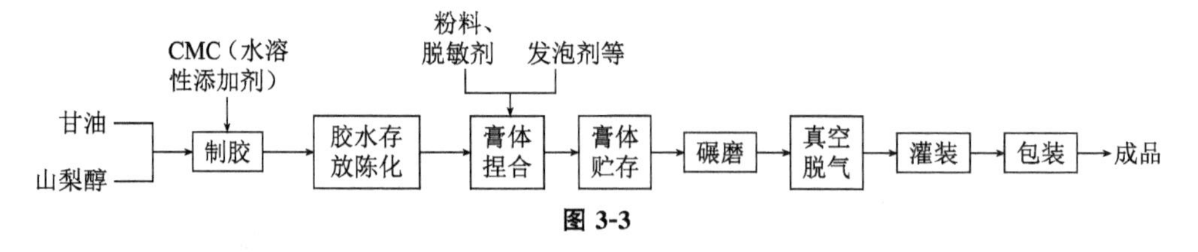

图 3-3

5. 生产工艺

用甘油或山梨醇将羧甲基纤维素类增稠剂均匀分散，再加水和水溶性组分制胶，

胶体存放陈化后，加粉料、中草药提取液等剩余物料。经膏体捏合，存放陈化，真空脱气，即可灌装。

6. 产品标准

符合药物牙膏部颁标准。膏体细腻稳定，无结粒、杂质，不受温度影响，疗效明显，用后无中草药味，香味定型。

7. 产品用途

适用于牙齿过敏症，可治疗和预防因牙齿遇冷、遇热、过甜、过酸而引起牙质疼痛的过敏症。

8. 参考文献

[1] 任常群. 脱敏牙膏研究现状 [J]. 牙体牙髓牙周病学杂志，2004 (5)：288-290.

3.8　祛斑除垢牙膏

1. 产品性能

膏体中含有多种有机酸及其衍生物和其他具有祛斑除垢的有效成分，可防止牙结石和牙斑菌的形成，并可除去已形成的牙斑，达到防治口腔疾病的目的。

2. 技术配方（质量，份）

(1) 配方一

	(一)	(二)
山梨醇（70%）	30.00	49.56
交联聚丙烯酸	0.25	0.20
聚丙烯酸	1.92	—
氟化钠	0.24	0.25
焦磷酸钠	3.40	—
汉生胶	0.80	0.60
酒石酸单/双琥珀酸酯	—	2.00
脂肪醇硫酸钠（27%）	5.00	5.00
焦磷酸二氢钠	1.37	—
羧基淀粉（羧化度1.7）	—	5.00
二氧化硅	24.00	18.00
聚乙二醇-300	5.00	—
香精	1.04	1.30
二氧化钛	0.53	—
氢氧化锶	0.67	—
糖精钠	0.28	0.30
色料	0.05	0.35

氢氧化钠	调 pH 至 7.5 适量	—
蒸馏水	25.44	17.44

配方（一）配制时先将水溶性化合物与水混合，再与山梨醇、汉生胶、聚丙烯酸混合制胶，加碱调 pH 至 7.5，然后加入粉料及其余物料捏合制膏，研磨后真空脱气、灌装。此配方具有优良的防牙垢效果，引自美国专利 4847070。

配方（二）生产工艺与配方（一）类似。此配方具有祛牙斑、抗结石功效，引自美国专利 5015467。

（2）配方二

山梨醇	15.0
甘油	10.0
碳酸钙	50.0
羟乙基纤维素	1.0
聚乙烯甲醚-马来酐共聚物的乙酯	1.0
十二醇硫酸钠	0.5
EP 型聚醚	1.0
氢氧化钠	0.2
苯甲酸钠	0.2
香料	1.0
蒸馏水	20.1

将山梨醇、甘油与羟乙基纤维素分散均匀，加入溶有水溶性物料的水溶液制胶，然后加入聚醚、碳酸钙、十二醇硫酸钠及其余物料，捏合后研磨，真空脱气，灌装。此配方可有效防治牙斑和牙龈炎。

（3）配方三

甘油	18.00
焦磷酸钙	39.00
山梨醇	0.25
十二醇硫酸钠	0.40
单甘油酯月桂基硫酸钠	0.75
铝硅酸镁	0.40
丙二酸	1.00
羧甲基纤维素钠	1.15
香料	0.85
糖精钠	0.12
蒸馏水	31.85

此配方可有效地防治牙斑菌和牙结石。

（4）配方四

	（一）	（二）
山梨醇（70%）	27.000	15.000
三水合氧化铝	50.000	—
氢氧化铝	—	30.000
十二醇硫酸钠	1.880	1.500

三水合柠檬酸锌	0.500	—
羧甲基纤维素钠	0.800	2.000
二氧化硅粉	—	2.000
单氟磷酸钠	0.850	—
全氟癸基乙氧基醚膦酸钠及二钠（两者质量比为 1∶1）	—	0.400
十二烷基苯磺酸锌	0.630	—
糖精钠	0.200	0.100
甲醛液	0.040	—
甘油	—	10.000
香精	1.200	0.800
色料	0.006	—
蒸馏水	9.700	38.200

配方（一）生产工艺与一般牙膏相同，此配方具有良好的祛斑防龋效果，引自美国专利 4988498。配方（二）中含有氟代烷基膦酸盐，能清除烟渍、牙垢、牙锈，特别适用于吸烟、饮茶和喝咖啡者。

（5）配方五

山梨醇（70%）	49.50
沉淀二氧化硅	20.00
聚乙烯醇丁二酸酯	5.00
十二醇硫酸钠（27.9%）	5.00
氟化钠	0.25
汉生胶	0.60
交联聚丙烯酸	0.20
染料溶液	0.35
糖精钠	0.30
香料	1.30
蒸馏水	17.50

配制时将汉生胶溶胀于山梨醇中，再加溶有水溶性物料的水溶液制胶，然后加入其余物料捏合，研磨，陈化后脱气、灌装。该牙膏能有效地防止牙斑形成，并可消除牙斑，引自美国专利 542868。

（6）配方六

	（一）	（二）
三水合氧化铝	56.30	50.00
山梨醇（70%）	27.00	27.00
汉生胶	0.88	—
单氟磷酸钠	1.10	0.80
二氧化钛	0.50	2.00
焦磷酸亚锡	1.00	—
十二醇硫酸钠	1.50	1.50
苯甲酸	0.19	0.15
苯甲酸钠	—	0.20
糖精钠	0.23	0.20

香料（薄荷及薄荷醇）	—	0.85
香精	1.10	—
蒸馏水	10.30	16.20

配方（一）配制时先将汉生胶与山梨醇混合，再加水溶性混合物制胶，加入单氟磷酸钠，然后加入粉料、发泡剂、香精捏合、经研磨，陈化，真空脱气，灌装，制得祛斑加氟牙膏，引自欧洲专利申请417833；配方（二）制法与配方（一）相同，可制得除垢防龋牙膏，引自欧洲专利申请328406。

（7）配方七

山梨醇（70%）	30.00
羟乙基纤维素	0.50
氧化铝	33.00
胶态二氧化硅	1.50
七水合三氯化镧（$LaCl_3 \cdot 7H_2O$）	1.50
异丙醇	4.00
聚氧乙烯醇（50）硬脂酸酯	2.00
香精（留兰香油）	0.10
糖精钠	0.05
水	27.35

该牙膏具有显著的除牙菌斑、除烟黄和防止黏着牙菌斑的作用。

（8）配方八

	（一）	（二）
甘油	25.00	25.00
二氧化硅	20.00	30.00
水解聚丙烯酰胺（35%）	1.00	—
十二醇硫酸钠	1.00	1.50
羧甲基纤维素钠	—	1.30
苯甲酸钠	0.50	0.50
聚乙烯磷酸酯（$\overline{M}$=6100～9000）	—	3.00
尼泊金酯	0.05	—
糖精钠	0.05	0.20
香精	1.00	0.80
水	52.25	38.50

生产工艺与一般牙膏相同。由配方（一）可制得减缓磨损、洁齿、祛牙斑牙膏，引自美国专利4828833；由配方（二）可制得抑制牙斑、防治牙龈炎的牙膏，引自英国专利申请书2224204。

（9）配方九

山梨醇（70%）	24.65
甘油	8.91
氧化硅	21.78
汉生胶	0.59
氟化钠	0.24

酒石酸二琥珀酸酯（1.26%）	9.62
酒石酸单琥珀酸酯（1.26%）	9.62
十二醇硫酸钠	3.96
聚乙二醇	2.97
交联聚丙烯酸	0.20
二氧化钛	0.50
氢氧化钠（10M）	0.97
FD&G 号蓝	0.05
糖精钠	0.46
香精	1.09
水	14.37

配制时先将汉生胶、聚乙二醇与山梨醇、甘油混合，然后加水溶性混合物的水溶液制胶。再加入其余物料捏合，研磨，真空脱气，灌装。可制得防牙结石牙膏，引自美国专利 5015468。

（10）配方十

	（一）	（二）
甘油	20.000	20.000
磷酸氢钙	50.000	—
硅干凝胶	—	12.000
抗坏血酸三甲基苯并-2-甲基-2-十五烷基吡喃磷酸酯钾	2.000	—
三聚磷酸钠	—	1.000
十二醇硫酸钠	2.000	1.500
氟化钠	—	0.230
羟乙基纤维素	1.000	1.700
山梨醇（70%）	—	35.000
糖精钠	0.100	0.200
对羟基苯甲酸甲酯	0.005	—
香料	1.000	1.000
水	23.900	20.870

生产工艺与一般牙膏相同。配方（一）中含有抗坏血酸衍生物，可有效抑制和祛牙斑，引自欧洲专利申请 376162；配方（二）可制得防牙结石牙膏，引自欧洲专利申请 295116。

（11）配方十一

聚乙二醇-600	20.00
磷酸二钙	49.00
椰油酰胺丙基甜菜碱	3.50
羟乙基纤维素	1.00
单氟磷酸钠	0.76
苯扎氯铵	0.50
糖精钠	0.20
水	24.04

本品具有较强的祛牙斑作用，稳定性好，引自美国专利 4490353。

（12）配方十二

甘油	20.00
磷酸氢钙	45.00
浓缩丹宁	0.10
十二醇硫酸钠	1.50
羧甲基纤维素钠	1.00
糖精钠	0.15
香料	1.00
水	31.35

制法与一般牙膏相同。浓缩丹宁在膏体捏合工艺中与香料等一起加入。本牙膏可有效地防止牙斑的形成。

3. 主要原料规格

（1）碳酸钙

分子式 $CaCO_3$，相对分子质量 100.09，白色晶体或粉末，不溶于水，溶于酸而放出二氧化碳。无臭、无味。牙膏配方中使用的碳酸钙有轻质碳酸钙和天然碳酸钙两种。

含量	≥98%
水分	≤0.3%
pH	≤10
沉降体积/（mL/g）	1.0～1.3
盐酸不溶物	≤0.1%
重金属（以 Pb 计）/（mg/kg）	≤30

（2）汉生胶

汉生胶又称黄原胶、苦苣胶，是由 *D*-葡萄糖、*D*-甘露糖和 *D*-葡萄糖醛酸组成的多糖类高分子化合物，为浅黄褐色粉末。在冷水和热水中分散性能良好，稳定性和增稠性好，溶液黏度在－18～80 ℃。具有良好的分散作用、乳化稳定作用和悬乳颗粒作用。浸泡 1 h 呈溶胶状。

外观	浅黄或灰褐色粉末
水分	≤15%
灰分	≤17%
黏度（1%的汉生胶水溶液）/（Pa·s）	≥0.6
剪切比	≥5.0
pH	6.5～8.0
粒度/目	40～60

（3）羟乙基纤维素

羟乙基纤维素又称 HEC，分子式 $C_5H_{10}O_5(OCH_2CH_2OH)_n$，白色粉末状，溶于水，为非离子型水溶性纤维素醚，不溶于有机溶剂。在浓盐溶液中较稳定，但在磷酸二钠、硫酸铝、硫酸钠等饱和盐溶液中产生沉淀。其水溶液有增稠、黏合、成膜等性能，可与羧甲基纤维素钠、海藻酸钠等合用产生增稠效应。

灰分（以 NaAc 计）	≤3%

水分	≤5%
容积密度	0.35～0.60
色泽	白或微黄
黏度（25 ℃）/（mPa·s）	800～1200
pH	6～8

（4）苯甲酸钠

苯甲酸钠又称安息香酸钠，结构式 C_6H_5COONa，相对分子质量 144.11，白色颗粒或结晶粉末。在空气中易吸潮，溶于水，略溶于醇，水溶液呈微碱性，pH 约为 8。无臭或微带安息香气味，有甜涩味。用作牙膏的防腐剂。

含量	≥99.00%
干燥失重	≤1.50%
氯化物（以 Cl^- 计）	≤0.10%
硫酸盐（以 SO_4^{2-} 计）	≤0.02%
重金属（以 Pb 计）	≤0.001%
砷	≤0.0002%
酸碱度	符合规定
溶状	符合规定

4. 产品标准

膏体洁净细腻，无结粒，无分离，无异味。符合药物牙膏部颁标准，要求对人体安全无害，祛除和防治牙菌斑和牙结石的效果显著，并经过了药理检验和临床考察。

5. 产品用途

祛除和防治牙菌斑、牙结石的形成，从而防治龋齿和牙周炎。

6. 参考文献

[1] 丁恺. 含沉淀二氧化硅磨擦剂的祛斑杀菌牙膏 [J]. 牙膏工业，1995（1）：48-51.

3.9　加酶牙膏

1. 产品性能

加酶牙膏（toothpaste with enzyme）为白色或有色膏体。膏体中加有多种酶，酶的活性高，杀菌力强，去污功效高，具有良好的消炎作用，并能分解粘在牙齿上可形成齿垢的葡聚糖，因而可有效地保持口腔清洁，防治牙周炎、牙龈炎、牙出血等口腔疾病，抑制龋齿和牙斑的产生，是一类优良的保健牙膏。

2. 技术配方（质量，份）

（1）配方一

	（一）	（二）
溶菌酶氯化物	0.5	—

枯草溶菌素	—	0.1
山梨醇（70%）	15.0	15.0
二水合磷酸氢钙	40.0	—
磷酸钙	—	30.0
甘油	10.0	10.0
蛋白酶	—	0.8
十二醇聚氧乙烯醚磷酸钠	0.5	—
十二醇硫酸钠	—	1.5
羧甲基纤维素钠	1.0	2.0
羟乙基纤维素	0.5	—
二氧化硅	1.0	2.0
聚氧乙烯硬化蓖麻油	2.0	—
氯化钠	—	15.0
糖精钠	0.1	0.1
烟酸酯	1.0	—
香精	0.8	0.8
水	28.6	23.5

配方（一）配制时先将纤维素分散于甘油中，再加入山梨醇、水及水溶性物料，混匀后加入粉料及其余物料研磨，然后加入溶菌酶，经陈化、脱气后灌装。该配方可有效地防治牙周炎，控制牙槽脓溢等牙病。配方（二）生产工艺与配方（一）类似。

（2）配方二

	（一）	（二）
磷酸氢钙	25.0	45.0
山梨醇	15.0	25.0
葡聚糖酶	13.2	—
诱变酶（10 000 L/g）	—	0.1
甘油	10.0	—
氢化蓖麻油乙氧基化物	—	1.0
羧甲基纤维素钠	0.3	1.0
十二烷基硫酸钠	2.0	—
月桂酰肌氨酸钠	—	1.0
角叉胶	1.2	—
酪蛋白	—	0.5
糖精钠	1.2	0.2
二氧化硅	2.0	—
香精	1.2	1.0
水	30.0	25.2

生产工艺与一般牙膏相同，酶一般在研磨后加入，混合均匀，陈化，真空脱气后即可灌装。

（3）配方三

山梨醇	26.0
氢氧化铝	40.0

葡聚糖酶（2000 U/g）	7.1
二氧化硅	3.0
甘油月桂酸丁二酸二酯单钠	0.5
丙二醇	3.0
藻酸钠	1.0
明胶	0.2
糖精钠	0.2
香精	1.0
水	18.0

先将明胶、山梨醇、丙二醇混合均匀，再加入水及水溶性物料溶胀制胶，然后加入其余物料捏合，经研磨、陈化、真空脱气后灌装即得成品。

（4）配方四

焦磷酸钴	40.0
甘油（99%）	50.0
碳酸氢钠	5.0
壬基酚聚氧乙烯醚	0.4
葡萄糖氧化酶	0.1
β-D-葡萄糖	0.5
色料	0.5
香料	0.5
水	3.0

先将 β-D-葡萄糖溶于水后与甘油混合制胶，再加入除酶外的其余物料进行膏体捏合，陈放后加酶研磨，真空脱气后灌装。引自美国专利 4537764。

（5）配方五

碳酸钙	36.0～40.0
甘油	20.0～25.0
碱性蛋白酶	0.5～2.0
羧甲基纤维素钠	1.4
三聚甲醛	2.0～2.5
十二醇硫酸钠	1.0～2.0
氯化钾	0.3～0.5
糖精钠	0.2
香精油	2.0～2.5
香料	1.0～1.5
水	加至 100

与一般加酶牙膏生产工艺类似。

（6）配方六

	（一）	（二）
山梨醇	25.0	—
甘油	—	20.0
二水合磷酸钙	—	50.0

磷酸氢钙	45.0	—
羧甲基纤维素钠	1.0	1.0
十二醇硫酸钠	—	1.5
N-月桂酰肌氨酸钠	1.5	0.5
碱性蛋白酶	—	0.1
诱变酶（10 000 U/g）	0.1	—
碳酸氢钠	—	2.0
糖精钠	0.2	0.1
香料	1.0	1.0
水	26.2	25.9

与一般加酶牙膏生产工艺类似。

（7）配方七

山梨醇	20.0
氢氧化铝	50.0
丙二醇	2.0
月桂酸二乙醇酰胺	1.5
葡聚糖酶（1×10^6 U/g）	0.2
二氧化硅	3.0
十二醇硫酸钠	1.0
明胶	0.3
角叉胶	1.0
香料	1.0
糖精	0.1
水	19.5

先将明胶、角叉胶与丙二醇、山梨醇混合，加入水及水溶性物料制胶。再加入粉料等捏合、陈放后加入酶研磨，脱气灌装。引自联邦德国公开专利3248541。

（8）配方八

	（一）	（二）
甘油	25.0	40.0
磷酸氢钙	50.0	10.0
蛋白酶（1500～2000 U/g）	0.5	—
氯化溶菌酶	—	1.0
N-月桂酰肌氨酸钠	5.0	—
尿囊素	—	1.0
羟乙基纤维素	—	2.2
十二醇硫酸钠	0.5	—
氢化蓖麻油乙氧基化物	—	2.0
磷酸二氢钠	—	0.5
海藻胶或黄蓍胶	0.9	—
二氧化硅	—	2.0
二氧化钛	—	0.2
糖精	0.35	0.2

尼泊金丁酯	—	0.1
香料	1.3	1.0
水	16.5	40.0

制法与一般加酶牙膏相似。

3. 主要原料规格

(1) 氢氧化铝

氢氧化铝白色粉状单斜晶体，300 ℃ 时失去水分成氧化铝。不溶于水和乙醇，溶于热盐酸、硫酸和碱类，是典型的两性氢氧化物。相对密度 2.42。莫氏硬度 3.0～3.5。平均粒度 6～9 μm。配制牙膏用 α-氢氧化铝，外观洁白，碱性低，摩擦力好，质量稳定。对氟化物等牙膏添加剂相容性好，是软硬适中的牙膏磨料。

灼烧失重	33%～35%
吸水量/（mL/20 g）	5～7
附着水	<0.3%
Fe_2O_3	≤0.02%
pH	7.5～8.5
细度（320 目）	≥98%

(2) 月桂酰基肌氨酸钠

月桂酰基肌氨酸钠又称十二酰甲胺乙酸钠、S_{12}，分子式 $C_{11}H_{23}CON(CH_3)CH_2COONa$，相对分子质量 293。有粉状和液状两种，粉状为白色或微黄色粉末，溶于水产生大量泡沫；液状为 32% 的水溶液。对皮肤刺激性小，脱脂作用较弱。为阴离子表面活性剂，是一种很好的发泡剂和除垢剂。

液状产品质量规格

总固量	32%±1%
有效成分	≥90%
NaCl	≤0.5%
Na_2SO_4	≤1%
pH	8～9

(3) 丙二醇

丙二醇又称 1，2-二羟基丙烷，分子式 $C_3H_6(OH)_2$，相对分子质量 76.09。无色透明黏稠液体，易吸潮。相对密度（d_{25}^{4}）1.036，沸点 187.3 ℃，闪点 102 ℃，自燃点 415 ℃，折光率 1.4293（27 ℃），黏度 5.81×10^{-4} Pa·s（20 ℃）。能与水、醇及大多数有机溶剂混溶。

含量	≥98%
水分	≤0.5%
灰分（g/100 mL）	≤0.01%
酸值（以丙酸计）	≤0.03%
与水混合度（1∶1 混合）	不显混浊
馏程/℃	180～190

(4) 碱性蛋白酶

碱性蛋白酶粉状，无结块、无潮解现象。分解蛋白质的作用在水溶液中进行。作用范围 pH 9.0～12，温度 30～55 ℃。

外观	粉状，无结块、无潮解现象
酶活力/（U/g）	40 000～80 000
水分	5%～12%
细度（40 目筛）	≥90%

(5) 蛋白酶

蛋白酶也称中性蛋白酶，粉状，无结块、无潮解现象。分解蛋白质的反应在水溶液中进行，作用范围 pH 6.8～7.5，温度 35～40 ℃。

外观	粉状，无结块、无潮解现象
水分	<5%
酶活力/（U/g）	20 000～120 000
细度（过 40 目筛）	>90%

(6) 溶菌酶

溶菌酶又称球蛋白 G、胞壁质酶，由 129 个氨基酸残基构成的单一多肽链，相对分子质量约为 15 000。白色或微黄色结晶性或无定形粉末。无臭、味甜。等电点 10.5～11.0。易溶于水，不溶于乙醚、丙酮等有机溶剂，水溶液遇碱易破坏，在酸溶液中稳定。为一种碱性蛋白质，常与氯离子结合成为溶菌酶氯化物。

外观	白色或微黄色粉末
酶活力/（U/g）	10 000±2000

(7) 葡聚糖酶

葡聚糖酶黄褐色冷冻干燥粉末，能溶于水。酶活力 1000 U/g。

(8) 葡萄糖氧化酶

葡萄糖氧化酶淡黄色或灰黄色粉末，溶于水成黄绿色溶液，不溶于甘油、乙二醇、氯仿、醚、吡啶等有机溶剂。能被 50% 的丙酮或 66% 的甲醇所沉淀。来自霉菌的葡萄糖氧化酶的相对分子质量约为 150 000，等电点 4.2～4.3。酸、碱和高温能使其破坏。最适作用范围 pH 5.5～5.8，温度 30～35 ℃。

葡萄糖氧化酶活性/（U/mL）	60
过氧化氢酶活性/（U/mL）	160

(9) 酪蛋白

酪蛋白也称干酪素、酪朊、乳酪素，白色无定形粉末或颗粒，无臭、无味，具吸湿性，潮解时易变质，干燥时稳定。不溶于水和有机溶剂，溶于稀碱和浓酸。相对密度 1.25～1.31。

含量（干燥物以 N 计）	≥14.0%
水分	≤10.0%
可溶物	≤0.5%
脂肪	≤0.4%
碱度	合格

灼烧残渣（硫酸盐）	≤2.0%

4. 工艺流程

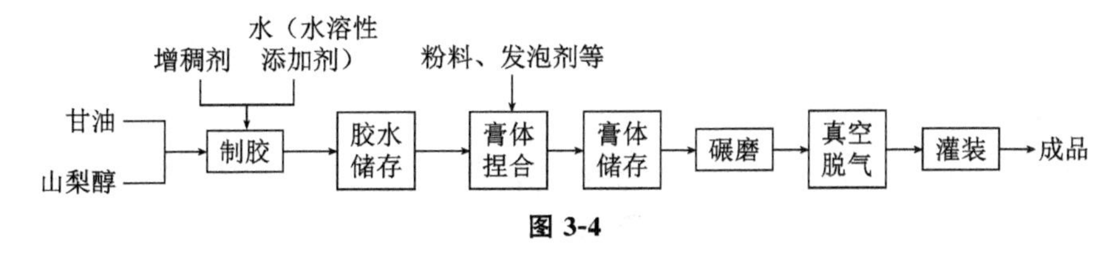

图 3-4

5. 生产工艺

与一般牙膏类似。在生产过程中应注意酶的保活，所使用的原料与酶应有良好的配伍性，以保证加酶牙膏的保健、护齿功效。

6. 产品标准

产品符合药物牙膏部颁标准，要求不出水，在一年保质期内酶不失活。

7. 产品用途

利用酶的催化作用，杀灭口腔中的许多病原菌，分解附在牙齿上的葡聚糖、蛋白蛋、牙菌斑，能有效地清除吸烟和喝茶者牙齿表面和牙缝间的黄褐色素，洁白牙齿。并有极好的防治龋齿和各类口腔疾病的功效。

8. 参考文献

[1] 加酶牙膏的研制 [J]. 日用化学工业，1981 (3)：18-20.

3.10　氟化铵液体牙膏

这种液体牙膏含有氟化铵、酶复合物、硅氧烷，具有很好的洁齿防龋效果。

1. 技术配方（质量，份）

山梨醇	40.00
木糖醇	5.00
甘油	10.00
十六烷基氟化铵	1.90
二甲基硅氧烷-硅胶混合物	1.50
吐温-20	1.40
吐温-80	1.40
酶复合物	4.60
硫氰酸酯	0.10
硅胶	1.00
肥皂（脂肪酸钠）	1.50

防腐剂	0.15
香精	1.00
糖精	0.15
水	30.30

2. 生产工艺

将甘油、山梨醇、木糖醇、二甲基硅氧烷-硅胶混合后，加入水溶性混合物，然后加上剩余物料，捏合均匀制得氟化胺液体牙膏。

3. 产品用途

与一般液体牙膏相同。

3.11 电动牙刷用牙膏

这种牙膏含聚醚、氧化硅气凝胶，具有独特的流变性，尤其适用于电动牙刷。引自美国专利5028413。

1. 技术配方（质量，份）

山梨醇溶液（70%）	1.100
氧化硅气凝胶	0.750
EP型聚醚	2.200
甘油	0.200
十二醇硫酸钠	0.010
磷酸氢二钠	0.060
磷酸二氢钠	0.015
糖精钠	0.008
苯甲酸钠	0.008
氟化钠	0.024
香料	0.120
色素	0.003
水	5.450

2. 生产工艺

将各固体原料混合磨细，然后加液体原料及水拌和均匀，即得流变性好的牙膏，即使是电动牙刷高速刷动，也不损伤牙齿。

3.12 护牙洁齿牙膏

牙膏作为洁白牙齿、清洁口腔，防止口臭和龋齿的口腔清洁剂，它具有摩擦作用、吸收作用、发泡作用、中和作用、杀菌作用和洗涤作用。这里介绍一组洁齿、防

牙病的牙膏配方。

1. 技术配方（质量，份）

(1) 配方一

山梨醇	24.00
玻璃粉（磨料）	37.00
羟苯乙酯	0.01
羧甲基纤维素钠	1.00
十二醇硫酸钠	1.40
糖精	0.10
香精	0.10
水	36.40

(2) 配方二

山梨醇	15.0
甘油	10.0
聚乙烯甲醚-马来酐共聚物的乙酯	1.0
羟乙基纤维素	1.0
EP 型聚醚	1.0
十二醇硫酸钠	0.5
碳酸钙	50.0
苯甲酸钠	0.2
香料	1.0
烧碱	0.2
水	20.1

(3) 配方三

山梨醇浆（70%）	27.00
三水合氧化铝	50.00
十二烷基苯磺酸钠	0.60
十二醇硫酸钠	1.88
氟磷酸钠	0.85
柠檬酸锌三水合物	9.50
糖精钠	0.20
香料	1.20
甲醛	0.04
色素	微量
水	17.00

2. 生产工艺

(1) 配方一的生产工艺

将 CMC-Na 与山梨醇混合均匀，然后与溶有羟苯乙酯的水混合制胶，然后加入玻璃粉磨料、香精及十二醇硫酸钠，研磨、捏合制成膏体，真空脱气后灌装。其中玻璃粉料的制法：将平均粒度 20 μm 的氧化铝粉与含二氧化硅 67 份、氧化铝 7 份、氧化钙 5 份、氧化钠和氧化钾 15 份、氟化钠 5 份及添加剂 1%的玻璃球共热，使氧化铝包覆于玻璃球，即得高摩擦力的玻璃粉。

（2）配方二的生产工艺

将甘油与羟乙基纤维素分散均匀，加入水溶性物料的水溶液，然后加入碳酸钙、十二醇硫酸钠、聚醚、香料等，捏合后研磨，真空脱气，得到可有效防治牙斑及牙龈炎的牙膏。

（3）配方三的生产工艺

CMC-Na 与山梨醇混合后，与水溶性物料的水溶液混合制胶，然后与粉料、香料、发泡剂混合捏炼，研磨，脱气后得到抗牙斑牙膏。引自欧洲专利申请 411211。

3. 产品用途

早晚刷牙用。

4. 参考文献

[1] 王麟，崔学成，赵晓洲. 洁齿剂的发展动向 [J]. 牙膏工业，1997（1）：31-34.
[2] 郑意端. 含植物微纤维的洁齿增白牙膏 [J]. 国外医药（植物药分册），1992（5）：237.

3.13 含酶固体牙用清洁剂

这种牙粉含有酶络合物、氟化合物、硅氧烷，是一种有效的口腔和牙用清洁剂。

1. 技术配方（质量，份）

二甲基硅氧烷	2.0～7.0
溶菌酶	0～3.0
酶络合物	1.0～6.0
氢氟酸十六胺	0.1～0.3
十八烷基三羟乙基丙二胺	1.2～1.6
乳铁蛋白	0～1.5
硅石	2.0～7.0
木糖醇	1.0～6.0
山梨醇	60.0～90.0
苯甲酸钠	0～0.5
糖精钠	0.2～0.5
香料	0.1～0.5

2. 生产工艺

将粉料混合后加入其余物料，分散均匀制得固体牙粉。

3. 产品用途

取适量溶于水，供漱口或刷牙用。

3.14　洁齿片

这种无磷洁齿片含有薄荷粉、过硼酸钠、蓖麻酸单乙醇酰胺丁二酸磺酸二钠，具有良好的清洁牙齿、消灭病菌和防治牙斑的效果。引自联邦德国公开专利 3934390。

1. 技术配方（质量，份）

碳酸氢钠	19.5～20.0
硫酸钠	6.7
异丝氨酸二乙酸三钠	2.8
一水合过硼酸	13.0
聚乙二醇-20000	4.3
山梨醇	1.0
柠檬酸三钠	4.0
柠檬酸	4.5
十二烷基苯磺酸	1.0
苯甲酸钠	1.0
薄荷粉	1.5
靛蓝磺酸二钠	＜0.6
单过硫酸钾	29.5
蓖麻酸单乙醇酰胺丁二酸酯磺酸二钠	0.5

2. 生产工艺

将粉料混合研磨很细后，加入其余物料，捏合均匀后，压制成片，制得洁齿片。

3. 产品用途

取 1 片溶于水中，食后漱口用，在口腔内保持 20 s 以上，或借助牙刷刷洗。

4. 参考文献

[1] 赵光树，俞国友. 洁齿片质量标准的研究 [J]. 中国中药杂志，2001 (8)：64-65.

3.15　洗必泰牙膏

1. 产品性能

洗必泰牙膏具有较强的杀菌作用，并能抑制牙斑，防治龋齿。

2. 技术配方（质量，份）

（1）配方一

甘油	10.00
三水合氧化铝（α-$Al_2O_3 \cdot 3H_2O$）	45.00
二葡糖酸洗必泰	0.30
甲基羟丙基纤维素	1.50
羟乙基纤维素	1.50
乙氧基化氢化蓖麻油	0.40
$C_{12\sim14}$烷基葡萄糖苷	0.25
天冬氨精油	0.20
薄荷油	0.40
水	45.45

配制时先将纤维素与甘油混合，然后与水、洗必泰混匀制胶，再加入粉料及其余物料捏合，研磨后真空脱气，灌装，即制得成品。引自欧洲专利申请414128。

（2）配方二

	（一）	（二）
山梨醇	32.00	20.00
甘油	13.00	—
过二磷酸氢钙	—	50.00
沉淀二氧化硅	16.00	—
洗必泰	0.20	—
葡糖酸洗必泰	—	0.01
N-月桂酰基肌氨酸钠	0.50	0.50
氟化钠	0.28	—
葡聚糖酶（80万U/g）	—	2.00
角叉胶	0.75	1.00
二氧化钛	0.50	—
月桂酸二乙醇酰胺	—	0.50
糖精钠	0.30	0.10
色料	0.35	—
香精	1.02	0.80
水	35.2	25.10

将角叉胶、山梨醇、甘油混合，加入水及水溶性添加剂制胶。胶体陈化后加入其余物料捏合。经研磨、陈放、真空脱气后灌装。配方（二）引自联邦德国公开专利3705434。

（3）配方三

氨基胍葡糖酸盐	2.00
甘油	20.00
水合氧化铝	52.00
羟乙基纤维素	1.00
洗必泰	1.00
苯甲酸钠	0.50

甜菜碱	0.75
糖精钠	0.20
香精	1.00
水	21.55

本配方引自欧洲专利申请书 372603，生产工艺与一般洗必泰类牙膏相同。

（4）配方四

	（一）	（二）
磷酸氢钙	45.00	—
二氧化硅	1.00	30.00
甘油	8.00	25.00
洗必泰溶液（20%）	0.01	—
洗必泰二乙酸盐	—	0.05
十二醇硫酸钠	1.00	1.50
苯甲酸钠	—	0.50
尼泊金丁酯	0.10	—
羧甲基纤维素钠	1.00	1.30
吐温-80	1.00	—
谷氨酸-酪氨酸共聚物	—	3.00
β-甘草亭	0.10	—
糖精钠	—	0.20
氯化亚铁/氧化铁	8.00	—
香料	1.00	1.00
水	34.80	37.50

配制时先将羧甲基纤维素钠与甘油混合，再加水和水溶性添加剂，制胶后陈化。然后加入其余物料捏合，经研磨、陈放、真空脱气后灌装。

（5）配方五

甘油	60.0
月桂基氧化胺	0.3
乙醇	2.0
氨基硅氧烷	2.0
洗必泰	0.6
色料	微量
香料	0.1
水	35.0

引自欧洲专利申请 373688。

（6）配方六

氢氧化铝	25.0
PE 型聚醚	25.0
N-十四酰基谷氨酸钠	0.5
聚乙二醇	8.0
洗必泰醋酸钠	0.2

甘菊环	0.2
香味剂	1.0
糖精钠	0.4
水	39.7

先将聚醚和聚乙二醇混合，再加水和水溶性物料，陈化后加其余物料，研磨后真空脱气灌装。引自欧洲专利申请 395287。

3. 主要原料规格

（1）磷酸氢钙

磷酸氢钙也称磷酸二钙，分子式 $CaHPO_4 \cdot 2H_2O$，相对分子质量 172.1。白色单斜结晶粉末。无臭、无味。相对密度 2.306。莫氏硬度 2～2.5。几乎不溶于水和醇，微溶于稀乙酸，溶于乙酸、稀盐酸和硝酸。受热 50 ℃ 以上逐渐失去结晶水。190 ℃ 失水，红热时生成焦磷酸钙。

吸水量/（mL/20 g）	5.5～6.5
灼烧失重	25%～27%
细度（过 320 目筛）	≥95%
氯化物（以 NaCl 计）	≤0.5%
碳酸盐	符合标准
铅/（mg/kg）	<20
砷/（mg/kg）	<3
pH	7.6～8.4

（2）糖精钠

糖精钠又称邻磺酰苯酰亚胺钠盐，分子式 $C_7H_4O_3NSNa \cdot 2H_2O$，相对分子质量 241.19，白色单斜结晶或针状结晶。味极甜，约比蔗糖甜 500 倍。相对密度 0.828，熔点 228.8 ～229.7 ℃，易溶于水，溶解度随温度升高而增大。1%的水溶液呈中性。可溶于碳酸盐溶液，以及醇、甘油和丙酮。微溶于氯仿和醚。

含量（以干品计）	≤99.00%
干燥失重	≤1.5%
铵盐（以 NH_4 计）	≤0.0025%
铅	≤0.001%
砷	≤0.0002%
熔点/℃	226～230

（3）洗必泰醋酸盐

洗必泰醋酸盐也称氯己定、醋酸双氯苯双胍己烷、醋酸氯己定，分子式 $C_{22}H_{30}N_{10}Cl_2 \cdot 2C_2H_4O_2$，相对分子质量 625.56，结构式：

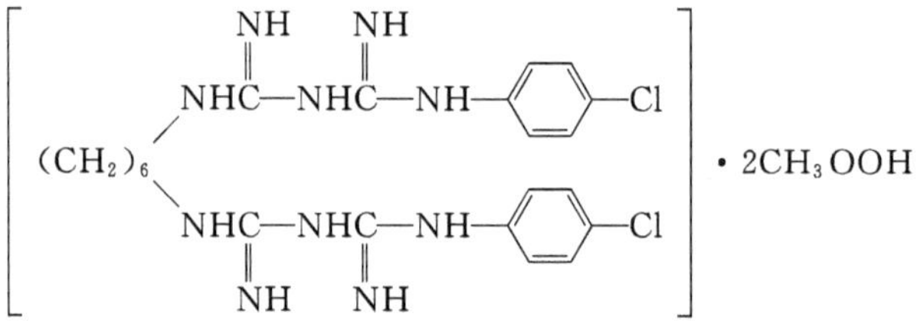

```
            NH     NH
            ‖      ‖
         NHC—NHC—NH—C6H4—Cl
        /
(CH2)6
        \
         NHC—NHC—NH—C6H4—Cl
            ‖      ‖
            NH     NH            · 2CH3OOH
```

白色结晶性粉末、无臭、味苦。溶于乙醇，微溶于水，熔点 150～154 ℃，杀菌消毒剂。对革兰氏阳性菌与阴性菌及真菌均有较强的杀菌作用，对绿脓杆菌也有效。无刺激性。对热不稳定。遇肥皂、碱等影响效力。

（4）尼泊金丁酯

尼泊金丁酯也称对羟基苯甲酸丁酯，白色结晶性粉末，分子式 $C_{11}H_{14}O_3$。相对分子质量 194.22。结构式：HO—⟨○⟩—$COOC_4H_9$。能溶于醇、氯仿和醚，微溶于水，微有特殊气味。作防腐剂。

含量	≥99.00%
灼烧残渣	0.5%
熔点/℃	67.5～69.0
酸度	合格
水杨酸	合格
乙醇溶解试验	合格
氯化物（以 Cl^- 计）	0.002%
硫酸盐（以 SO_4^{2-} 计）	0.01%

（5）十二烷基二甲基甜菜碱

十二烷基二甲基甜菜碱也称 BS-12，结构式 $C_{12}H_{25}N^{\oplus}(CH_3)\ 2CH_2COO^{\ominus}$。无色或微黄色黏稠液体。易溶于水，是一种两性表面活性剂。对皮肤刺激性小，手感好，易生物降解，毒性低，有良好的抗硬水性和对金属的缓蚀性。

含活性物	30%±2%
无机盐	≤7%
pH	6～8

（6）月桂酸二乙醇酰胺

月桂酸二乙醇酰胺也称十二酸二乙醇酰胺，结构式：

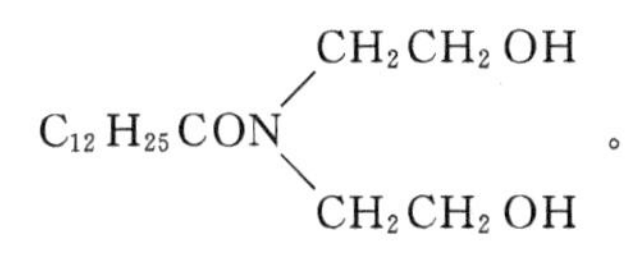

白色至淡黄色固体。溶于乙醇、丙酮、氯仿等有机溶剂，难溶于水，当与其他表面活性剂调配时易溶于水，且透明度好。具有优异的增黏性、起泡性、稳定性、增泡性、洗净性、增稠性。

含胺值/（mg KOH/g）	31±4
熔点/℃	42±2
pH（1%，10%的乙醇水液）	9～11
色泽（APHA）	<200#

4. 生产工艺

与一般牙膏类似。洗必泰对热不稳定，制备时温度不宜高。注意洗必泰遇肥皂、碱等影响效力。

5. 产品标准

符合药物牙膏部颁标准。膏体细腻稳定，气味纯正。杀菌防病效果显著，并经过药理检验和临床试验。

6. 产品用途

本品可有效地杀灭口腔中的细菌，达到防治牙病的功效。用于各类急、慢性口腔炎症。

7. 参考文献

[1] 乔琪，陈必胜，邹爱萍. 洗必泰-碘保健牙膏用于牙周疾病的研究 [J]. 牙膏工业，1997 (3)：15-16.

3.16 牙用清洁增白剂

这类口腔卫生用品为透明液体，能清洁口腔、保护牙齿、杀灭口腔内病菌、消除口臭并给予口腔以清凉爽快的感觉。一般在餐后使用。

1. 技术配方（质量，份）

(1) 配方一

成分	份
葡萄糖硫酸钠	0.2
枸橼酸钠	1.0
氢化蓖麻油乙氧基化物	0.5
酒精	10.0
甘油	15.0
添加剂	1.0
绿茶类黄酮	4.0
羟苯乙酯	0.1
薄荷香精	1.0
蒸馏水	加至 100

(2) 配方二

成分	份
乙醇	3.00
十聚甘油单肉豆蔻酸酯	1.50
薄荷油	0.50
甘油	22.50
色料	0.01
薄荷醇	0.50
蒸馏水	85.49

(3) 配方三

成分	份
乙醇	22.50

月桂酸乙醇酰胺	0.30
酶抗体	0.50
香精	1.00
糖精钠	0.05
蒸馏水	76.00

2. 生产工艺

（1）配方一的生产工艺

先将有机物组分混合加热至 70 ℃，加入 75 ℃ 热水中，冷至 45 ℃ 加入香精即得牙齿清洁增白剂。

（2）配方二的生产工艺

将各物料溶于 65 ℃ 热水中，混合均匀即得。

（3）配方三的生产工艺

各物料溶于 70 ℃ 热水，于 45 ℃ 加入酶抗体和香精即得。

3.17　山梨醇透明牙膏

本透明牙膏以山梨醇为透明剂。

1. 技术配方（质量，份）

山梨醇	76.50
氢氧化钠（50%的溶液）	0.20
糖精	0.20
羧甲基纤维素	0.40
香料	1.00
二氧化硅（SiO_2）	16.50
十二醇硫酸钠	1.50
色素	0.15
去离子水	3.55

2. 生产工艺

先将糖精溶于水和氢氧化钠液中，然后加入 CMC 制胶，再加入山梨醇、氧化硅、十二醇硫酸钠、香料、色素，研磨、陈化，真空脱气后灌装。

3. 产品用途

与一般牙膏相同。

4. 参考文献

[1] 王霞. 研制透明牙膏的新思路 [J]. 口腔护理用品工业，2014，24 (3)：17-18.

3.18 除渍增白牙膏

这种除渍增白牙膏对消除由于长期吸烟、饮茶而沉积于牙齿表面的烟油、污渍和色斑有特效。

1. 技术配方（质量，份）

原料	份
羧甲基纤维素（CMC）	1.0
甘油	18.0
十二醇硫酸钠	2.6
香料	1.0
除烟渍剂	0.2～4.0
糖精钠	0.3
氢氧化铝	45.0
缓蚀剂	0.3
蒸馏水	31.2

2. 生产工艺

先用甘油将 CMC 均匀分散，再加水和水溶性添加剂、除色素剂，制得溶胶。然后拌加氢氧化铝粉料、十二醇硫酸钠、香料。经研磨后陈化，真空脱气后灌装即得。

3. 产品用途

与一般牙膏相同。

3.19 高泡清香牙膏

用本配方制得的牙膏，起泡多，可清除口腔中的食物残渣和口臭，保持口腔清洁，并能清香爽口，口感舒适不影响口腔内黏膜，无刺激。

1. 技术配方（质量，份）

	（一）	（二）
山梨醇	10.0	10.0
β-环状糊精	2.0	1.0
十二烷酰肌氨酸钠	0.5	0.5
甲基纤维素（CMC）	0.5	0.5
甘油	10.0	10.0
蔗糖硬化脂肪酸酯（含单酯 70%）	2.0	—
磷酸氢钙	40.0～45.0	—
磷酸二氢钾	45.0	45.0
黄蓍胶	0.5	0.5

糖精钠	0.2	—
香精	1.0	0.6
杀菌剂及防腐剂	0.10	0.1

2. 生产工艺

除香精外，将其他各组加在一起混溶，同时搅拌均匀，最后加入香精，即为产品。若要做成防龋齿等牙膏，可加入 2%～5%的氟化钠。

3. 产品用途

与普通牙膏同。本品特点是清香爽口，不改变味觉，使用本牙膏还能增进食欲。

3.20　叶绿素无醇漱口剂

该漱口剂含有叶绿素、薄荷油，含漱后能有效清洁口腔、保护牙齿，并留有芳香。引自加拿大专利 2019719。

1. 技术配方（质量，份）

叶绿素	0.017
氯化钠	23.330
薄荷油	2.125
碳酸氢钠	18.700
尼泊金丙酯	1.190
尼泊金甲酸	10.000
吐温-20	12.000
环己烷氨基磺酸钠	6.500
水	8500

2. 生产工艺

将各物料分散于水中，制得漱口剂。

3. 产品用途

含漱时在口腔内保留 15～20 s。

3.21　维生素 E 漱口清

该漱口清含有非水溶药物维生素 E，可有效防治牙周病。

1. 技术配方（质量，份）

维生素 E	20

糖精	10
N-椰油酰基精氨酸乙酯吡咯烷酮羧酸盐	30
香精	50
乙醇	790
水	100

2. 生产工艺

将糖精溶于水中，其余物料分散于乙醇中，然后将水加至乙醇中，混匀得维生素E漱口清。

3. 参考文献

[1] 茹依伦，卢东民，林梅. 漱口水的应用及对口腔保健的意义 [J]. 科技展望，2016，26 (26)：289.

3.22 薄荷爽口剂

该爽口剂含有酒石酸、薄荷醇、季铵盐。产品为粉状，使用时取适量用水溶解。

1. 技术配方 (质量，份)

包覆CMC的酒石酸	700.0
L-薄荷醇	30.0
十六烷基氯化吡啶盐	0.3
碳酸氢钠	700.0
4-异丙基环庚二烯酚酮	0.3
粉状香精	50.0

2. 生产工艺

将各物料混合分散均匀，干燥、磨细得薄荷爽口剂。

3.23 乳酸锌增白漱口剂

这种漱口剂含有乳酸锌和氧化型增白剂，能杀灭口腔细菌、增白牙齿、赋予口腔清香。

1. 技术配方 (质量，份)

过氧化脲	400.00
乳酸锌钾溶液	100.00
十二醇硫酸钠	100.00
糖精钠	1.25

乙醇	100.00
香精	50.00
色素	适量
水	4000

2. 生产工艺

将各物料混合，均质得增白漱口剂。

3. 产品用途

每次用量 15 mL，在口腔内应保留 15 s 以上。

4. 参考文献

[1] 肖海霞，胡茵. 漱口水生产的质量控制 [J]. 口腔护理用品工业，2015，25 (5)：20-21.

第4章　家用洗涤剂

4.1　高泡洗衣粉

1. 产品性能

高泡洗衣粉（high foam detergent powder）为洁白空心颗粒。流动性好，不吸潮、不结块。活性物含量高，适用于各种水质，去污力强，泡沫丰富。

2. 技术配方

（1）配方一

	（一）	（二）
烷基苯磺酸钠	30.0	28.0
芒硝	25.5	36.0
硅酸钠	6.0	7.0
三聚磷酸钠	30.0	16.0
纯碱	—	5.0
甲苯磺酸钠	—	2.0
CMC-Na	1.4	2.0
荧光增白剂	0.1	0.3
水	7.0	4.0

该配方为30型通用高泡洗衣粉。

（2）配方二

烷基苯磺酸钠	48.0
硅酸钠［$n(Na_2O):n(SiO_2)=1.0:2.4$］	28.0
硫酸钠	48.0
膨润土	80.0
三聚磷酸钠	136.0
香料	适量
荧光增白剂	适量
水	56.0

先将除膨润土、香料外的组分拌和为浆料，喷雾干燥，再与膨润土、香料混合，喷以少量的5%硅酸钠水溶液，制得粒径0.149～2.380 nm的高泡洗衣粉。引自德国公开专利3312774。

（3）配方三

烷基苯磺酸钠	100.0

硫酸钠	153.0
硫酸镁	30.0
烧碱	28.0
合成脂肪酸（C17～20）	94.0
水玻璃	120.0
纯碱	200.0
三聚磷酸钠	600.0
过硼酸钠	300.0
脂肪醇聚氧乙烯醚	60.0
CMC-Na	10.0
EDTA-2Na	3.0
单/双烷基磷酸酯	92.0
荧光增白剂（FWA）	6.0
香料	4.0

在反应混合器中加入烷基苯磺酸钠、硫酸镁、烧碱，于 60 ℃ 混合 5～8 min，缓慢加入合成脂肪酸、烷基磷酸酯、纯碱、CMC-Na、EDTA-2Na、水玻璃、荧光增白剂、硫酸钠、三聚磷酸钠，制得浆料，喷雾干燥，得到的粉粒与过硼酸钠混合，然后喷上脂肪醇聚氧乙烯醚、香精，得到洗衣粉。引自苏联专利 1513024。

（4）配方四

十二烷基苯磺酸钠（80%）	20.0
皂料	7.0
月桂基二酰胺-EDTA-三钠盐（50%）	10.0
羧甲基纤维素	3.0
硬脂醇聚氧乙烯醚（34%）	3.0
水合二氧化硅	7.0
三聚磷酸钠	50.0
香料	适量

该配方引自捷克专利 216618。

（5）配方五

	（一）	（二）
直链烷基苯磺酸钠	25.00	48.00
壬基酚聚氧乙烯醚	—	4.00
脂肪醇聚氧乙烯醚	6.00	—
硅酸钠	18.00	10.00
纯碱	20.00	30.00
对甲苯磺酸钠	—	6.00
三聚磷酸钠	30.00	50.00
元明粉	92.00	50.00
羧甲基纤维素	2.00	0.40～0.60
荧光增白剂	0.06	0.20～0.40
色料、香料	适量	适量

(6) 配方六

	(一)	(二)
直链烷基苯磺酸钠	20.0	16.0
壬基酚聚氧乙烯醚（$n=10$）	—	5.0
月桂醇聚氧乙烯（9）醚	4.0	—
纯碱	4.0	5.0
三聚磷酸钠	30.0	30.0
水玻璃（模数 2.4）	6.0	7.0
CMC-Na	1.0	1.0
对甲苯磺酸钠	2.0	2.0
荧光增白剂	0.1	0.1
硫酸钠	22.9	23.9
水	10.0	10.0

(7) 配方七

烷基苯磺酸（含量 96%，$\overline{M}=322$）	280.0
粉状碳酸钠（视密度 0.75 g/cm^3）	55.0
粉状磷酸钠	150.0
双氧水（30%）	20.0
香精	适量

该配方引自捷克专利 247827。

(8) 配方八

烷基苯磺酸钠	15.0
脂肪醇聚氧乙烯醚	5.0
三聚磷酸钠	30.0
碳酸钠	13.0
磷酸钠	14.0
硅酸钠	22.0
硫酸钠	52
荧光增白剂	2
水	58

先配成浆料，喷雾干燥得洗衣粉。引自英国专利申请 2231579。

(9) 配方九

直链烷基苯磺酸钠	5.0
铝硅酸钠	3.6
甘油聚氧乙烯醚	0.3
纯碱	3.4
牛油脂肪酸皂	0.1
硅酸钠	3.0
碳酸钠	2.6
香料	适量
水	2.0

(10) 配方十

十二烷基苯磺酸钠（100%干物计）	36.0
连二亚硫酸钠（80%）	50.0
焦磷酸钠	12.0
三聚磷酸钠	40.0
EDTA-4Na	8.0
碳酸钠	10.0
食盐	16.0
硫酸钠	21.6
CMC-Na	4.0
荧光增白剂（三嗪型）	1.0
香精	1.4

3. 主要原料规格

(1) 十二烷基苯磺酸钠

十二烷基苯磺酸钠又称直链烷基苯磺酸钠、LAS。白色浆状物，溶于水。生物降解度>90%。在较宽的 pH 范围内比较稳定。具有去污、湿润、发泡、乳化、分散等性能。

活性物	≥40%
游离油	≤2.5%
pH	7～9

(2) 三聚磷酸钠

三聚磷酸钠又称磷酸五钠、STPP。白色颗粒或粉末状物。三聚磷酸钠有无水物和六水合物两种。无水物有Ⅰ型和Ⅱ型两种变异体。六水合物为立方柱形结晶物，在 70 ℃以上脱水时分解生成正磷酸钠和焦磷酸钠。颗粒状三聚磷酸钠视密度为 0.48～0.72 g/cm^3。对金属离子有良好络合性，对固体物质有极强的分散力和悬浮力。

	一级	二级
外观	洁白	白
总磷（P_2O_5）	≥56.5%	≥55.0%
pH（1%的水溶液）	9.2～10.0	
水不溶物	≤0.10%	≤0.15%
三聚磷酸钠含量	≥90%	≥85%

(3) 硫酸钠

用作洗衣粉助剂的是无水硫酸钠，又称无水芒硝、元明粉。白色均匀细颗粒粉末。相对密度 2.671，溶于水和甘油，不溶于乙醇。有较强的吸湿性。

	一级	二级
含量（Na_2SO_4）	≥99%	≥98%
水不溶物	≤0.05%	≤0.1%
钙、镁总量（以 Mg 计）	≤0.15%	≤0.3%
氯化物（以 Cl^- 计）	≤0.35%	≤0.7%

pH	6～8	6～8

（4）对甲苯磺酸钠

白色结晶性粉末，溶于水。对洗衣粉的流动性、手感、抗结块性能有良好的效果。

含量	≥80%
无机盐	≤10%
水分	≤14%
pH（1%的溶液）	7～9
硫酸盐	≤5%

（5）纯碱

纯碱又称碳酸钠、苏打。白色粉末或细粒结晶，易溶于水，可与水形成多种水合物。相对密度 2.532，熔点 851 ℃。

含量（一级品）	≥98.5%
氯化钠	≤1.00%
水不溶物	≤0.15%
硫酸钠	≤0.08%
灼烧失重	≤0.5%

4. 工艺流程

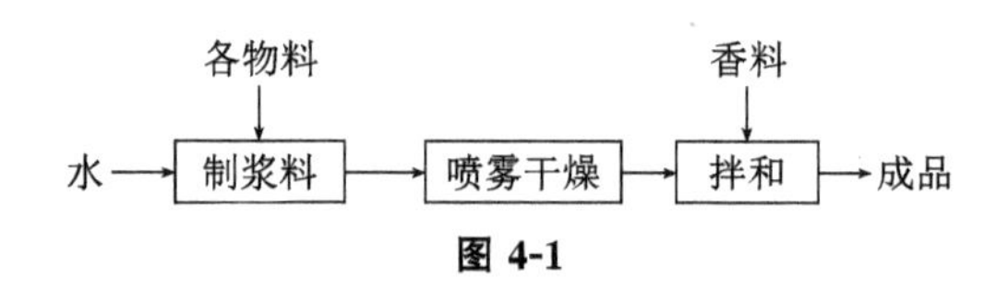

图 4-1

5. 生产工艺

根据不同配方，先配成 45%～65%的浆料，经过滤、研磨、脱气得浆料，得到的浆料经高压泵送至喷雾干燥塔，喷雾干燥，热空气对流干燥形成空心颗粒，然后拌入香料得成品。

6. 产品标准

外观	白至微黄色颗粒状，颗粒均匀
视密度/（g/cm^3）	0.28～0.40
pH（1%的溶液）	10～11.0
泡沫力（1%的溶液，40 ℃）/mm	180～190
去污力	高于指标洗衣粉
活性物	≥20%
磷酸盐（以 P_2O_5 计）	≥6%

7. 产品用途

用于各种织物的手工或洗衣机去污洗涤。用量一般 30 g 洗衣粉加水 5 L。

8. 参考文献

[1] 谢绍伟. 高塔喷雾洗衣粉生产工艺的节能设计 [J]. 当代化工，2019，48 (2)：388-390，394.

[2] 周西勇，吴兴君. 洗衣粉在中国的绿色发展之路 [J]. 日用化学品科学，2012，35 (11)：1-4.

4.2 中泡型洗衣粉

1. 产品性能

中泡型洗衣粉为洁白空心颗粒。泡沫适中，去污力好，且易于漂洗。

2. 技术配方

(1) 配方一

直链烷基苯磺酸钠	15.0
皂料	3.0
聚醚	4.0
元明粉	23.5
三聚磷酸钠	40.0
水玻璃	6.0
CMC-Na	2.0
荧光增白剂 (FWA)	0.1
水分	10.0

(2) 配方二

烷基苯磺酸钠	8.0
烷基酚聚氧乙烯醚	3.0
仲醇聚氧乙烯醚	2.0
聚醚	1.0
皂料	2.0
硫酸钠	36.0
硅酸钠	10.0
纯碱	20.0
三聚磷酸钠	18.0
羧甲基纤维素	0.5
荧光增白剂	0.1
色料、香料	适量
水	20.0

(3) 配方三

	(一)	(二)
脂肪醇聚氧乙烯醚	15.0	15.0

聚丙烯酸钠	1.0	1.0
羟丙基纤维素	5.0	—
4A沸石	30.0	35.0
纯碱	20.0	10.0
聚乙二醇	1.0	1.0
碳酸钾	—	15.0
香料	适量	适量
硫酸钠	28.0	23.0

该洗衣粉为中泡型无磷洗衣粉。去污力强，泡沫适中，可用于洗衣房的大量洗涤。

（4）配方四

烷基苯磺酸钠	10.0
皂料	3.0
椰油脂肪酸酰胺丙基甜菜碱	4.0
椰油脂肪酸乙氧基甲基硫酸铵	2.7
磷酸钠	35.0
硅酸钠	1.0
硫酸钠	40.0
支链烯烃混合物（$\overline{M}=560$）	1.0
香精	0.3
水	5.0

该配方为中泡柔软洗衣粉。引自捷克专利252411。

（5）配方五

十二烷基苯磺酸钠	6.2
脂肪醇聚氧乙烯醚硫酸钠	4.9
牛油基硫酸钠	4.9
沸石（NaA）	25.0
水玻璃	2.0
纯碱	20.0
丙烯酰胺-丙烯酸共聚物钠盐	2.0
硫酸钠	29.0
香料	0.3
水	6.0

先制得的浆料，喷雾干燥后加入香料，得到流动性好、速溶的中泡无磷洗衣粉。引自欧洲专利申请书63399。

3. 主要原料规格

（1）硅酸钠

硅酸钠又称水玻璃、泡花碱。由不同量的 Na_2O 和 SiO_2 结合而成，故其化学式不定。商品以液体较为普遍。其性质随分子中 SiO_2 和 Na_2O 的比值不同而异。该比值称为模数。能溶于水，高模数的液体黏度很大。

外观	青灰色半透明稠状液体
相对密度	1.376～1.386
铁	≤0.02%
水不溶物	≤0.20%

（2）荧光增白剂

一般使用荧光增白剂 31#，也称挺进 31#，为有青光荧光的淡黄色粉末。可与阴离子、非离子型表面活性剂配伍使用。

荧光强度	为标准品的 100%±5%
水不溶物	≤0.5%
水分	≤5%

4. 生产工艺

与高泡型洗衣粉类似，先制浆，经研磨、过滤后，喷雾干燥，然后拌入香料即得。

5. 产品标准

外观	洁白颗粒状
视密度/（g/cm^3）	0.28～0.4
pH（1%的水溶液）	9.0～10.2
泡沫力（1%的溶液，40 ℃）/mm	100～120
去污力	高于指标洗衣粉

6. 产品用途

用于各种织物的去污洗涤。

7. 参考文献

［1］王玉德. 我国洗衣粉工业生产技术进展［J］. 中国洗涤用品工业，2010（5）：36-38.

4.3　低泡洗衣粉

洗涤剂由表面活性剂及若干助剂组成，表面活性剂为带有既亲水又亲油结构的表面活性剂，助剂则为改善洗涤效果的各种无机物（如三聚磷酸钠）、有机物（如香精、增白剂、酶制剂）等。

表面活性剂有 2000 种以上，其分子结构具有不对称性，由亲水的极性基和疏水的非极性（烃）基两部分组成。助剂主要有三聚磷酸钠、硅酸钠、硫酸钠等。三聚磷酸钠俗称五钠，为洗涤剂中最常用的助剂，与水中的钙、镁离子配位，有利油污分解，防止制品结块（形成水合物而防潮），使粉剂成空心状；硅酸钠俗称水玻璃，除有碱性缓冲能力外，还有稳泡、乳化、抗蚀等功能，亦可使粉状成品保持疏松、均匀和增加喷雾颗粒的强度；硫酸钠，无水物俗称元明粉，十水物则称芒硝，在洗衣粉中用量约40%，是一种主要填料；羧甲基纤维素钠简称CMC，可防止污垢再沉积，由于它带有多量负电荷，吸附在污垢上，静电斥力增加；月桂酸二乙醇酰胺有促泡和稳泡作用；荧光增白剂，如二苯乙烯三嗪类化合物，配入量约0.1%；过硼酸钠水解后可释出过氧化氢，起漂白和化学去污作用，多用作器皿的洗涤剂。

低泡洗衣粉就是在洗涤过程中产生泡沫少、泡沫消失快的一类复合配方洗衣粉。

1. 产品性能

低泡洗衣粉（low foam detergent powder）为洁白空心颗粒。泡沫少，去污力强，易于漂洗（省时、省力、省电）。

2. 技术配方

（1）配方一

直链烷基苯磺酸钠	10.0
α-烯基磺酸钠	10.0
纯碱	10.0
沸石	15.0
硅酸钠	10.0
皂基	2.0
荧光增白剂	0.1
香料	0.2
硫酸钠	28.7
水	5.6

（2）配方二

脂肪醇聚氧乙烯醚	4.0
甲氨基乙磺酸-十四烯基琥珀酐酰胺钠盐	1.0
硅酸钠	1.0
三聚磷酸钠	1.0
硫酸钠	13.0
香精	适量

采用干混法成型，引自美国专利US5034158。

（3）配方三

壬基酚聚氧乙烯醚	10.0
月桂醇聚氧乙烯醚硫酸钠	2.0
脂肪醇聚氧乙烯醚	10.0
皂料（钠皂）	4.0
聚醚L61	4.0
CMC-Na	1.0
水玻璃（模数2.4）	14.0
元明粉	60.6
三聚磷酸钠	70.0

FWA	0.2
对甲苯磺酸钠	4.0
着色剂、香料	0.2
水分	20.0

(4) 配方四

十二烷基苯磺酸钠	4.6
脂肪醇聚氧乙烯（3）醚	32.0
脂肪醇聚氧乙烯（7）醚	28.0
氮川三乙酸钠	8.8
羟基乙叉二膦酸四钠（HEDP-4Na）	2.4
水玻璃	118.4
纤维素醚	2.0
FWA	0.2
香料	适量
含水量	3.6

该低泡型无磷洗衣粉，引自联邦德国公开专利 3839602。

(5) 配方五

烷基苯磺酸钾	24.00
α-烯基磺酸钾	24.00
牛油皂	12.00
月桂烷基 E（15）P（3）型聚醚	3.00
月桂醇聚氧乙烯（20）醚	15.00
水玻璃	12.00
蛋白酶	1.50
纯碱	30.00
碳酸钾	30.00
沸石	60.00
亚硫酸钠	6.00
二氧化硅	0.03
二甲基硅氧烷	0.27
硫酸钠	61.20
水	21.00
香料	适量

该配方为低泡型加酶洗衣粉。

(6) 配方六

月桂醇聚氧乙烯（20）醚	40.0
4A 沸石	70.0
无定型氧化硅	20.0
酶	1.0
碳酸钠	61.4
荧光增白剂	1.0

聚丙烯酸钠	6.0
香精	0.6

该配方为低泡无磷加酶洗衣粉。

(7) 配方七

	(一)	(二)
壬基酚聚氧乙烯醚	6.0	4.0
脂肪醇聚氧乙烯醚	4.0	6.0
月桂硫酸钠	16.0	—
直链烷基苯磺酸钠	—	20.0
脂肪醇聚氧乙烯醚硫酸钠	—	2.0
皂料	4.0	6.0
聚醚 L61	4.0	4.0
CMC-Na	2.0	2.0
二甲硅油	2.0	—
纯碱	4.0	10.0
硫酸钠	47.6	41.6
水玻璃（模数 2.4）	10.0	10.0
三聚磷酸钠	80.0	70.0
对甲苯磺酸钠	—	4.0
FWA	0.2	0.2
香料、着色料	0.2	0.2
含水量	20.0	20.0

3. 主要原料规格

(1) 壬基酚聚氧乙烯醚

浅黄色的软膏状物质，可与阴离子、阳离子及其他非离子表面活性剂配伍。抗硬水能力较强，在宽的 pH 范围和较宽温度范围内都很稳定。具有乳化、去污、润湿和破乳作用。

	$n=9$	$n=12$
羟值/（mg KOH/g）	90±5	75±5
乙二醇	<5.0%	<0.5%
浊点（1%的水溶液）/℃	50～57	80～88
水含量	<0.5%	<0.5%
HLB 值	12.8	14.1

(2) 脂肪醇聚氧乙烯醚

白色至浅黄色液状物，溶于水，具有良好的去污、分散、脱脂、润湿和乳化性能。

指标名称	$n=7$	$n=9$
活性物	≥99%	≥99%
羟值/（mg KOH/g）	104±5	—
浊点/℃	77±3	68±5

聚乙醇	<3%	—
水分	<0.5%	≤0.5%
pH（1%水溶液）	5.5～7.5	6.0～7.5

(3) 羧甲基纤维素钠

羧甲基纤维素钠又称CMC-Na，白色纤维状或颗粒状粉末，有吸湿性。易溶于水及碱性溶液形成透明黏胶体，水溶液的黏度随pH、聚合度而异。不溶于乙醇、乙醚、丙酮等有机溶剂。

指标名称	FH6	FM6
钠（以Na计）	6.5%～8.5%	6.5%～8.5%
2%的水溶液黏度/（Pa·s）	0.8～1.2	0.3～0.6
水分	≤10%	≤10%
pH	6.5～8.0	6.5～8.0
氯化物（以NaCl计）	≤3.0%	≤3.0%

4. 生产工艺

将表面活性剂依次加入配料罐中，再加入皂料，搅匀，于60～70 ℃，加入其余物料，喷粉，风送，冷却后加入香料，包装。

5. 产品标准

外观	洁白或带色均匀颗粒
视密度/（g/cm^3）	0.4～0.5
泡沫（当时）高度/mm	≤100
去污力	大于指标洗衣粉
成品含水量	≤10%

6. 产品用途

可用于各类衣物的去污洗涤。可供洗衣机洗涤和手工洗涤。一般30 g洗衣粉加5 L水。

7. 参考文献

[1] 何建均. 一款低泡浓缩洗衣液的研制 [D]. 广州：华南理工大学，2016.

4.4　轻垢洗衣粉

技术配方（质量，份）

十二烷基苯磺酸盐	12.50
脂肪醇聚氧乙烯醚	3.50
钠皂	2.00

三聚磷酸钠	25.00
蛋白酶	0.65
顺丁烯二酐-甲基丙烯共聚物钠盐	1.50
荧水增白剂	0.01
硫酸钠	39.00
硫酸钠	39.00
消泡剂	1.50
香料	适量

该技术配方为欧洲申请专利 286342。

4.5 织物柔软洗衣粉

技术配方（质量，份）

烷基苯磺酸钠	6.2
牛油基醇聚氧乙烯（11）醚	1.0
硫酸钠	22.0
绿黏土	2.4
过硼酸钠	20.0
三聚磷酸钠	24.0
硅酸钠	8.0
二（牛油烷基）甲胺	3.8
二甲基二辛基氯化铵	1.6
CMC	0.4
马来酸-丙烯酸酯聚合物	1.7
消泡剂	2.7
香料	适量

该配方引自美国专利 4806253。

4.6 低磷洗衣粉

技术配方（质量，份）

十二烷基苯磺酸钠	4.90
肥皂	2.62
氢化牛油基醇聚氧乙烯（14）醚	1.30
硫酸钠	29.45
硅酸钠	5.90
三聚磷酸钠	19.60
四水合过硼酸钠	21.60

聚乙二醇	0.38

该配方引自法国公开专利 2617183。

4.7　弱碱性或中性非离子液体洗涤剂

液体洗涤剂可分两类：一类是弱碱性液体洗涤剂，它与弱碱性洗衣粉一样可洗涤棉、麻、合成纤维等织物；另一类是中性液体洗涤剂，它可洗涤毛、丝等精细织物。

弱碱性液体洗涤剂 pH 一般控制在 9.0～10.5，有的产品是用烷基苯磺酸钠和脂肪醇聚氧乙烯醚复配而成的，并加无机盐助剂制成高泡沫的液体洗涤剂。

弱碱性衣用液体洗涤剂常用的表面活性剂是烷基苯磺酸钠，它具有去污效果好和较强的耐硬水性，在水中极易溶解。这种表面活性剂在硬水中去污力随硬度的提高而减弱，因此需加入螯合剂除去钙、镁离子。在液体洗涤剂使用磷酸盐作螯合剂时，多采用焦磷酸钾，它对钙、镁离子的螯合能力不如三聚磷酸钠，但它在水中溶解度较大。此外，液体洗涤剂一般要求具有一定的黏度和 pH，所以还要加入无机和有机的增黏剂及增溶剂。

1. 技术配方（质量，份）

（1）配方一

这里弱碱或中性的区别，是根据是否添加硅酸钠而定，加硅酸钠的为弱碱性，不加的为中性。

壬基酚聚氧乙烯（9～10）醚	12
焦磷酸钾	18
硅酸钠	0～5
丙二酸	2～15
CMC	3
色素、香料、荧光增白剂、水	余量

（2）配方二

椰子油脂肪二乙醇酰胺	14
三聚磷酸钠	5
焦磷酸钾	5
异丙醇	3
水	73

以脂肪酸烷醇酰胺为主要成分的液体洗涤剂，特点是它和盐类共溶性强，可制成良好的洗衣用液体洗涤剂。

2. 参考文献

[1] 赵慧贤，姚晨之，台秀梅，等. 低泡浓缩液体洗涤剂的配制及性能研究［J］. 印染助剂，2018，35（6）：17-20.

4.8 高效型洗衣粉

技术配方（质量，份）

烷基苯磺酸钠	14～20
烷醇酰胺	1～3
三聚磷酸钠	30～45
二甲苯磺酸钠	2～3
水玻璃（粉）	5～9
CMC	0.6～1.0
过硼酸钠	10～30
荧光增白剂	0.2～0.5
芒硝	适量
水	加至100

4.9 细软型洗衣粉

技术配方（质量，份）

烷基苯磺酸钠	25～32
三聚磷酸钠	2～15
二甲苯磺酸钠	2～3
水玻璃（粉）	0.02
芒硝	适量
水	加至100

4.10 漂白洗衣粉

洗后的衣物等放在室外晾晒，很容易变色。为了防止这种现象，一般需要在洗涤剂中添加氧化剂和抗氧化剂（起漂白作用）。

1. 技术配方（质量，份）

（1）配方一

烷基苯磺酸钠	9.0
$C_{14\sim15}$直链伯醇乙氧基化	2.0
硅酸钠	15.0
沸石	16.0
过碳酸钠（四水盐）	16.0
钠皂	1.0

CMC	0.5
芒硝	32.0
荧光增白剂	1.1
添加剂	1.4
水	6.0

(2) 配方二

聚乙二醇	4.00
三聚磷酸钠	50.00
直链烷基苯磺酸钠	31.00
硅酸钠	10.00
过磷酸钠	20.50
荧光增白剂	0.90
抗氧化剂	0.20
硫酸钠	65.00
水	18.84

2. 参考文献

[1] 张贵民. 环保型光漂白剂在洗衣粉中的应用 [J]. 中国洗涤用品工业，2006 (1)：61-64.

[2] 高华，于兹东，黄祖亮. 稳定型消毒漂白洗衣粉的研制及性能实验 [J]. 青岛大学医学院学报，2001 (2)：95-98.

4.11　纤维织物用液体洗涤剂

1. 技术配方（质量，份）

(1) 配方一

直链烷基苯磺酸钠	30.0
癸基二乙醇胺氧化物	3.0
二甲基苯磺酸铵	5.0
水	62.0

(2) 配方二

直链烷基苯磺酸钠	20.0
聚氧乙烯（3）烷基（C_{14}）醚硫酸钠	5.0
聚氧乙烯（20）烷基（C_{12}）醚	3.0
聚丙二醇（n=20）	5.0
乙醇	5.0
香料	0.3
水	61.7

注：添加聚乙二醇以提高制品在低温时的稳定性。

2. 参考文献

[1] 刘守涛，张广煜. 液体洗涤剂连续配料工艺开发 [J]. 日用化学品科学，2017，40 (1)：23-26.

4.12 加酶液体洗涤剂

技术配方（质量，份）

原料	用量
直链烷基苯磺酸	13.7
三乙醇胺	8.50
聚氧乙烯（11）烷基（C_{16}～C_{19}）醚	20.0
聚氧乙烯（4）烷基（C_{12}～C_{15}）醚	10.0
蛋白酶	1.0
乙醇	1.0
饱和脂肪酸（$C_{18\sim24}$）	0.5
柠檬酸（调节 pH 为 7 的量）	1.0
硅酮络合物	0.1
水	加至 100.0

4.13 丝、毛用液体洗涤剂

1. 技术配方（质量，份）

(1) 配方一

原料	用量
直链烷基苯磺酸盐	13.4
油酸钾	2.4
椰子油二乙醇胺	0.6
焦磷酸钾	1.0
十六烷基二甲基胺氧化物	1.5
荧光增白剂	0.1
水	81.0

(2) 配方二

原料	用量
三聚磷酸钠	25.0
硅酸钠	2.0
CMC	2.0
EDTA	0.5
直链烷基苯磺酸	8.0
氢氧化钠（30%）	3.2
水	4.3

十二烷基硫酸钠	8.0
芒硝	46.0

2. 参考文献

[1] 王彤. 环保型液体洗涤剂的配制及性能研究 [J]. 科技经济导刊，2016 (25)：95.

4.14　细软织物用洗衣膏

洗衣膏也称浆状洗涤剂或膏状洗涤剂，产品为白色细腻的膏体，成分与重垢洗衣粉相近，优质膏体贮存不分层，总固体含量 55%～60%，优点是在水中溶解快。

1. 技术配方（质量，份）

(1) 配方一

直链烷基苯磺酸钠	40.0
氢氧化钠（45%）	11.4
芒硝	2.0
次氯酸钠（水溶液）	0.6
CMC	1.7
水	4.3

(2) 配方二

直链烷基苯磺酸	20.0
氢氧化钠（45%）	5.8
硅酸钠（Na_2O : SiO_2=1 : 2）(40%)	4.5
次氯酸钠（水溶液）	0.6
油酸二乙醇酰胺	1.5
CMC	2.5
水	65.1

2. 参考文献

[1] 董耀雄. 用几种新型助洗剂配制的洗衣膏 [J]. 中外技术情报，1996 (2)：31-32.
[2] 高效无磷杀菌洗衣膏 [J]. 中国乡镇企业信息，1995 (9)：16.

4.15　加酶无磷低泡洗涤剂

该洗涤剂含有沸石、两性化合物和酶，用于织物的洗涤。引自欧洲专利申请 314648。

1. 技术配方（质量，份）

脂肪醇聚氧乙烯醚	10.0

牛油烷基五羧基甘氨酸盐	11.0
三乙醇胺	4.0
聚丙烯酸酯	2.0
沸石（49%）	55.0
椰油烷基二亚氨基二丙酸盐	2.0
酶	0.5
水	14.5

2. 生产工艺

先将牛油烷基五羧基甘氨酸盐与椰油烷基二亚氨基二丙酸盐混合均匀，再与其余物料拌和得洗涤剂。

3. 产品用途

用于棉织物及其他织物的洗涤。

4.16 加酶漂白洗衣剂

该洗衣剂可有效地洗除棉织物上的无机染料、蛋白质及植物油污。引自欧洲申请专利341999。

1. 技术配方（质量，份）

脂肪醇聚氧乙烯醚（7）	1.00
脂肪醇聚氧乙烯醚（3）	3.00
三聚磷酸钠	23.00
十二烷基苯磺酸钠	9.00
硅酸钠	5.00
聚丙烯酸钠	2.00
荧光增白剂	0.25
乙二胺四酸	0.15
羧甲基纤维素	0.50
氯化钠	2.00
四乙酰乙二胺	3.00
硫酸钠	26.80
一水合过硼酸钠	0.01
Doguost2047	0.70
蛋白酶	0.40
消泡剂	3.00
香精	0.20
水	100

2. 生产工艺

采取喷雾干燥法得到粉料，再加入酶和香精。

3. 产品用途

与一般加酶洗衣粉相同。

4.17　中泡块状洗衣剂

该块状洗衣剂含有烷基苯磺酸钠、硅酸钠、方解石等，其硬度适宜，泡沫适中，去污力好。引自英国专利申请 221387。

1. 技术配方（质量，份）

原料	用量
烷基苯磺酸钠	2.000
硅酸钠	2.200
磷酸钠	0.500
方解石	3.200
荧光增白剂	0.020
蓝色染料	微量
香料	0.025
水	1.85

2. 生产工艺

采取高剪切混合，并挤压成型。

3. 产品用途

与肥皂类似。

4.18　块状杀菌洗衣剂

该洗衣剂含有杀菌剂苯氧基乙醇，具有洗涤去污杀菌消毒的功能。引自美国专利 5053159。

1. 技术配方（质量，份）

原料	用量
烷基苯磺酸钠	10～25
$C_{10\sim25}$ 脂肪醇硫酸钠	10～25
椰油酰胺基丙基氧化胺	3～5
三聚磷酸钠	15～30
碳酸钠	5～25

苯氧基乙醇	0.2～2.0
水	5～15

2. 生产工艺

混合拌料后，压制成型，得块状杀菌洗衣剂。

3. 产品用途

与肥皂相同，有去污和杀菌、消毒等多种功能。

4.19 块状合成洗衣剂

将合成的表面活性剂与添加剂调配，可制成像皂条一样的洗衣剂。引自英国专利申请2229448。

1. 技术配方（质量，份）

三聚磷酸钠	11.0
焦磷酸钠	4.0
椰油基醇硫酸钠	16.8
十二烷基苯磺酸钠	11.2
磷酸钠	10.0
硅酸钠	2.9
硫酸铝	4.2
方解石	25.5
水	13.5

2. 生产工艺

拌和均匀后，压条成型得到块状合成洗涤剂。

3. 产品用途

与肥皂类似，用于衣物的洗涤。

4.20 高效重垢洗涤剂

高效重垢洗涤剂一般含有较高的活性物，去污力比一般洗衣粉强，可洗涤各种不同的纤维织物。

1. 技术配方（质量，份）

十四烷基二甲基氧化胺二水合物	2.0
硅酸钠	0.8

羧甲基纤维素	0.2
三聚磷酸钠	4.0
芒硝	2.0
水	1.0

2. 生产工艺

先配成总固体为 50%～65%的料浆，经过滤、研磨、脱气，制成质地均匀的料浆，再经喷雾干燥制得洗衣粉。引自欧洲专利申请 421327。

3. 产品用途

与一般洗涤剂相同，可用于各种织物的洗涤。

4.21　强力粉状洗涤剂

该洗涤剂泡沫适中，去污力强，制作简单。引自美国专利 4761248。

1. 技术配方（质量，份）

三聚磷酸钠	4.49
碳酸钠	35.95
氯化钠	26.96
染料	0.04
羧甲基纤维素（CMC）	0.90
荧光增白剂（FWA）	0.11
硅酸钠（46%）	31.46
氮川醋酸钠	1.80
脂肪醇聚氧乙烯醚	6.86
香料	0.07
水	7.10

2. 生产工艺

先将染料、CMC、香料和 FWA 混合均匀。另将三聚磷酸钠、碳酸钠、氯化钠混合后，在混合器/附聚器中用染香料混合物处理，再依次用水、硅酸钠、氮川醋酸钠和脂肪醇聚氧乙烯醚处理，在热空气中老化 20 min 即得。

3. 产品用途

与一般洗衣粉相同。

4.22　高效漂白洗衣剂

该洗涤剂以烷基苯磺酸为基础，配以纯碱和三聚磷酸钠，配制简单，且有极强的去污漂白效果。

1. 技术配方（质量，份）

烷基苯磺酸（含量96%，$M=322$）	28.0
粉状碳酸钠	5.5
粉状磷酸钠	15.0
双氧水（30%）	2.0
香料	少量

2. 生产工艺

先将碳酸钠粉末与磷酸钠粉末混合。然后在搅拌下20 s内，往混合物中加入烷基苯磺酸，搅拌60 s后加入双氧水，反应1 min后加入香料即得。

3. 产品用途

与一般洗衣粉相同，但用量少即可将衣物洗净，去污力强。

4.23 合成洗衣粉专利配方

1. 技术配方（质量，份）

（1）配方一

钠皂	11.4
CMC	2.0
硅酸钠	10.0
硫酸钠	88.1
三聚磷酸钠	52.0
丁二酸二辛酯磺酸钠	1.5
荧光增白剂	0.6
氮川三醋酸钠	2.4
$C_{8\sim20}$脂肪醇聚氧乙烯醚	4.0
十二烷基苯磺酸钠	20
香料	适量
水	8

（2）配方二

$C_{13\sim18}$烷基苯磺酸钠（60%）	25.0
油酸	10.0
壬基酚聚氯乙烯醚	65.0
三聚磷酸钠	27.0
过硼酸钠	23.0
碳酸钠	3.0

硫酸钠	26.5
硅酸钠	10.0
香料、染料	1.7

（3）配方三

壬基酚聚氧乙烯醚（10）	5.0
三聚磷酸钠	26.7
十二烷基二甲基碱莱碱	3.0
硫酸钠	43.0
猪油脂肪酸皂（或其他皂）	5.0
碳酸钠	15.0
荧光增白剂	0.2
纤维素醚	2.0
香精	0.1

2. 生产工艺

（1）配方一的生产工艺

除香料外，其余物料捏合为浆料，喷雾得视密度为 0.44 g/cm^3 的洗衣粉。捷克专利 204381。

（2）配方二的生产工艺

将烷基苯磺酸钠（60%，含水 40%）、壬基酚聚氧乙烯醚和油酸在 60 ℃ 混合，呈透明的液相，取上层液相与其余物料干混，制得去污力强的洗衣粉。引自法国公开专利 2531723。

（3）配方三的生产工艺

采用干混法生产。该洗衣粉由于其中各种活性物的协同效果，使其具有去污力强、洗涤效果好的特点，尤其适用于在 40～50 ℃ 洗涤各种衣物。引自罗马尼亚专利 89267 配方。

4.24　蛋白酶合成洗衣粉

1. 技术配方

（1）配方一

二牛油烷基二甲基氯化铵	1.5
牛油脂肪酸钠	1.0
十二烷基苯磺酸钠	16.0
合成沸石	2.0
十四醇硫酸钠	3.0
硅酸钠	13.0
三聚磷酸钠	17.0
CMC	1.0

荧光染料	适量
碱性蛋白酶	0.5
碳酸钠	5.0
香料	微量
硫酸钠	36.0

（2）配方二

α-烯基磺酸钠 [w（C_{14}）：w（C_{16}）：w（C_{18}）=17%：50%：33%]	5
直链十二烷基苯磺酸钠	17
硅酸钠	6.0
亚硫酸钠	0.5
硫酸钠	40.6
聚乙二醇	1.5
水	4.0
沸石	15.0
碳酸钠	10.0
碱性蛋白酶	0.3
香料	少量

（3）配方三

烷基苯磺酸钠	15.8
碳酸钠	10.0
聚乙二醇	2.0
亚硫酸钠	1.0
硅酸钠	10.0
十水硫酸钠	31.0
脂肪醇硫酸钠	5.0
荧光增白剂	0.2
4A 沸石	15.0
碱性蛋白酶	10.0

该配方为无磷加酶洗衣粉。

（4）配方四

烷基苯磺酸钠	3～8
甲苯磺酸钠	2～9
硫酸钠	1.4～18.0
过硼酸钠	10～30
烷醇酰胺	1～3
荧光增白剂	0.2～0.8
三聚磷酸钠	30～45
碱性蛋白酶/（U/g）	600～2000
硅酸钠	5～9
羧甲基纤维素	0.6～1.0
芒硝、水	加至 100

2. 生产工艺

(1) 先将熔融的二牛油烷基二甲基氯化铵，在110～120 ℃与硫酸钠混合，喷雾冷却得粉状混合物，得到的粉状混合物与其余组成捏和成浆料，喷雾干燥后加入酶，得含酶洗衣粉。

(2) 配方二的生产工艺

采用干混法或喷雾干燥法制得颗粒状加酶洗衣粉。

3. 参考文献

[1] 夏良树. 复合酶在合成洗衣粉中的应用 [J]. 中南工学院学报，1999 (3)：33-38.

4.25 脂肪酶无磷洗衣粉

1. 技术配方

$C_{14\sim18}$ α-烯基磺酸钾	18.0
沸石	20.0
直链烷基苯磺酸钾 ($C_{10\sim14}$)	18.0
硅酸钠	4.0
脂肪醇聚氧乙烯醚 ($C_{12\sim13}$)	5.0
碳酸钾	10.0
亚硫酸钠	2.0
氯化钠	2.0
脂肪酶	0.6
碳酸钠	10.0
元明粉	5.0
水	7.0
氟树脂荧光增白剂	0.2

2. 生产工艺

采用干混法或喷雾干燥法，得含酶无磷洗衣粉。

3. 参考文献

[1] 李林. 用碱性蛋白酶和脂肪酶优化洗衣粉配方的研究 [J]. 日用化学品科学，2015，38 (8)：45-48.

4.26 高效增白洗衣粉

1. 技术配方（质量，份）

（1）配方一

烷基苯磺酸钠	9.0
硅酸钠	15.0
$C_{14\sim15}$直链伯醇乙氧基化物	2.0
沸石	16.0
过碳酸钠	16.0
钠皂	1.0
荧光增白剂	1.1
CMC	0.5
元明粉	32.0
添加剂	1.4
水	6.0

（2）配方二

聚乙二醇	4.0
硅酸钠	10.0
三聚磷酸钠	50.0
过磷酸钠	20.5
直链烷基苯磺酸钠	31.0
抗氧化剂	0.2
荧光增白剂	0.9
硫酸钠	65.0
水	9.4

（3）配方三

烷基苯磺酸钠	2.0
硅酸钠	30.2
皂料	0.4
ATDP	2.5
油基 PE 型聚醚	30.0
纤维素醚	2.0
氮川三乙酸	5.0
荧光增白剂	0.3
过硼酸钠一水合物	20.0
水	0.1

引自联邦德国公开专利 3842007。

（4）配方四

α-烯基磺酸钠	15.0

纯碱	10.0
十二烷基苯磺酸钠	20.0
元明粉	4.0
过硫酸氢钾	5.5
硅酸钠	10.0
沸石	25.0
香料	0.3
碳酸钾	10.0
水	11.0

2. 生产工艺

先将表面活性剂、沸石、碳酸盐、硅酸钠、元明粉和 5 份水混合后，再加 6 份水混合 6 min，然后加入平均粒径 150 μm 的过硫酸氢钾、香料混合 15 min，粉碎为 12～18 目的漂白洗衣粉。

3. 参考文献

[1] 高秀云. 荧光增白剂的性能比较及其对洗衣粉白度的影响 [J]. 日用化学品科学，2014，37 (10)：35-38.
[2] 马超，张贵民. 洗涤剂用光学增白剂的新品开发 [J]. 中国洗涤用品工业，2010 (2)：58-62.

4.27　脂肪醇洗衣块

这种块状洗衣剂由于添加了 $C_{12\sim18}$脂肪醇，可有效减少对衣物的磨损，其去污力和发泡性能优良。引自美国专利 5089174。

1. 技术配方

烷基苯磺酸盐	12
椰油醇硫酸盐	18
$C_{12\sim18}$脂肪醇	5
碳酸钠	20
硫酸钠	20
焦磷酸钠	10
碳酸钙	9
钛白	1
荧光增白剂	适量
水	3

2. 生产工艺

表面活性剂与 $C_{12\sim18}$脂肪醇混合后，加入其余物料捏合，经研磨后压制成块。

4.28 赋香洗涤剂

该洗涤剂添加了高沸点香精（101.325 Pa 下沸点≥230 ℃ 的香精含量应≥30%），能有效消除洗涤后的织物长期贮存产生的异味。

1. 技术配方（质量，份）

α-烯基磺酸盐（钾）	18.0
$C_{10\sim16}$烷基苯磺酸钾（$C_{10\sim16}$ABS-K）	18.0
$C_{12\sim13}$醇聚氧乙烯（3～7）醚（87%）	5.0
$C_{12\sim13}$醇聚氧乙烯（20）醚（AE20）	5.0
肥皂	2.0
沸石	20.0
香精（66%）	0.2
硫酸钠水合物	5.3
硅石	0.5
硅酸钠	4.0
碳酸钾	10.0
碳酸钠	10.0
亚硫酸钠	2.0

2. 生产工艺

采用干混工艺生产，并需研磨到细度要求。

3. 产品用途

与一般洗衣剂相同，且赋予衣物香味。

4.29 无磷粒状洗涤剂

这种无磷粒状洗涤剂引自联邦德国公开专利 3438654。该洗涤剂颗粒流动性好，贮存中不结块，能迅速溶于冷水，去污力强。

1. 技术配方（质量，份）

α-烯基磺酸钠（5%的水溶液）	2.00
C_{12}-烷基苯磺酸钠（5%的水溶液）	2.00
氢氧化钠（52%的水溶液）	0.60
荧光增白剂	0.05
羧甲基纤维素	0.20
沸石 A（20%的水溶液）	1.50
碳酸钠（<1%的水溶液）	3.00

2. 生产工艺

将上述各原料混合拌料后，再加 0.3 份碳酸钠混合研磨，制得直径<2 mm 的颗粒，加至转鼓中，再加 0.33 μm 沸石 A，制得无磷粒状洗涤剂。

3. 产品用途

与一般洗衣粉相同。

4.30　无磷酸盐洗衣粉

由于磷酸盐会造成水域污染，因此已广泛采用无磷洗衣粉。该类洗衣粉不加三聚磷酸钠或其他磷酸盐。

1. 技术配方（质量，份）

(1) 配方一

成分	用量
十二/十六脂肪醇聚氧乙烯醚硫酸钠	7.0
直链十二烷基苯磺酸钠	15.0
硫酸钠	30.0
合成沸石	20.0
牛油皂	3.0
碳酸钠	10.0
硅酸钠	5.0
聚乙二醇	2.0
羧甲基纤维素	1.0
荧光增白剂	0.5
水	7.0

(2) 配方二

成分	用量
α-烯基磺酸钠	1.5
沸石	1.5
C_{13}-脂肪醇聚氧乙烯醚硫酸钠	0.5
硅酸钠	0.5
C_{16}-L-磺化脂肪酯二钠	0.8
过碳酸钠	1.0
α-磺基硬化牛油脂肪酸酯钠	0.3
碳酸钠	0.3
七水硫酸钠	3.0
牛脂皂	0.1
香料	适量
水	0.5

(3) 配方三

成分	用量
失水山梨醇三油酸酯（30%）	2.0

芒硝	10.0
碳酸钠	40.0
羧酸钠	5.3
脂肪酸聚氧乙烯醚（AE）	1.6
硅酸钠	1.0

2. 生产工艺

（1）配方一的生产工艺

采用干混法将各物料按比例拌和均匀，即得去污力强、起泡性好的无磷洗衣粉。

（2）配方二的生产工艺

采用干混法制得粒状漂白洗涤剂。

（3）配方三的生产工艺

将碳酸钠、芒硝和硅酸钠混合，用失水山梨醇三油酸醇喷雾、干燥。再将混合物与羧酸钠和 AE 在 40 ℃ 混合 20 min，在 60 ℃ 干燥得粉状无磷洗涤剂。

3. 产品用途

与一般洗衣粉相同，用量视衣物污垢程度而定。

4. 参考文献

[1] 唐健. 无磷洗衣粉及其发展前景 [J]. 辽宁化工，2010，39 (1)：58-60.
[2] 刘伦，刘军海. 绿色环保型无磷洗衣粉配方的研制 [J]. 科技信息，2009 (3)：407-408.

4.31 活性物漂白洗涤剂

一般增白洗衣粉中适当加入增白剂（多为荧光增白剂），而漂白洗涤剂通常加入含有活性氧或活性氯的原料，以求达到漂白功能。

1. 技术配方（质量，份）

（1）配方一

$C_{11\sim12}$烷基苯二磺酸二钠	13.0
次氯酸钠（12%）	21.6
氢氧化钠	1.0
水	65.4

（2）配方二

N，*N*，*N*-月桂基二甲基-*N*-磺基丙基铵甜菜碱	1.5
月桂酸钠	1.0
氢氧化钠	2.0
次氯酸钠	4.0
蒸馏水	91.5

（3）配方三

过硼酸钠	75.0
C_{18}-脂肪酸聚乙二醇酯	2.0
蛋白酶	1.0
脂肪酶	0.5
碳酸钠	22.5

（4）配方四

$C_{10\sim15}$烷基苯磺酸钠	9
$C_{13\sim15}$烷基二甲基氧化胺	3
椰油皂	4
双氧水	3
甲苯磺酸钠	8
焦磷酸钾	20
蒸馏水	53

2. 生产工艺

（1）配方一的生产工艺

将各组分溶于水中，过滤即得透明的稳定的漂白洗涤剂，主要用于器皿洗涤。

（2）配方二的生产工艺

将各物料混合后分散于水中，即得成品。

（3）配方三的生产工艺

将粉料混合后加入酶，制得含酶的粉状漂白剂。

（4）配方四的生产工艺

将油相混合加热至 75 ℃，倒入溶有焦磷酸钾的 75 ℃ 水中，拌匀后于室温下加入双氧水。引自联邦德国公开专利 3906044。

3. 参考文献

[1] 张贵民. 环保型光漂白剂在洗衣粉中的应用 [J]. 中国洗涤用品工业，2006（1）：61-64.

[2] 周德藻，胡伟敏. 新型氧化漂白剂和彩漂洗衣粉 [J]. 杭州化工，1994（1）：29-34.

4.32　荧光增白洗衣粉

增白洗衣粉一般加有一种或几种复合的荧光增白剂，可使棉织物、合成纤维或羊毛织物增白。当荧光增白剂吸附在织物上后，能将光线中肉眼看不见的紫外线部分转变为可见光，从而达到增白效果。

1. 技术配方（质量，份）

醇醚硫酸钠	15.0

脂肪醇聚氧乙烯醚	24.0
碳酸钠	15.0
硅酸钠	24.0
三聚磷酸钠	60.0
羧甲基纤维素	3.0
硫酸钠	129.6
聚乙二醇	3.0
荧光增白剂 AMS	0.3
荧光增白剂 RHS	1.8
荧光增白剂 RBS	0.3
香料、着色剂	适量
水	18.0

2. 生产工艺

将醇醚硫酸钠、脂肪醇聚氧乙烯醚投入配料罐内，加入各种荧光增白剂，搅均匀。再加碳酸碱、三聚磷酸钠、羧甲基纤维素钠，搅拌均匀。再加入其他原料。香料在成型颗粒冷却后加入。

3. 产品标准

外观	洁白色或着色颗粒粉，具有芳香气味
乙醇溶解物	≥13%
视密度/（g/mL）	0.4～0.7
1%的溶液 pH	≥10.2
泡沫高度/mm	～150
含水量	≥8%
去污力	大于指标洗衣粉

4. 产品用途

同一般洗衣粉。洗涤时浸泡 15 min，以使织物充分达到去污和吸附荧光增白的目的。

5. 参考文献

[1] 张彪，范伟莉，何萍，等. 复配荧光增白剂对洗衣粉白度的增效作用研究 [J]. 中国洗涤用品工业，2009 (5)：72-74，77.

4.33 丝毛洗衣粉

这种洗衣粉供洗涤丝毛织物或精细织物之用。衣物洗后色泽鲜艳，手感好，纤维不收缩，强度不下降。衣物干后柔软、滑爽、挺括。泡沫中等，易于漂洗。

1. 技术配方（质量，份）

脂肪醇聚氧乙烯醚	8.0
烷基苯磺酸钠	24.0
六偏磷酸钠	20.0
硅酸钠（模数 3）	10.0
硫酸钠	97.8
羧甲基纤维素钠	2.0
荧光增白剂	0.2
肥皂粉	4.0
枸橼酸钠	10.0
三聚磷酸钠	12.0
水	12.0

2. 生产工艺

将脂肪醇聚氧乙烯醚和烷基苯磺酸钠投入配料罐，加温，搅拌均匀，加硫酸钠、羧甲基纤维素钠、磷酸盐等固体原料，搅拌。若黏度大，在加表面活性剂的同时加入计量的水。荧光增白剂先溶于水，最后加入料浆内。雾化前，控制料浆 pH。喷雾干燥得产品。

3. 产品标准

外观	白色或和着色颗粒
视密度/（g/cm^3）	0.35～0.60
1%的溶液 pH	7.2～8.5
泡沫高度/mm	≤130
含水量	不大于 10%
去污力	大于标准洗衣粉

4. 产品用途

洗时不必浸泡，只用于揉洗即可。

4.34　含酶液体洗涤剂

这种含酶液体洗涤剂。含有酶稳定剂硼酸和甲酸钠。配方引自美国专利 4537707。

1. 技术配方（质量，份）

$C_{12\sim14}$脂肪醇硫酸钠	2.050
$C_{12\sim14}$脂肪酸	0.130

脂肪醇聚氧乙烯醚	0.650
十六烷基三甲基氯化铵	0.100
乙氧基化四亚乙基五胺	0.150
淀粉酶	0.016
蛋白酶	0.075
1，2-丙二醇	0.625
乙醇胺	0.200
乙醇	0.775
氢氧化钠	0.136
氢氧化钾	0.864
甲酸钠	0.100
硼酸	0.100
蒸馏水	2.200

2. 生产工艺

将甲酸钠、硼酸、氢氧化钠、氢氧化钾溶于水加热至 75 ℃，其余组分混合后也加热至 75 ℃，将两者混合乳化即得。

3. 产品用途

与一般洗涤剂相同。

4.35 毛织物清洗剂

该清洗剂是一种新型干洗剂。

1. 技术配方（质量，份）

二甘醇油酸酯	0.2
粗汽油	2.0
四氯化碳	6.0
苯	1.8

2. 生产工艺

将上述各物料充分混合后，装入暗色的密闭玻璃瓶中。

3. 产品用途

与一般干洗剂相同。

4.36 毛纺和化纤织物用洗衣粉

毛纺制品和化纤织物做的衣服，都怕碱。所以，不宜用碱性强的肥皂或洗衣粉，因为这些要损伤毛料或化纤制的衣物，至少要缩短使用寿命。本品基本上为中性或微酸性，不但去污力强，还能保护毛纺、化纤制品衣服，延长使用寿命。

1. 技术配方（质量，份）

脂肪硫酸钠	20～40
羟甲纤维素	0.2～0.6
荧光增白剂	0.1～0.4
烷基苯磺酸钠	5～8
硫酸钠	少量
水	加至 100

2. 生产工艺

将上述原料加入混合器中，搅拌混合均匀，用保温罐保温脱水，喷雾干燥成粉，粉料包装即为成品。

3. 产品用途

与普通洗衣粉同，但毛制品用量宜少一些，脏处撒点干粉，立即轻搓即可。

4.37　通用型洗衣粉

1. 产品性能

通用型洗衣粉为白色或带色空心颗粒粉，适用于各种天然纤维和合成纤维织物的去污洗涤，泡沫丰富，去污力强。

2. 技术配方（质量，份）

(1) 配方一

直链烷基苯磺酸钠	30.0
皂料	3.0
月桂硫酸钠	11.0
脂肪醇聚氧乙烯醚	4.0
聚乙二醇（PEG）	2.0
聚丙烯酸钠	2.0
4A 沸石	15.0
纯碱	12.0
水玻璃	12.0
元明粉	2.0
水	7.0
香料	适量

制成浆料喷雾干燥，得到松密度 0.27 g/cm³ 的半成品，再与 1% 3 μm 的沸石在 V

型混合机中混合，拌入香料得洗衣粉。该洗衣粉具有良好的疏松流动性，去污力强。

（2）配方二

原料	用量
烷基苯磺酸钠	20.0
α-烯基磺酸钾	20.0
烷基苯磺酸钾	20.0
$C_{12\sim18}$脂肪酸钠（皂料）	4.0
脂肪醇聚氧乙烯醚	6.0
硅酸钠	10.0
碳酸钠	20.0
亚硫酸钠	4.0
碳酸钾	20.0
A沸石	40.0
香料	适量

这种无磷强力洗衣粉活性物含量≥32%，其洗涤去污能力是一般洗衣粉的2～3倍。

（3）配方三

原料	用量
烷基苯磺酸钠	40.0
水玻璃	10.0
硫酸钠	47.2
三聚磷酸钠	80.0
CMC-Na	1.6
香料	0.4
荧光增白剂（FWA）	0.6
水分	20.0

（4）配方四

原料	用量
烷基苯磺酸钠	10～15
皂料（钠皂）	2.0～5.0
水玻璃	5.0
羧甲基纤维素	0.5～1.0
三聚磷酸钠	40.0
荧光增白剂	0.4
香料	0.3
水分	10.0
硫酸钠	加至100

（5）配方五

原料	用量
十二烷基苯磺酸钠	30.0
脂肪醇聚氧乙烯醚	10.0
烧碱	3.0
水玻璃	10.0
羧甲基纤维素	1.0
硫酸钠	46.0
香料、色料	适量

该配方为无磷、无铝（无沸石）的合成洗衣粉。

（6）配方六

十二烷基苯磺酸钠	21.31
三聚磷酸钠	44.80
二硅酸钠	8.52
碳酸钠	23.40
CMC-Na	2.40
EDTA-4Na	0.78
颜料分散液	0.04
硫酸钠	29.00
荧光增白剂（FWA）	0.40
香料	0.50
水	11.97

预加热到 80 ℃ 以上，将三聚磷酸钠、碳酸钠、CMC、硫酸钠和荧光增白剂混合物，以 1.83 kg/min 的速度加入卧式流化床上，以 390 kg/min 速度喷入其余物料与水的混合物，最后加入香料，制得洗衣粉。引自欧洲专利申请 353976。

（7）配方七

十二烷基苯磺酸钠	4.90
钠皂	2.62
氢化牛油基醇聚氧乙烯（14）醚	1.30
硫酸钠	29.45
硅酸钠	5.90
四水合过硼酸钠	21.60
三聚磷酸钠	19.60
聚乙二醇	0.38
香料	0.30

该洗衣粉配方引自法国公开专利 2617183。

（8）配方八

	（一）	（二）
烷基苯磺酸钠	14～20	25～32
烷醇酰胺	1～3	—
三聚磷酸钠	30～45	2～15
芒硝	5～10	—
硅酸钠（粉）	5～9	0.02～1.00
羧甲基纤维素	0.6～1.0	—
二甲苯磺酸钠	2～3	2～3
过硼酸钠	10～30	—
荧光增白剂	0.2～0.5	0.1～0.4
香料	适量	适量

（9）配方九

直链烷基苯磺酸钠	3.75
元明粉	11.50

脂肪醇硫酸钠	1.25
脂肪醇聚氧乙烯醚	3.00
硅酸钠	4.00
过硼酸钠	18.00
三聚磷酸钠	30.00
脂肪伯胺	1.50
CMC－Na	1.80
香料	0.20

引自波兰专利154544。

(10) 配方十

钠皂	11.4
十二烷基苯磺酸钠	20.0
羧甲基纤维素	2.0
硫酸钠	88.1
琥珀酸二辛酯磺酸钠	1.5
脂肪醇聚氧乙烯醚	4.0
氮川三醋酸钠	1.5
硅酸钠	10.0
三聚磷酸钠	52.0
荧光增白剂	0.6
香料	0.4
含水量	8.0

除香料外的其余物料混合制浆，喷雾干燥后得到视相对密度为0.44 g/cm^3的洗衣粉。引自捷克专利204381。

(11) 配方十一

脂肪醇聚氧乙烯（8）醚	0.9
牛油脂肪醇聚氧乙烯（11）醚	1.3
直链烷基苯磺酸钠	4.9
四水合过硼酸钠	5.7
钠皂	2.5
三聚磷酸钠	5.2
硅酸钠	5.9
硫酸钠	34.3
酶	0.04
CMC-Na	3.0
香料	0.3

将牛油脂肪醇聚氧乙烯（11）醚、钠皂、直链烷基苯磺酸钠、硅酸钠、硫酸钠、CMC-Na与水拌和制浆，喷雾干燥，得到的粉粒与三聚磷酸钠、过硼酸钠、酶、香料混合，然后在搅拌下喷入脂肪醇聚氧乙烯醚，陈化24 h，得到去污力强、流动性好的低磷洗衣粉。引自欧洲专利申请139547。

（12）配方十二

脂肪醇硫酸盐（钠）	20.00
烷基醇酰胺	2.00
钠皂	68.00
CMC-Na	0.70
硅酸钠	1.00
三聚磷酸钠	4.00
碳酸钠	4.29
荧光增白剂	0.01
香料	0.30

采用干混法成型，得到去污力强、水溶性好的浓缩洗衣粉。引自苏联专利1266856。

（13）配方十三

脂肪酸钠皂	10.0
壬基酚聚氧乙烯（10）醚	10.0
十二烷基二甲基甜菜碱	6.0
纤维素醚	4.0
三聚磷酸钠	53.4
硫酸钠	86.0
碳酸钠	30.0
荧光增白剂	0.4
香料	0.2

该洗衣粉配方引自罗马尼亚专利89263。

（14）配方十四

	（一）	（二）
十二烷基苯磺酸钠	15.0～30.0	30.0
硅酸钠（粉）	5.0～15.0	7.0
三聚磷酸钠	10.0～35.0	30.0
碳酸钠	10.0～20.0	2.0
羧甲基纤维素	0.5～2.0	2.0
荧光增白剂	0.1～0.4	0.1
硫酸钠	30～35.0	22.0
含水量	1.0～15.0	6.9
香料	适量	适量

3. 主要原料规格

（1）皂料

皂料又称皂基、钠皂，油脂用烧碱皂化后，经盐析、洗涤、整理等工艺得到的比较纯的脂肪酸钠（肥皂）。

脂肪酸	≥60.0%
游离碱	≤0.2%

氯化钠	≤0.3%

（2）α-烯基磺酸盐

α-烯基磺酸盐又称 AOS，黄色透明液体，有较好的去污、乳化、发泡和钙皂分散性能。极易溶于水。对皮肤刺激性小。

活性物	38%～40%
未磺化物	<1.25%
NaCl	<1.0%
硫酸钠	<2.0%
pH	8.0～9.0
黏度（25 ℃）/（Pa·s）	<0.5

（3）聚乙二醇

平均分子量在 200～20 000 的乙二醇聚合物。有良好的吸湿性、润滑性和粘结性。无毒，无刺激。其性质因分子量不同而异。

外观	无色透明液体	白蜡状	白蜡状固体
羟值/（mg KOH/g）	244～303	178～196	107～118
分子量	370～460	570～630	950～1050
pH（5%的水溶液）	4.0～7.0	4.0～7.0	4.0～7.0
色值（APHA）	≤50	≤50	≤50
熔点/℃	—	20～25	37～40

4. 生产工艺

粉状或颗粒状合成洗衣粉目前主要有 3 种生产工艺：干式混拌法、固相中和法和喷雾干燥法。现使用最多的是喷雾干燥法，其次是干式混拌法。

干式混拌法也称冷拌成型法、混合成型法。依靠助剂的吸水作用，将活性表面剂均匀地喷淋黏附在细颗粒的助剂上。其技术关键是根据助剂吸水程度的不同，确定先后加料顺序，同时，边搅拌边喷淋活性物，以免在各固体助剂上吸附活性物不均匀。混合均匀后，经过筛选或研磨，直至粒度均匀。这种工艺生产过程及设备比较简单、方便，不需要加热干燥，节约能源，且成本低。一般小规模厂家可采用干式混拌法。但该法制得的成品颗粒大小不易均匀，质量不稳定。

喷雾干燥法主要工序包括配料（制料浆）、老化、脱气、喷雾干燥、加色赋香、包装。其中最重要的是配料工序。一般热敏性物料，如非离子表面活性剂、酶、香料、色料等应在喷雾干燥后以配料方式加入。

对料浆的基本要求是均匀无团块，有较高的固液比和适宜的稠度。一般来说，料浆含水量较低，成品粉的堆密度会大，反之，则堆密度较小，但含水量过高，细粉的量会大幅增加。在加料过程中，通常有 3 种原料应加以注意，即三聚磷酸钠、碳酸钠和羧甲基纤维素。三聚磷酸钠遇水后形成六水合物，三聚磷酸钠的水合是制得高质量成品洗衣粉所需要的，故希望三聚磷酸钠尽可能较快地发生水合，而又不至于形成硬块。通常应先将表面活性剂溶于水，再加磷酸盐以利分散水合并避免磷酸钠水解。有条件也可先将磷酸盐预水合至一定程度，使其生成六水合物。碳酸钠和水玻璃等碱性助剂应在磷酸盐分散均匀后再加入，防止磷酸钠较长时间处于碱性环境中，也可防止进一步水解。同时，后加碱性助剂不会使料浆稠度增大而影响喷雾操作。由于羧甲基纤维素具有增稠作用，故应在料浆制备的最后阶段加入，因为这时料浆中电解质浓度高，这种条件下羧甲基纤维素几乎不溶解，只是悬浮分散于料浆中。喷雾干燥过程是料浆通过高压泵和喷射器喷射成雾状粒子，与 200～300 ℃ 热风接触，在短时间内成为干燥的粒子。按照料浆粒子与热风的接触方式，分为顺流和逆流两种方式。

5. 产品用途

用于各种织物的去污洗涤。可用于手工洗涤，也可用于洗衣机洗涤。

6. 参考文献

[1] 谢绍伟. 高塔喷雾洗衣粉生产工艺的节能设计 [J]. 当代化工，2019，48 (2)：388-390，394.

[2] 莫嘉昕. 优化洗衣粉流动性能及抗结块性能的技术研究 [D]. 广州：华南理工大学，2017.

4.38　无磷洗衣粉

1. 产品性能

无磷洗衣粉（phosphate-free laundry detergent powder）中不含磷酸盐，因此不会导致水域富营养化。20 世纪 60 年代末，世界上出现了磷酸盐使水域特别是静水域的环境污染现象，对水生物由于富营养作用而受到伤害。因此，70 年代后期，美国、加拿大、瑞典、瑞士等国家为了减少磷酸盐对生态环境的破坏，相继规定合成洗涤剂中应限制或禁止使用磷酸盐。欧洲有些国家的粉状洗衣粉已完全实现了无磷化。

以纯非离子表面活性剂，或非离子与阴离子表面活性剂复配为活性物，加上磷酸盐代用品、碱性助剂等。常用的磷酸盐代用品有 4A 沸石、无水硅酸钠、碳酸钠、氮川三乙酸钠、氨基磺酸钠、硅铝酸钠、硫酸铝等。沸石虽然在污垢的分散作用和碱缓冲作用方面较三聚磷酸钠差，但它有许多优点，可以代替部分三聚磷酸钠。

2. 技术配方（质量，份）

（1）配方一

十二烷基苯磺酸钠	15.0
4A 沸石	20.0
十四醇硫酸钠	7.0
牛油皂	3.0
纯碱	10.0
硅酸钠	5.0
CMC－Na	2.0
荧光增白剂	0.5
硫酸钠	30.5

香精	适量
水	7.0

（2）配方二

烷基苯磺酸钠	18.0
非离子表面活性剂	8.0
钠皂	2.0
水合过硼酸钠	10.0
硅酸钠	10.0
Sokoan CP5	4.0
4A 沸石	60.0
芒硝	43.6
N，*N*-二乙酰基乙二胺	6.0
酶	1.0
荧光增白剂/抗污垢再沉积剂	2.0
消泡剂	1.5
香精	0.4
水	20.0

（3）配方三

$C_{14\sim18}\alpha$-烯基磺酸钠	15.0
氢化牛油皂	5.0
4A 沸石	17.0
纯碱	12.0
聚乙二醇（$M=1000\sim20\ 000$）	2.0
硅酸钠	0.2
双硬脂基二甲酯硫酸铵（50～300 μm）	1.5
香料	0.2
硫酸钠	37.3
水	4.0

该配方为无磷低泡洗衣粉。

（4）配方四

烷基苯磺酸钠	18.00
4A 沸石	44.00
脂肪醇聚氧乙烯醚	2.00
碳酸钠	24.00
丁二酸	6.68
丙烯酸-顺丁烯二酸共聚物	8.00
香料、色料	1.74
水	90.0

将表面活性剂、共聚物、4A 沸石、碳酸钠加入水中，混匀后加入丁二酸，制成浆料，喷雾干燥，再加香料、色料，得堆密度为 0.42 g/cm^3 的无磷洗衣粉。引自欧洲专利申请 242138。

(5) 配方五

	(一)	(二)
十二烷基苯磺酸钠	6.2	15.0
牛油基硫酸钠	4.9	—
烷基（w（C_{10}）：w（C_{16}）：w（C_{18}）＝50%：40%：10%）醇聚氧乙烯醚	—	7.0
牛油皂	—	3.0
沸石	25.0	20.0
碳酸钠	20.0	10.0
硅酸钠	2.0	5.0
CMC-Na	—	2.0
丙烯酰胺—丙烯酸共聚物钠盐	2.0	—
硫酸钠	29.0	30.5
香料	适量	适量
荧光增白剂	—	0.5
脂肪醇聚氧乙烯醚硫酸钠	4.9	—
水	6.0	7.0

配方（一）引自欧洲专利申请 63399。这种无磷洗衣粉流动性好，去污力强，可在冷水中速溶。

(6) 配方六

	(一)	(二)
烷基苯磺酸钠	3.5	20.0
α-烯基磺酸钠	—	10.0
烷基硫酸钠	5.5	—
烷基醇硫酸钠	5.5	—
3-甲基十六烷基磺酸钠	—	10.0
4A 沸石	25.0	20.0
硅酸钠 [$n(SiO_2)$：$n(Na_2O)$＝1.6：1.0]	4.0	—
硅酸钠	—	16.0
碳酸钠	6.0	5.0
碳酸钾	—	5.0
偏硼酸钠	6.5	—
芒硝	38.0	5.0
香料	适量	适量
水	6.0	10.0

配方（一）引自美国专利 4344871。采用干混法成型，该洗衣粉颗粒松散，溶解性好，抗污垢再沉积性优良。

(7) 配方七

α-磺化棕榈酸钠	30.0
氢化牛油皂	10.0
硅酸钠	12.0

碳酸钠	24.0
4A沸石	34.0
聚乙二醇	4.0
双 $C_{16\sim18}$ 烷基二甲基甲酯硫酸铵（50～300 μm）	3.0
香料、色料	0.6
硫酸钠	74.4
水	8.0

该无磷洗衣粉在 30 ℃、80％的相对湿度下长期贮存不结块。水溶性好，去污力强。

（8）配方八

	（一）	（二）
脂肪醇聚氧乙烯醚	17.50	11.00
纯碱	40.00	45.00
水玻璃	10.00	7.50
CMC-Na	1.00	1.00
硫酸钠	31.00	34.90
荧光增白剂	0.07	0.40
香料	0.23	0.10
色素	0.20	0.10

该无磷洗衣粉属重垢低泡型无磷洗衣粉。

（9）配方九

	（一）	（二）
烷基苯磺酸钠	10.0	25.0
柠檬酸三钠	—	25.0
碳酸钠	50.8	—
硅酸钠	8.0	5.0
过硼酸钠	10.0	—
CMC－Na	1.0	1.0
硫酸钠	20.0	44.0
荧光增白剂	0.2	—
香料	0.3	0.3

配方（一）为重垢型无磷洗衣粉，适用于洗涤棉麻织物。

（10）配方十

$C_{12\sim18}$ 脂肪酸钠（钠皂）	5.0
α-烯基磺酸钾（$C_{14\sim18}$）	10.0
脂肪醇聚氧乙烯醚	5.0
十二烷基苯磺酸钾	5.0
$C_{14\sim16}$ 脂肪酸甲酯磺酸钠	15.0
A沸石	20.0
烷基 $E_{12}P_{10}$ 型聚醚	0.2
碳酸钾	15.0

碳酸钠	15.0
酶	1.0
香料	0.3

采用干混法，制得高密度无磷洗衣粉。

(11) 配方十一

十二烷基苯磺酸钠	25.0
牛油皂	3.0
4A 沸石	15.0
聚磺苯乙烯	1.0
碳酸钠	15.0
CMC-Na	2.0
香料	0.3
水	3.6

(12) 配方十二

	(一)	(二)
直链烷基苯磺酸钠	3.52	—
脂肪醇聚氧乙烯醚	11.26	10.00
壬基酚聚氧乙烯醚	2.82	—
脂肪醇聚氧乙烯醚硫酸钠	—	5.00
芒硝	29.56	39.00
硅酸钠	12.07	—
碳酸钠	30.18	30.00
氮川三乙酸钠	10.05	—
碳酸氢钠	—	10.00
CMC-Na	0.53	1.00
香料	0.30	0.30
荧光增白剂	0.03	—
含水量	—	5.00

配方（一）尤其适用于棉、棉-聚酯混纺织物的去污洗涤。

(13) 配方十三

	(一)	(二)
烷基苯磺酸钠	17.5	15.0
脂肪醇聚氧乙烯醇	—	5.0
硅酸钠 [$n(Na_2O):n(SiO_2)=1:2.4$]	12.0	10.0
碳酸钠	30.0	20.0
硫酸钠	34.5	23.0
CMC-Na	2.5	2.0
荧光增白剂	0.5	—
碳酸氢钠	—	10.0
香料	0.3	0.3
含水量	3.0	5.0

配方（一）为洗衣机用无磷洗衣粉，适用于各种织物的去污洗涤。

(14) 配方十四

α-烯基磺酸钾（$C_{14\sim18}$）	18.0
直链烷基苯磺酸钾	18.0
脂肪醇聚氧乙烯醚	5.0
沸石	20.0
脂肪酶	0.6
氯化钠	2.0
碳酸钾	10.0
硅酸钠	4.0
碳酸钠	10.0
氟树脂荧光增白剂	0.2
香料	0.2
硫酸钠	5.0
亚硫酸钠	2.0
含水量	7.0

(15) 配方十五

烷基磺酸钠	3.00
聚合物助剂	1.20
硅酸钠	1.00
碳酸钠	0.50
羧甲基纤维素钠	0.10
芒硝	6.10
香料	0.04

聚合物助剂的制法：将80%的丙烯酸水溶液1250份、3%的过硫酸铵溶液422份和30%的次磷酸钠溶液267份加至3062份水中聚合，得到分子量为25 000的聚合物助剂。将聚合物助剂与其余物料干混成型得到洗衣粉。

(16) 配方十六

直链烷基苯磺酸钠	18.0
椰子油脂肪酰乙醇胺	3.0
高碳醇聚氧乙烯醚硫酸钠	7.0
硫酸钠	33.0
A沸石	12.0
碳酸钠	12.0
水玻璃	10.0
皂料	2.0
聚乙二醇	2.0
CMC-Na	0.5
荧光增白剂	0.3
香料、色素	适量

(17) 配方十七

十二烷基苯磺酸钠	5.70
脂肪醇聚氧乙烯醚	4.30
二硅酸钠	5.45
N，*N*-二乙酸钠氨基丙酸钠	9.00
4A 沸石	22.70
过硼酸钠	18.20
二硅酸镁	0.90
纯碱	10.90
氯化钠	2.50
硫酸钠	19.80
羧甲基纤维素钠	0.55

将 *N*，*N*-二乙酸钠氨基丙酸钠与阴离子、非离子表面活性剂混合，然后与其余物料捏合成型，得无磷洗衣粉。引自欧洲专利申请 356974。

(18) 配方十八

	(一)	(二)
$C_{12\sim15}$脂肪醇聚氧乙烯（3）醚	6.0	—
$C_{12\sim15}$脂肪醇聚氧乙烯（7）醚	5.0	—
脂肪醇聚氧乙烯醚	—	10.0
烷基苯磺酸钠	10.0	5.0
马来酐-甲基丙烯酸共聚物钠盐	5.0	—
碳酸钠	12.0	40.0
四水合硼酸钠	15.5	—
四乙酰乙二胺	4.0	—
硅酸钠	—	15.0
蛋白酶	1.0	—
脂肪酶	1.0	—
CMC－Na	—	2.0
硫酸钠	—	23.0
香精	0.3	0.3

(19) 配方十九

十二烷基苯磺酸钠	20.0
α-烯基磺酸钠	4.0
α-磺化牛油酸钠	8.0
聚乙二醇（PEG，*M*＝13 000）	4.0
沸石	30.0
硅酸钠	10.0
羧甲基纤维素钠（CMC-Na）	1.0
荧光增白剂（FWA）	1.0
酶（10 000 U）	20
硫酸钠	92.0
水	10.0

（20）配方二十

α-烯基磺酸钠	20.0
脂肪醇聚氧乙烯醚硫酸钠（$C_{12\sim15}$）	20.0
α-磺化脂肪酸酯钠	10.0
硅酸钠	20.0
沸石	20.0
羧甲基纤维素	2.0
香料	0.6
硫酸钠	88.0

3. 主要原料规格

（1）α-烯基磺酸钠

黄色透明液体，极易溶于水，对皮肤的刺激性小，具有优良的乳化能力、去污力、发泡力和钙皂分散力。

活性物含量	38%～40%
未磺化物	<1.25%
硫酸钠	<2.00%
氯化钠	<1.00%
pH	8.0～9.0

（2）α-磺化脂肪酸酯钠

α-磺化脂肪酸酯钠又称脂肪酸甲酯磺酸钠，微黄色膏状液体，用作洗涤剂、分散剂和乳化剂。倾点约 60 ℃，闪点大于 149 ℃。

活性物含量	29%～33%
未磺化物	≤1.0%
牛油皂	≤1.0%
氯化物	≤1.0%
硫酸盐	≤2.0%

（3）合成沸石

合成沸石又称分子筛（4A 型），白色固体颗粒，呈网状结构，内含均匀小孔，孔径 4.2/nm，比表面积约 600 m^2/g。不溶于水和有机溶剂，能溶解于强酸和强碱。吸附分子的能力很强，对钙、镁离子有交换能力，理论交换值为 352 mg $CaCO_3/g$，交换速度接近三聚磷酸钠。具有分散性能和抗再沉积性能，同表面活性剂有协同效应。对鱼类、藻类、人体都是安全无毒的。

指标名称	粉末状	球状
色泽	灰白	灰白
细度	20～40 目	4～6 mm
吸水量/（mg/g）	≥250	≥210
吸甲醇量/（mg/g）	≥180	≥160
耐磨强度	—	95%
表观密度/（g/cm^3）	—	0.7～0.8

（4）丙烯酸-马来酸共聚物钠盐

丙烯酸-马来酸共聚物钠盐又称丙烯酸-顺丁二烯酸共聚物钠盐，属 Sokalan CP 型聚合物分散剂，具有抑制表面积垢能力和抗再沉积能力。常代替磷酸钠，在洗涤剂中作为钙、镁的螯合剂和分散剂。

K 值	60
相应摩尔数	7000
含量	粉剂 92%
黏度（40%）/（mPa·s）	2800
pH（40%）	8

（5）氮川三乙酸钠

氮川三乙酸钠又称 NTA，一般为一水合物，白色粉状结晶。25 ℃时在水中的溶解度为 48.4%，1%的水溶液 pH 10.6～11.0。能与钙、镁等离子螯合，生成易溶于水的具有强结合力的螯合物。具有良好的缓冲、反絮凝和去污作用。对眼睛和皮肤有刺激作用。可代替磷酸钠用作洗涤剂助剂。

	粉状	40%的溶液
含量（一水合物）	≥99.0%	41.7%～43.9%
无水物	≥92.5%	39%～41%
氰化物（以 HCN 计）	≤0.0015%	≤0.0005%
pH（1%，25 ℃）	10.5～11.7	10.5～11.7
细度（16 目筛余）	<2%	

4. 生产工艺

一般采用干式混拌法成型或喷雾干燥法。具体参见通用型洗衣粉生产方法。干式混拌法：先将荧光增白剂、色料等加入表面活性剂内，搅拌均匀，再混入碳酸钠、沸石等助剂中，每加一种原料，应搅拌均匀。最后加入酶、香料。成型后用 10 目筛过筛，包装。

5. 产品标准

外观	洁白或着色颗粒，有芳香味
乙醇溶解	根据配方可±1%
视相对密度/（g/cm^3）	0.4～0.75
pH（1%）	10.6
含水量	一般<6%
去污力	大于指标洗衣粉

6. 产品用途

用于各种织物的去污洗涤。可适用于手工洗涤，也适用于洗衣机洗涤。

7. 参考文献

[1] 唐健. 无磷洗衣粉及其发展前景 [J]. 辽宁化工，2010，39（1）：58-60.

[2] 王珩，姜文勇. 新型无磷洗衣粉配方的研究 [J]. 应用化工，2005 (3)：189-191.

4.39 无磷无铝洗衣剂

1. 产品性能

20 世纪 70 年代初期，许多国家先后发现，由于合成洗衣粉中配入了大量磷酸盐，刺激了河道湖泊中水藻的迅速生长（水域富营养化），引起一系列环境污染，人们开始大力开发无磷洗衣粉。合成无磷洗衣粉，并非一件很容易的事，在所研究的一些磷酸盐代用品中，有的效果不佳（如碳酸钠），有的对人体有害（如氮川三乙酸钠），有的微生物降解性不好（如氨基磺酸钠），而乙二胺四乙酸钠价格昂贵。目前用量最大的代用品是含铝盐，如 4A 沸石、铝硅酸钠、高岭土、膨润土、明矾和硫酸铝。铝盐的危害，主要在于对生物产生慢性中毒。因此，有人认为，合成洗涤剂仅仅无磷化是不够的，还应当无铝化。

2. 技术配方（质量，份）

(1) 配方一

原料	用量
椰油脂肪酰单乙醇胺	4.0
α-磺化脂肪酸二钠	20.0
可溶胀层状硅酸钠	10.0
水玻璃	7.0
EDTA	0.2
CMC-Na	0.5
过硼酸钠	22.0
硫酸钠	30.0
香料	0.2
水	6.3

该配方引自联邦德国公开专利 3604039。该无磷无铝洗衣剂具有柔软洗涤效果。

(2) 配方二

原料	用量
十二烷基苯磺酸钠	11.8
脂肪醇聚氧乙烯醚	11.8
偏硅酸钠	14.9
羧甲基纤维素	2.0
纯碱	59.5
香料	适量

(3) 配方三

原料	用量
烷基磺酸钠	2.0
硅酸钠	16.0
脂肪醇聚氧乙烯醚	18.0
羧甲基纤维素	2.0

纯碱	110.0
过硼酸钠	4.0
硫酸钠	32.0
硼砂	2.0
香料	0.4
水	6.6

（4）配方四

壬基酚聚氧乙烯（9.5）醚	3.60
壬基酚聚氧乙烯（6.5）醚	1.92
丙烯酸-衣康酸共聚物	2.80
联苯二磺酸钠	0.03
聚丙烯酸	1.80
氢氧化钠（粒状）	1.20
氢氧化钠（50%）	11.20
水	0.53
香料	适量

将 50%的氢氧化钠溶液加热，加入壬基酚聚氧乙烯醚，然后加入分子量 500～15 000 的丙烯酸衣康酸共聚物，再加联苯二磺酸钠和水，在维持一定温度下加入粒状氢氧化钠，缓慢加入中和后的聚丙烯酸预防形成凝胶，搅拌 15～20 min，得无磷无铝重垢洗涤剂。

（5）配方五

烷基 EP 型聚醚	45.0
EDTA-2Na	0.8
甘油	1.5
荧光增白剂	0.1
尿素	2.0
香料	0.1
水	50.5

将水投入配料罐中，搅拌下加入聚醚 [n（EO）：n（PO）＝88：12]、荧光增白剂、香料、EDTA-2Na、尿素和甘油，搅拌均匀后包装，得低泡家用洗涤剂。

（6）配方六

	（一）	（二）
十二烷基苯磺酸钠	15.0	15.0
脂肪醇聚氧乙烯醚	6.0	5.0
硅酸钠	24.0	5.0
碳酸钠	20.0	—
氢氧化钠	—	1.5
羧甲基纤维素	2.0	0.5
硫酸钠	29.0	23.0
荧光增白剂	0.5	—
香料	0.5	0.2

水	3.0	—

(7) 配方七

	(一)	(二)
脂肪醇聚氧乙烯醚	11.8	9.0
脂肪醇硫酸钠	11.8	1.0
偏硅酸钠	14.9	—
水玻璃	—	8.0
过硼酸钠	—	3.0
碳酸钠	59.0	55.0
羧甲基纤维素	2.0	—
硫酸钠	—	16.0
香料	0.3	0.3
水	—	8.0

(8) 配方八

十二烷基苯磺酸钠	30.0
十二醇硫酸钠	18.0
纯碱	40.0
枸橼酸钠	50.0
硅酸钠	10.0
碳酸氢钠	20.0
羧甲基纤维素钠	2.6
滑石粉	14.4
荧光增白剂（FWA）	0.4
香料	0.4
色素	0.2
水	14.0

(9) 配方九

	(一)	(二)
烷基苯磺酸钠	15.0	20.0
脂肪醇聚氧乙烯醚硫酸钠	6.0	—
硫酸钠	29.0	35.0
钠皂	—	6.0
碳酸钠	20.0	—
硅酸钠	20.0	26.0
聚乙二醇	1.5	—
对甲苯磺酸钠	1.5	—
CMC-Na	1.0	1.0
荧光增白剂	—	0.3
香料	0.3	0.3
水	6.0	11.5

（10）配方十

烷基苯磺酸钠	4.3	8.0
脂肪醇硫酸酯钠	10.7	—
脂肪醇聚氧乙烯醚	0.5	10.0
聚醚类羧酸酯	32.9	—
碳酸钠	20.3	40.0
硅酸钠	5.8	10.0
对甲苯磺酸钠	1.0	—
CMC-Na	—	1.0
荧光增白剂	—	0.1
香料	0.2	0.1
硫酸钠	—	30.8
水	24.5	—

3. 主要原料规格

（1）椰油脂肪酸单乙醇酰胺

椰油脂肪酸单乙醇酰胺又称椰油脂肪酰单乙醇胺，淡黄色薄片状固体，不易溶于水，同肥皂和其他表面活性剂混用时，可溶于透明溶液。具有稳泡、增黏、浸透、去污和抗硬水性能。生物降解率达 97.3%。

总胺值	≤10%
色泽（APHA）	<400
凝固点/℃	67～71
pH（10%的醇水溶液）	8.5～9.5

（2）烷基磺酸钠

烷基磺酸钠浅黄色液体或固体，在较宽 pH 范围内稳定。对皮肤刺激性小，无毒。生物降解性优于直链烷基苯磺酸钠。具有很好的去污力、泡沫性、乳化力和润湿性能。

产品外观	微黄液体	浅黄膏状	浅黄片状
活性物	30.0±0.3%	60.0±0.5%	93.0±0.5%
二磺酸	3.6%	7.2%	11.2%
硫酸钠	≤2%	≤4%	≤6.5%
烷烃含量	≤0.3%	≤0.5%	≤0.7%

（3）柠檬酸钠

柠檬酸钠又称枸橼酸钠，白色晶体或粒状粉末，相对密度 1.857（23.5 ℃）。150 ℃ 失去结晶水。溶于水，不溶于乙醇，水溶液 pH 为 8.0。在潮湿空气中受潮，在热空气中产生风化现象。具有络合性含量 96%～98%。

（4）偏硅酸钠

偏硅酸钠又称硅酸钠、水玻璃、泡花碱，见中泡洗衣粉中的主要原料规格。

4. 产品用途

用于各种衣物的去污洗涤。

5. 参考文献

[1] 夏秀花，张彪，马尚文. 无磷无铝洗衣粉的研究 [J]. 河南大学学报（自然科学版），1995 (2)：45-49.

4.40 毛织物洗涤膏

该洗涤膏含有脂肪醇黄原酸盐、苯磺酸钠、非离子表面活性剂、羧甲基纤维素等。引自波兰专利 149200。

1. 技术配方（质量，份）

原料	用量
脂肪醇黄原酸钠	516
脂肪醇聚氧乙烯（18）醚	413
羧甲基纤维素	413
烷基苯磺酸钠	1549
磷酸	1652
乙二胺四乙酸钠盐（EDTA-Na）	188
色素	20～40
水	4118

2. 生产工艺

将黄原酸钠、磺酸钠、EDTA-Na 溶于水中，然后加入其余物料，搅拌得到膏状洗涤剂。

3. 产品用途

与一般洗衣膏相同。

4.41 钾皂洗涤液

该洗涤剂含有油酸钾，烷基苯磺酸钾。其 pH<12，贮存稳定，去污洗涤性优良。引自欧洲专利申请 346993。

1. 技术配方（质量，份）

原料	用量
脂肪醇聚氧（6.5）乙烯醚	3.6
油酸钾	5.5
十二烷基苯磺酸钾	4.0
二硅酸钠	2.0
椰油酸二乙醇酰胺	2.0
4A 沸石	21.6

柠檬酸钠二水合物	6.8
水	49.1

2. 生产工艺

将各物料按配方比依次投入水中，搅拌分散均匀即得。

3. 产品用途

用于织物洗涤，与液体洗衣剂相同。

4.42　衣领净

这种洗剂能有效地除去衣领、袖口上的斑迹和油性污垢，但不损伤衣物，产品为透明或着色的乳状液体，具有乳化、增溶、润湿等性能。

1. 技术配方（质量，份）

	（一）	（二）
脂肪醇聚氧乙烯醚（*n*-7）	5.0	6.0
脂肪醇聚氧乙烯醚（*n*-10）	10.0	8.0
烷基酚聚氧乙烯醚	2.0	10.0
脂肪醇聚氧乙烯醚硫酸钠	3.0	2.0
乙缩丙二醇乙酸酯	5.0	5.0
液体酶制剂	1.0	—
酶稳定剂	0.1	—
溶剂甲	10.0	10.0
溶剂乙（低沸点烷烃）	5.0	5.0
乳化剂	—	1.0
去离子水	53.0	59.0

2. 生产工艺

先将烷基酚聚氧乙烯醚、脂肪醇聚氧乙烯醚（*n*-7）、脂肪醇聚氧乙烯醚（*n*-10）混合，加热至 40 ℃。把脂肪醇聚氧乙烯醚硫酸钠用少量水溶解，加到上述溶液中，充分搅拌均匀。再加除酶制剂外的其余原料，搅拌，最后加酶制剂。用三乙醇胺调 pH 至 9～10，最后加去离子水即可。

3. 产品标准

外观透明或着色的乳状液体，具有香味

润湿力/s	<60
黏度/（Pa·s）	10

4. 产品用途

使用时将衣领净擦在领口或袖口上，稍等片刻，手搓或小刷子轻刷，使污垢分散，再进行机洗或手洗。

5. 参考文献

[1] 李秋芳，周传检，唐红艳，等. 衣领净去污性能的评价及配方开发 [J]. 中国洗涤用品工业，2012 (2)：72-75.

4.43 重垢织物干洗剂

这种干洗剂比纯全氯乙烯的去污力高 25%～30%，可用作重垢毛织物的干洗。引自捷克专利 218305。

1. 技术配方（质量，份）

全氯乙烯	3.875
脂肪醇聚氧乙烯醚（4）磷酸铵（$C_{12\sim18}$）	3.625
脂肪醇聚氧乙烯醚（$C_{12\sim18}$）	2.500

2. 生产工艺

将脂肪醇聚氧乙烯醚于搅拌下溶于全氯乙烯中，然后加入脂肪醇聚氧乙烯醚（4）磷酸铵（$C_{12\sim18}$），得到均匀的重垢织物干洗剂。

3. 产品用途

与一般干洗剂相同。

4.44 高效除垢干洗剂

这种干洗剂除垢率为 62.6%，而市售一般干洗剂的去垢率为 39.6%。它可以有效地洗除去油溶性污垢和水溶性污垢。

1. 技术配方（质量，份）

聚氧乙烯失水山梨醇单烷基醚	0.5
二烷基芳基磺酸盐	1.5
烷基芳基硫酸盐	0.1
三氯三氟乙烷	6.5

2. 生产工艺

将各物料按配方比混合均匀即得。

3. 产品用途

与一般干洗剂相同。

4. 参考文献

[1] 许磊. 环保型羊毛织物干洗剂的应用研究 [J]. 纺织科技进展，2007 (5)：17.

4.45　厨房用洗涤剂类型及组成

1. 厨房用洗涤剂类型

厨房用洗涤大体上可分为三类：第一类是洗涤生鲜食品，如水果、蔬菜等用的洗涤剂；第二类是洗涤餐具用的洗涤剂；第三类是洗涤炊具用的洗涤剂，如按用途分，可以分为两大类，即食品用清洗剂和食器清洁剂，统称为厨房用洗涤剂。总之，在食品和食器上玷污的污垢性质和被洗物的种类多，而且在生理卫生方面又有严格要求，所以厨房用洗涤剂的组成成分和洗涤方法有其特殊性。

2. 厨房用洗涤剂的组成

厨房用洗涤剂要求具有去污性外，还要求具有杀菌、消毒性能。烷基苯磺酸盐系表面活性剂的去污力很强，但是对手和皮肤有刺激性，不适于作为厨房洗涤剂的原料。脂肪酸烷基醇酰胺对手和皮肤的刺激性很小，近几年来广泛地用作厨房用洗涤剂的主要原料，它对洗涤餐具效果显著。

表面活性剂中的两性活性剂和阳离子活性剂兼有去污和杀菌功能。经过洗涤可以把大部分污垢和微生物洗掉，对于残留的少数微生物，一般使用少量的杀菌剂。具有杀菌作用的化学药剂主要有季铵盐、两性表面活性剂、过氧化氢、醇类、氯系杀菌剂、甲醛、臭氧、碘系化合物。

季铵盐是阳离子表面活性剂，是表面活性剂中杀菌力最强的。作为洗手和食品加工设备的消毒用，使用浓度为 0.01%～0.10%。由于担心毒性，一般不直接洗涤食品。

两性表面活性剂它具有阳离子活性基，也有杀菌作用，它的毒性仅是阳离子表面活性剂的 1/10，而且刺激性和气味很小，可用来洗涤牛奶瓶、奶品加工用具等。杀菌力和去污力较强的两性表面活性剂，如十二烷基二氨基乙基甘氨酸盐（DAG）的去污力并不比肥皂、高碳醇硫酸盐差，而且它的杀菌力强，特别是革兰阳性菌和革兰阴性菌的杀菌力更强。

过氧化氢市场销售的一般是 35%（容量）的水溶液，这时具有较强的氧化力。对食品和食器作为杀菌使用的浓度一般为 1%～7%。

醇类，如甲醇、乙醇、丙酸等，在一定浓度条件下具有较强的杀菌力。乙醇、丙醇毒性低，但价格较高。

氯系杀菌剂，如氯、二氧化氯、氯胺、漂白粉、次氯酸钠等，最常用的是次氯酸钠，价钱便宜，缺点是氯臭味太强。

甲醛水（含甲醛 37%）加热后成气体，毒性较强，不能直接作为食品杀菌剂，一般用于密闭的作业室和发酵罐的气体杀菌及机械设备的杀菌。

臭氧具有很强的氧化、杀菌作用的气体，价格较高。

磺系化合物杀菌力强、无臭、毒性低，可替代氯系化合物作为杀菌剂使用。但价格较贵。

3. 参考文献

[1] 罗希权，魏斌. 厨房用洗涤剂 [J]. 中国洗涤用品工业，2010 (1)：91－92.

4.46 厨房用洗涤剂的质量指标

1. 质量指标

在食品上附着的污垢，不单单是泥土和尘埃等，还附着有可怕的病原菌和寄生虫，都是传播各种疾病的媒体。特别是近年来，田间大量使用农药，残留在水果和蔬菜上的农药，对人体的影响不可忽视。有时还可能有放射性灰尘污染田间作物，更应引起注意。

在食器（餐具和炊具）上附着的污垢，主要是油性污垢和蛋白质、淀粉污垢。油腻、锅垢、煤气垢，以及变性的蛋白质等黏附物等是很难除去的。

用于食品和食器的洗涤剂，一般要求具有下列性能：①必须安全无毒害。用洗涤剂洗涤食品或食器，必然会有少量或微量的洗涤剂残留在被洗物上，很容易从口进入人体内部，所以要求厨房用的洗涤剂必须安全无毒害。②在常温下洗涤能充分发挥去污效力。有些食品，如生鲜食品不宜在加温下洗涤，需要在常温下使用的洗涤剂。③中性洗涤剂。对水果、蔬菜中含有的维生素、酶及其他营养成分，在洗涤时不能受到损伤，须是中性的洗涤剂，pH 应在 6.0～8.0。④无异臭味。食品是讲究色、香、味的，如果洗涤剂中含有异臭味，不仅影响食品风味而且降低产品价值。⑤对手和皮肤无刺激，不皲裂。一般家庭洗涤食品和食器是用手洗，每日达数次，因此所使用的洗涤剂必须对手和皮肤无刺激。⑥溶解性好。一般洗涤食品和食器不能使用机械搅拌，所以加入水中的洗涤剂，必须能迅速溶解。

2. 产品标准

厨房用合成洗涤剂分为液体、粉状和粒状 3 种，一般产品标准如下。

项目	标准要求
表面活性剂	15%以上
pH (25 ℃)	6.0～8.0
表面张力 (25 ℃) / (N/cm)	$<40\times10^{-5}$
荧光增白剂	无检出物
甲醇/ (mg/g)	<1
金属类/ (μg/g)	砷 0.05 铜 1.0 锌 1.0 锡 1.0 铅 0.1 锰 0.3 铁 0.3 Cd (Ⅵ) <0.05
生物降解度	>85%

* 表面活性剂指阴离子表面活性剂和非离子表面活性剂。

注：①pH、表面张力和金属的含量测定是用标准使用浓度 (g/L)。

②色素、香料、漂白粉和酶，必使用 FAO/WHO 食品添加物专门委员会认可的方法，此外不准使用。

③生物降解度适用于阴离子表面活性剂。

3. 参考文献

[1] 陈孟植. 厨房用洗涤剂 [J]. 现代化工，1995 (4)：59.

4.47　果蔬用洗涤剂

1. 产品性能

该洗涤剂为均匀液体，能有效洗涤和杀灭生鲜水果、蔬菜上的寄生虫卵、细菌等，但对人体无毒害；对水果、蔬菜中含有的维生素、酶及其他营养成分，在洗涤时不受到损伤。pH 在 6.0～8.0。

2. 技术配方（质量，份）

(1) 配方一

成分	份
柠檬酸钾	30.0
油酸三乙醇胺盐	15.0
乙醇	10.0
磷酸钾	3.0
水	42.0

引自德国公开专利 4023418。

(2) 配方二

成分	份
甘油单柠檬酸酯	6.0
山梨酸钾	0.5
可溶性淀粉	5.0
大豆卵磷脂	2.0
水	87.5
香料	0.3

该配方引自欧洲专利申请 271189。

(3) 配方三

成分	份
月桂酸钾	18.0
月桂醇聚氧乙烯醚硫酸酯	5.0
月桂酰二乙醇胺	2.0
甲基纤维素	0.2
水	74.8

(4) 配方四

成分	份
月桂硫酸钠 (50%)	25.0
月桂醇硫酸酯三乙醇胺 (50%)	25.0

香料	0.3
水	49.7

将各物料分散于水中即得果蔬清洁剂。用该配方产品的0.5%水溶液洗涤水果、蔬菜，可以洗掉90%以上附着在蔬果上的寄生虫卵，而用水洗只能洗掉40%～70%。同样对于洗涤附着在蔬菜上的农药也有显著效果。对附着于草莓上细菌的洗脱率，用水洗只能洗掉25%以下，而用该产品的0.5%水溶液洗涤可洗掉95%以上。

(5) 配方五

酰基-β-丙氨酸钠	10.0
二硬脂酸聚乙二醇酯（$\overline{M}$=9000）	0.5
脂肪醇聚氧乙烯（5）醚硫酸钠	10.0
酰基谷氨酸三乙醇胺	10.0
安息香酸钠	0.5
乙醇	5.0
香料	0.1
蒸馏水	63.9

(6) 配方六

蔗糖脂肪酸酯	15.0
羧甲基纤维素钠（CMC-Na）	0.2
葡萄糖酸	5.0
枸橼酸钠	10.0
苯甲酸钠	0.5
乙醇	10.0
水	59.3

其中的蔗糖脂肪酸酯是由植物再生资源油脂与蔗糖反应制得的，是一种完全易降解的表面活性剂，其生物降解度达100%，其水解产物不仅无害，而且还有营养成分。

(7) 配方七

汉生胶	1.0
富马酸	30.0
甘油单癸酸酯	5.0
乙醇（95%）	10.0
水	54.0

(8) 配方八

十二醇硫酸钠	0.50
乙氧基化甘油单/双脂肪酸酯	0.10
双乙酰基酒石酸单甘油酯	0.10
柠檬酸三钠	0.25
碳酸氢钠	0.30
碳酸钠	0.20
柠檬油	0.50
山梨酸钾	0.05

乙醇	5.00
吐温-20	1.00
丙二醇	0.50
苯甲酸钠	适量
水	91.33

该果蔬洗涤剂安全无毒，洗后去残留物，洗涤去污效果好。引自欧洲专利申请 512328。

（9）配方九

黄胶原	1.0
月桂酸蔗糖酯（pH<5）	5.0
富马酸	30.0
乙醇（95%）	10.0
精制水	54.0

先将水加热至 60～70 ℃，加入富马酸搅拌溶解，然后加入黄原胶搅拌至溶解后备用。另将月桂酸蔗糖酯加入乙醇中，搅拌溶解，然后于搅拌下加至前述水溶液中，均质后包装。用于果蔬杀菌和消毒洗涤时，可稀释成 1%的溶液使用。

3. 主要原料规格

（1）吐温-20

化学名称聚氧乙烯失水山梨醇单月桂酸酯，琥珀色油状物，具有乳化、扩散、润湿作用，易溶于水、稀酸、稀碱、乙醇、乙醚、芳烃和氯化烃类溶剂、酮类、乙二醇等。

皂化值/（mg KOH/g）	45～55
酸值/（mg KOH/g）	≤2
羟值/（mg KOH/g）	90～110
HLB 值	16.7
含水量	≤30%

（2）月桂酸蔗糖酯

月桂酸蔗糖酯又称蔗糖月桂酸酯，乳白色软蜡状固体。易溶于乙醇、丙酮。对眼睛、皮肤刺激性小，无毒，易被微生物降解。具有乳化、分散和洗净作用。

酸值/（mg KOH/g）	≤5.0
游离糖（以蔗糖计）	≤10%
水分	≤4%
灰分	≤1.5
pH	7.0±0.5
HLB	12～13

（3）山梨酸钾

山梨酸钾化学名己二烯-2，4-酸钾，无色或白色鳞片状结晶性粉末，无臭或稍有臭气。在空气中不稳定，能被氧化着色。易溶于水，溶于乙醇。有吸湿性，几乎无毒。

含量（干基）	98.0%～101.0%

酸度（以山梨酸计）	≤1%
碱度（以碳酸钾计）	≤1%
砷（As）	≤0.0002%
重金属（以 Pb 计）	≤0.0020%
干燥失重	≤1.0000%

(4) 富马酸

富马酸又称延胡索酸、反丁烯二酸，白色结晶性粉末，稍溶于冷水，溶于热水、乙醇。加热至 300 ℃ 失水成酐。具有良好的杀菌效果。

总酸值（一级品）	>99%
熔点/℃	282～285

4. 生产工艺

一般是将各物料分散于水中，均质后，必要时过滤，包装。

5. 产品质量

均匀的液体，无浑浊分层现象。气味芳香宜人。安全无毒，具有杀菌、消毒、去污功能。对皮肤无刺激。

6. 产品用途

稀释后用于水果、蔬菜的杀菌、去污、洗涤。

7. 参考文献

[1] 葛洪，汪世新，陆自强，等. 植物源蔬果农药残留洗涤剂的研究 [J]. 扬州大学学报，2003 (4)：86-89.

4.48 膏状合成清洗剂

1. 技术配方

(1) 配方一

钾皂（钠皂）	280
5%的明胶蛋白水解物 [V（水）：V（乙醇）=1：1]	100
羟苯乙酯	5
玻璃粉（0.01～0.10 mm）	457
石英粉（0.01～0.10 mm）	75
薰衣草香精	少量
水	55

(2) 配方二

脂肪醇聚氧乙烯醚（AE）	7.0

脂肪酸-一缩二乙二醇-甲醛缩合物	7.0
邻苯二甲酸甲酯异丁酯	25.0
膨胀珍珠岩	10.0
石英砂	7.0
凡士林油	10.0
碳酸钙	14.0
三聚磷酸钠	5.0
合成卵磷脂	3.0
苯甲酸钠	0.7
CMC	3.0
香精	0.3
水	10.0

2. 生产工艺

(1) 配方一的生产工艺

将各物料混合，搅拌捏合成均匀膏状。这种清洗剂主要用于厨房餐具和工业卫生设备的清洗，系波兰专利 120563。

(2) 配方二的生产工艺

将 AE、缩合物和邻苯二甲酸酯相混合，在加热条件下进行乳化，然后加凡士林油等其余物料，配成混合物匀化后包装，得到能迅速除去污垢的肤用清洁膏。引自捷克专利 225449。

4.49　手洗餐具洗洁精

1. 技术配方（质量，份）

(1) 配方一

烷基磺酸钠（93%）	49.92
丁羟基甲苯	0.02
脂肪醇聚氧乙烯醚硫酸钠（70%）	26.55
$C_{9\sim15}$脂肪醇聚氧乙烯醚（7）	5.00
乙醇	17.32
香料	0.94
EDTA-4Na	0.25

(2) 配方二

三氯异氰脲酸	1.9
三聚磷酸钠	50.0
脂肪醇聚氧乙烯醚	2.0
石蜡	0.1
硅酸钠	50.0
香料	微量

(3) 配方三

成分	用量
乙二胺四乙酸二钠（EDTA-2Na）	80.00
羧甲基纤维素钠	20.00
染料	0.01
二甲苯磺酸钠	20.00
三聚磷酸钠	30.00
氢氧化钠	240.00
香精	微量
水	1600.00

(4) 配方四

成分	用量
壬基酚聚氧乙烯醚	45.0
羧甲基纤维素（62.5%）	27.0
硅酸钠	45.0
烷基苯磺酸钠（34.4%）	130.8
碳酸钠	135.0
NaA 型沸石	90.0
水	427.2

(5) 配方五

成分	用量
烷基苯磺酸钠（60%）	25
脂肪酸二乙醇酰胺	5
水	70

(6) 配方六

成分	用量
烷基苯磺酸钠（60%）	25
烷基酚聚氧乙烯醚	7
脂肪酸二乙醇酰胺	7
乙醇	6
水	55

(7) 配方七

成分	用量
脂肪酸聚氧乙烯醚硫酸钠	18.0
尿素	4.0
仲烷基磺酸盐	12.0
七水合硫酸镁	2.5
椰油脂肪酸单乙醇酰胺	4.0
脂肪醇聚氧乙烯醚	6.0
香料	微量
水	53.5

(8) 配方八

成分	用量
妥尔油聚氧乙烯醚	2
硅酸钠（五水盐）	12
倍半碳酸钠（或碳酸钠）	64
三聚磷酸钠	22

（9）配方九

二甲苯磺酸钠	4.0
乙醇	5.8
直链烷基苯磺酸钠	23.0
聚乙二醇（400）	0.1
月桂乙醇胺盐和肉蔻酸乙醇胺盐	5.0
聚氧乙烯（3）烷基（$C_{12\sim15}$）醚硫酸铵	13.0
色素、香料	2.8
水	46.3

2. 生产工艺

（1）配方一的生产工艺

将各物料充分混合均匀，得表面活性剂 65%的浓缩液体餐洗剂。引自欧洲专利申请书 109022。

（2）配方二的生产工艺

将三聚异氰脲酸加热到 50 ℃，在 50～52 ℃ 喷涂石蜡。将涂有石蜡的三氯异氰脲酸与其余物料混合，得餐具洗涤剂。引自联邦德国公开专利 3424764。

（3）配方三的生产工艺

向反应器中加入水、EDTA-2Na、三聚磷酸钠，搅拌并维持 40～45 ℃，然后隔 10 min 加 1 次（共加 3 次）羧甲基纤维素钠，搅拌至完全溶解，加二甲苯磺酸钠。反应物冷至 30 ℃，加氢氧化钠，控制投料速度，使反应混合物温度保持 50～60 ℃。冷至 25 ℃，加染料、香料。成品稳定处理 12～24 h 后过滤，得液体餐具和厨房设备洗洁精。引自波兰专利 110106。

（4）配方四的生产工艺

在 50 ℃ 水中加入壬基酚聚氧乙烯醚，再加 CMC 匀化后加烷基苯磺酸钠，搅拌均匀，加硅酸钠和碳酸钠，匀化后加沸石（3～4 μm），搅拌 100 min，制得餐具悬浮洗洁剂。引自罗马尼亚专利 96377。

3. 参考文献

[1] 朱丽琴，肖柳婧，姚泽，等. 洗洁精生产配方及生产工艺研究 [J]. 云南化工，2018，45 (7)：32-36.

4.50　餐具自动清洗机用洗洁精

餐具根据水的硬度添加碱性助剂，对于软水，应添加硅酸钠和碳酸钠；对中等硬度的水，应添加焦磷酸钠。对硬水应添加三聚磷酸钠和强碱性的如硅酸钠之类的混合物，也可添加葡萄糖酸钠。洗涤机对洗涤剂的要求无泡。要尽量少用活性剂，较多地使用碱性添加剂和磷酸盐等助剂，以增强去污效果。

1. 技术配方

（1）配方一

硅酸钠	12.0
倍半碳酸钠	64.0
三聚磷酸钠	22.0
非离子表面活性剂	2.0

（2）配方二

加酶制剂的柠檬酸	3.0
CMC	1.0
w（脂肪醇聚氧乙烯）：w（聚氧丙烯）＝20%：80%的嵌段聚合物（$\overline{M}$=12 500）	25.0
α-淀粉酶 4%的水溶液	20.0
水	51.0

（3）配方三

三聚磷酸钠	33.20
硫酸钠	10.40
硅酸钠	22.48
香料	0.17
脂肪醇聚氧乙烯醚	2.04
碳酸钠	30.00
二水合二氯异氰尿酸酸钠	1.78
直接黄（色料）	0.02

（4）配方四

三聚磷酸钠（六水盐）	57.92
无水硅酸钠	18.87
三氧化硼	5.66
柠檬香料	0.10
三氯异氰尿酸钾	1.51
芒硝	3.77
色素	0.12
氯化钠	2.78
丙二醇	0.03
硅酸镁	7.54
水	0.28
直链伯醇聚氯丙烯（3）/聚氧乙烯（6）醚	1.42

（5）配方五

硅酸钠（58～60°Bē）	59
氢氧化钾	9
膦酸钠（50%的溶液）	2

聚羧胺钠（25%的水溶液）	20
次氯酸钠（12%的氯）	10

引自联邦德国公开专利 13832989。

（6）配方六

三聚磷酸钠	8.5
三聚磷酸钾	5.4
白土（0.001～1.000 μm）	3.5
交联丙烯酸聚合物	0.2
次氯酸钠溶液	1.3
硅酸钠	21.0

适用于自动洗碟机，引自欧洲专利申请 407187。

（7）配方七

硅酸铝镁	0.020
交联聚合丙烯酸	1.400
聚碳酸盐（低分子量）	12.150
聚丙烯酸钠	4.500
硅酸钠	5.000
色料	0.004
次氯酸钠（12%）	8.000
水	68.900

这种自动洗碗机用液体洗洁精贮存稳定，在机内分散性好。引自欧洲专利申请 2052602。

（8）配方八

过硼酸钠十水合物	7
脂肪醇聚氯乙烯醚	1
N，*N*-二羧甲基丙氨酸	25
硅酸钠	57
碳酸钠	10

引自联邦德国公开专利 4036695。

（9）配方九

氢氧化钾	4.8
聚丙烯酸钠	2.0
EDTA-4Na	10.0
硅酸钠	15.0
碳酸钾	5.0
水	63.2

（10）配方十

烷烃（C_{15}）磺酸钠	52.6
沸石（4A 型）	47.4

（11）配方十一

油酸钠	25.0
偏磷酸钠	25.0
磷酸二氢钠	10.0
氢氧化钠	1.0
元明粉	38.9

pH 须调整为 10.0 以上。本配方对油性污垢的去污力较强。

2. 参考文献

[1] 韦小兰. 机洗餐具洗涤剂现状及发展趋势分析 [J]. 清洗世界，2019，35（5）：73-74.

4.51 温和餐具洗涤剂

这种餐具洗涤剂对皮肤温和，洗涤性能好。

1. 技术配方（质量，份）

十二醇硫酸钠（C_{12}AS-Na）	1.5
月桂酸二乙醇酰胺	0.5
EP 型聚醚	0.1
水	7.2

2. 生产工艺

将各物料分散于水中，匀质后过滤，得到对肌肤温和的餐具洗涤剂。

3. 产品用途

与一般餐具洗涤剂相同。

4. 参考文献

[1] 李兰盈，魏斌. 浓缩型餐具洗涤剂的调制 [J]. 中国洗涤用品工业，2011（6）：53-55.

4.52 餐具消毒洗涤剂

这种餐具消毒洗涤剂含有过氧化物，具有优良的杀菌消毒及清洁作用。引自德国公开专利 4124372。

1. 技术配方（质量，份）

三磷酸铁钾	1.5～1.8

硅酸钠	0.90～1.10
氢氧化钾（45%）	1.90～2.10
七水合硫酸镁/硼砂	0.05～0.15
双氧水（30%）	0.05～0.15
水	4.0～5.4

2. 生产工艺

将固体物料溶于水中，加入 45% 的氢氧化钾和双氧水，混合均匀后，过滤、包装。

3. 产品用途

用于洗碗机中洗涤碗、碟。

4.53　餐具清洗机用漂洗剂

技术配方

（1）配方一

脂肪醇聚氧乙烯（9）/聚氧丙烯（5）醚	16.0
柠檬酸	35.0
乙醇	7.0
水	42.0

本漂洗剂可在 50 ℃ 以上温度使用。

（2）配方二

脂肪醇聚氧乙烯-聚氧丙烯嵌段聚合物	82.0
异丙醇	6.0
丙二醇	6.0
水	6.0

4.54　烤炉用清洗剂

1. 技术配方

（1）配方一

无水硅酸钠	50.0
焦磷酸钠	10.0
碳酸钠	20.0
碳酸氢钠	15.0
铬酸钠	5.0

(2) 配方二

组分	质量份
氢氧化钠 (50%)	18.00
聚丙二醇甲酸酯	5.86
硅酸铝镁	1.30
四氢糠醇	12.00
苯氧基异丙二醇	0.14
钛白粉	0.50
水	62.20

该配方用于灶面清洗，引自美国专利4686065。

(3) 配方三

组分	质量份
氨基乙醇	3.0
脂肪醇聚氧乙烯醚	5.0
1，3-二甲基-2-咪唑啉酮	10.0
水	82

(4) 配方四

组分	质量份
氢氧化钠	60.0
碳酸钠	25.0
直链烷基苯磺酸钠	15.0

2. 使用方法

使用时用水稀释50倍，加热至60～65 ℃。用于油炸锅清洗。

4.55 玻璃容器清洁剂

技术配方（质量，份）

(1) 配方一

组分	质量份
氢氧化钠	55.0
硅酸钠	20.0
碳酸钠	17.0
葡糖酸钠	5.0
阴离子表面活性剂 (60%)	3.0

(2) 配方二

组分	质量份
葡萄酸钠	2
丁二酸二异辛酯磺酸钠	6
月桂基甘油聚氧乙烯醚	4
水	88

4.56　乳制品容器洗涤剂

技术配方（质量，份）

(1) 配方一

成分	份
直链烷基苯磺酸钠（40%）	10.0
辛基酚聚氧乙烯醚	4.0
三聚磷酸钠	25.0
硅酸钠	10.0
元明粉	51.0

本品为碱性洗涤剂。

(2) 配方二

成分	份
改性的聚氧乙烯加成物	5.0
氢氧化钠	10.0
硅酸钠（无水）	30.0
碳酸钠	30.0
三聚磷酸钠	25.0

本配方适用作鲜奶输送管道洗涤剂。

(3) 配方三

成分	份
异丙醇	25.0
乙二醇	12.0
甲基溶纤剂	8.0
氯化铵	3.0
硼砂	5.0
异辛基酚聚氧乙烯醚	4.0
卡必醇	2.0
氢氧化钠	1.0
氨	3.0
烷基三甲基氯化铵	10.0
EDTA	0.5
水	26.5
十六烷基三甲基氯化铵	0.5
氮川三醋酸	20
己基乙氧基（8）醚乙酸钠	3.0
氢氧化钠	4.0
水	72.5

本配方用作乳制品设备杀菌洗涤用。该配方引自联邦德国公开专利 3639885，也适用于食品制造、酿造、果汁等设备杀菌、清洗使用。

4.57 抽油烟机除垢剂

抽排油烟机使用一段时间后，机体及叶轮上都结有坚硬而厚实的油脂和烟垢，其主要成分为动植物油脂及其氧化物和分解物。一般餐具洗涤剂或去污粉都无法获得满意的洗涤效果。该除垢剂根据抽油机上污垢特点，选用具有优良的润湿性、渗透性、乳化去污效果好的 AEO、TX-10 两种非离子表面活性剂，以乙二醇醚类溶剂（如乙二醇单丁醚、二乙二醇单乙醚）与水溶液配伍，加以无机助剂及其他助剂，从而可以获得优良的除垢清洗效果。

1. 技术配方（质量，份）

脂肪醇聚氧乙烯醚（AEO_9）	4.0
TX-10	5.0
6501 清洗剂	3.0
三乙醇胺	1.0
二乙二醇单乙醚	1.5
乙二醇单丁醚	2.0
纯碱	4.0
三聚磷酸钠	5.0
香精	0.5
色素	适量
水	74.0

2. 生产工艺

将 AEO、TX-10、6501 清洗剂、三乙醇胺和水加入搪瓷釜内，搅拌使其混合均匀并全溶。再加入有机溶剂乙二醇单丁醚、二乙二醇单乙醚。将无机盐溶解后加入釜内，使其均匀混合。然后再入色素、香精充分搅拌，均匀后静置，包装即得。

4.58 瓷砖地面清洗剂

该清洗剂用于瓷砖地面，尤其是餐厅地面的清洗，可提高打滑地面的静摩擦系数。引自美国专利 4749508。

1. 技术配方（质量，份）

磷酸（85%）	2.0
磷酸二氢钠	20.0
氯化钠	4.0
三聚磷酸钠	0.5
水	55.2
柠檬酸	12.0

酸性焦磷酸钠	0.5
二甲苯磺酸钠（40%）	4.8
壬基酚聚氧乙烯醚（9.5）	1.0

2. 生产工艺

先将磷酸、柠檬酸加入水中，然后将 4 种无机盐溶解于水中，再加入其余组分，搅拌均匀得酸性地面清洗剂。

3. 产品用途

用于瓷砖等硬地面清洗。

4.59　水磨石地面擦洗剂

该擦洗剂含有非离子表面活性剂和阳离子表面活性剂，能有效地擦洗餐厅等公共场所水磨石地面的污垢。

1. 技术配方

十二醇聚乙烯醚（C_{12}AE）	50.00
十二烷基二甲基苄基氯化铵	10.00
香精	1.00
水	933.00
羟乙基纤维素	5.00
三乙醇胺	0.05
色料	0.10

2. 生产工艺

将 C_{12}-AE、十二烷基二甲基苄基氯化铵、三乙醇胺溶于 60～70 ℃热水中，然后加入色料，40 ℃加入香精即得。

3. 产品用途

用布醮取擦洗。

4.60　重垢器皿洗涤剂

该洗涤剂以皂料为主要活性物，辅以磺酸盐、淀粉和无机助剂，可用于器皿、餐具、玻璃制品的清洗。

1. 技术配方（质量，份）

肥皂（66%）	55

肥皂（72%）	25
淀粉	3
三聚磷酸钠	3
磺酸盐粉	8
碳酸钠	1
碳酸氢钠	5

2. 生产工艺

取磺酸盐粉和碳酸钠在混合器中分散 5 min。向其中加入碳酸氢钠和三聚磷酸钠，继续分散得到不结块的粉状为止。在另一混合器内将两种肥皂混合加热至 90 ℃，将上述混合粉加至其中，混至色泽均匀，加入淀粉，继续混合至形成弹性物，辗压、成型后切块。

3. 产品用途

用于器皿等洗涤，用量视污垢多少而定。

4.61 厨房用清洗剂

1. 技术配方（质量，份）

(1) 配方一

脂肪醇聚氧乙烯醚硫酸钠	10.0
α-烯基磺酸钠	5.0
椰油酸二乙醇胺	5.0
环糊精	0.5
香料	0.2
水	79.3

(2) 配方二

直链烷基苯磺酸钠	5.0
碳酸钙	30.0
香精	0.4
己基卡必醇	5
碳酸钠	1
水	58.6

2. 生产工艺

(1) 配方一的生产工艺

将各物料溶于水中，得到厨房用清洗剂。

(2) 配方二的生产工艺

将烷基苯磺酸钠、碳酸钙、碳酸钠溶于水一醇混合液中，加入香精得到擦洗膏。

3. 产品用途

(1) 配方一所得产品用途

这种厨房用清洗剂去油垢力强，由于添加了环糊精，从而降低了对皮肤的刺激性。与一般厨房用液体洗涤剂相同。

(2) 配方二所得产品用途

该厨房油垢擦洗膏不含增塑剂，适于去除厨房油垢及浴缸污垢，用于硬表面的擦洗。易冲洗，洗后光洁。引自欧洲专利申请 329209。

4.62　去油污剂

该剂主要以有机溶剂为基料，辅以磨料和表面活性剂，具有很好的去污效果。

1. 技术配方（质量，份）

(1) 配方一

汽油	60.00
乙醇	2.50
细滑石粉	6.35
香精	少量
丁酮	1.00～3.00
三氯乙烯	17.00
氯化铵	0.10
高分散硅胶	14.00
烷基苯酚聚氧乙烯醚	0.50～1.00

(2) 配方二

松节油	12.0
乙基溶纤剂	6.5
马铃薯淀粉	11.0
三氯乙烯	52.0
乙醇	12.0
气硅胶	6.5

2. 生产工艺

(1) 配方一的生产工艺

将各固体料分散于混合溶剂中即得。

(2) 配方二的生产工艺

先将松节油、三氯乙烯、乙基溶纤剂和乙醇混合得到混合溶剂，再加入淀粉和气硅胶、分散均匀得到老油垢清除剂。

3. 配方二所得产品用途

该清除剂对长期积存的老油垢有特殊的消除效果，其中含有混合有机溶剂、淀粉和硅胶。蘸取清除剂反复擦洗老油垢。

4.63 烤箱油垢清洁剂

1. 产品性能

附着于烤箱的油垢用普通洗涤剂很难洗掉，必须使用强力溶剂或强碱擦洗。烤箱清洁剂有溶剂型和强碱型两种，溶剂型对人体皮肤安全性好，一般适于家庭使用，强碱型主要用于工业。常用的溶剂有卡必醇和溶纤剂。

2. 技术配方（质量，份）

（1）配方一

单乙醇胺	4.0
乙二醇二丁醚	5.0
高碳醇聚氧乙烯醚	2.0
水	89.0

（2）配方二

壬基酚聚氧乙烯醚	0.3
羟乙基纤维素	2.0
单乙醇胺	4.5
硫酸	1.5
乙醇聚氧乙烯醚	6.0
水	85.7

该配方引自联邦德国公开专利3229018。

（3）配方三

氢氧化钠	4.0
月桂酰胺聚氧乙烯	5.0
壬基磺基酚聚氧乙烯（9）醚硫酸钠	3.0
壬基酚聚氧乙烯（9）醚硫酸钠	3.0
水	85.0

（4）配方四

氢氧化钠	40.0
聚乙二醇	30.0
枸橼酸钠	5.0
葡萄糖酸钠	5.0
丙二醇	10.0
二甘油	10.0

（5）配方五

	（一）	（二）
五水合硅酸钠	1.5	2.0

二甲苯磺酸钠（40%）	1.5	—
氢氧化钠（45%）	42.0	—
氢氧化钠（50%）	—	15.0
磷酸酯	4.0	2.5
水	51.0	80.5

（6）配方六

氢氧化钾（45%）	22.0
丙烯酸乳液共聚物（42%，增稠剂）	6.0
浓缩表面活性剂	3.0
水	69.0

（7）配方七

两性表面活性剂	4.0
壬基酚聚氧乙烯醚	4.0
丁基卡必醇	1.0
偏硅酸钠	4.0
无水碳酸钠	2.0
水	85.0

将各物料依次加入 50 ℃ 热水中，分散均匀，得溶剂型烤箱清洗剂。

（8）配方八

无水硅酸钠	50.0
焦磷酸钠	10.0
碳酸钠	20.0
碳酸氢钠	15.0
铬酸钠	5.0

将各物料混合均匀即得，尤其适用于食品烤箱托盘油垢的擦洗。

（9）配方九

氢氧化钠	25.0
烷基苯磺酸钠	5.0
乙二醇单甲醚	30.0
水	40.0

将各物料加入水中，溶解分散均匀，得到强碱型烤箱净洗剂，适用于厨房炊具重油垢的去污洗涤。

（10）配方十

氢氧化钠	17.2
羧甲基纤维素	12.8
黄樟油	0.1～0.3
水	170.0

3. 主要原料规格

（1）氢氧化钠

氢氧化钠又称苛性钠、烧碱、火碱，固体烧碱呈白色块状、片状或粒状，熔点

318.4 ℃。有很强的吸湿性，能吸收空气中的CO_2转变为碳酸钠。易溶于水，也溶于乙醇、甘油、甲醇。水溶液无色透明有滑腻感，呈强碱性，腐蚀性极强，能严重侵蚀皮肤、织物和玻璃。

含量	≥95.00%
碳酸钠	≤1.80%
氯化钠	≤3.30%
三氧化二铁	≤0.02%

(2) 乙二醇二丁醚

乙二醇二丁醚又称1，2-二丁氧基乙烷，无色液体，微有气味。凝固点−69.1 ℃，沸点203.6 ℃，闪点85 ℃。微溶于水，可与有机溶剂相混。

沸程/℃	202～205
相对密度	0.833～0.838

(3) 乙二醇单甲醚

乙二醇单甲醚又称甲基溶纤剂。无色透明液体。有愉快气味。凝固点68 ℃，自燃温度288 ℃。可溶于水、乙醇、乙醚、甘油、丙酮和DMF（*N*，*N*-二甲基甲酰胺）。

沸程（122.5～125.5 ℃馏出量）	≥95.0%
相对密度	0.960～0.965
酸值/（mg KOH/g）	≤0.09
折射率	1.401～1.403

(4) 其余物料规格

参见餐具洗涤剂中主要原料规格。

4. 生产工艺

一般先加入水，然后加入表面活性剂及其余物料，分散均匀即得。

5. 产品标准

透明或带色液体，不分层，对烤箱上的油垢有极强的去污力。

6. 产品用途

主要用于烤箱油垢的擦洗，也可用于灶面、铝锅等旧油垢的擦洗。

4.64 酸性去垢洗涤剂

该洗涤剂贮存稳定，pH<1.5，对浴缸、抽水马桶等去污力强，与普通含氯漂白洗涤剂混合不产生游离氯。

1. 技术配方（质量，份）

过氧化氢	5.0

柠檬酸	5.0
1-羟基亚乙基-1，1-二磷酸	0.1
十二烷基苯磺酸钠（C_{12}-ABS-Na）	1.0
聚丙烯酸钠（$\overline{M}$=8000）	0.5
水	88.4

2. 生产工艺

将柠檬酸溶于水中，加入过氧化氢，再加入其余物料，混匀即得。

3. 产品用途

用于浴缸、抽水马桶、便池等的清洗。

4.65　卫生间瓷面用杀菌清洗剂

1. 技术配方（质量，份）

（1）配方一

壬基酚聚氧乙烯醚（HLB=12.4）	5.0
盐酸	13.0
直链烷基苯磺酸钠	5.0
尿素	5.0
二氧化硅（微细粉）	50.0
水	22.0

该剂对去除瓷砖上的污垢有良好的去除力。

（2）配方二

直链烷基苯磺酸钠	3.0
脂肪烷（$C_{8\sim18}$）醇聚氧乙烯（5）醚	2.0
乳酸	7.0
防锈剂	0.3
二乙二醇单乙醚	5.0
香料	0.1
乙醇	3.0
水	79.6

（3）配方三

三聚磷酸钠	14.6
焦磷酸钠	0.3
硅酸钠	20.2
纯碱	45.0
脂肪醇硫酸钠	0.8
水	19.1

(4) 配方四

氨基磺酸	3.50
次氯酸钠(14%的水溶液)	37.26
磷酸三钾	3.48
磷酸二氢钾	5.03
水	50.73

(5) 配方五

脂肪醇聚氧乙烯醚	3
1,3-二甲基-2-唑烷酮	10
烷基苯磺酸钠	3
柠檬酸	5
香料	少量
水	79

(6) 配方六

次氯酸钠	5.0
壬基酚聚氧乙烯(5)醚	10.0
元明粉	0.5
氢氧化钠	4.0
烷基苯磺酸钠	0.1
水	80.4

本配方洗尿垢和便池的去污力比盐酸型清洗剂强。

(7) 配方七

焦磷酸四钾和过氧化氧混合物	6.0
二氧化硅(微粉)	79.5
直链烷基磺酸钠	4.0
硫酸氢钠	10.0
香料	0.5

(8) 配方八

盐酸(37%)	7.0
磷酸三钠十二水合物	1.5
松树油	2.0
辛基酚聚氧乙烯(9)醚	10
柠檬香料	0.5
水	79.0

(9) 配方九

硫酸氢钠	80.0
氯化钠	5.0
碳酸钠	10.0
十二烷基硫酸钠	0.5
元明粉	4.5

(10) 配方十

十二烷苯磺酸钠	4.0
CMC-Na	0.6
微晶纤维素	5.0
高岭土/0.1 mm 的砂子	45.0
纯碱	0.3
硅酸钠	1.3
三聚磷酸钠	0.3
苯甲酸钠	0.5
硫酸钠	0.3
水	40.0

用于抽水马桶、浴缸等瓷表面擦洗。引自波兰专利 136091。

(11) 配方十一

聚乙二醇（$\overline{M}$=11 000）	58.8
对二氯苯	5.9
直链烷基苯磺酸钠	37.0
香叶醇	30.0

(12) 配方十二

聚乙二醇（$\overline{M}$=1 1000）	37.0
月桂酸二乙醇酰胺	30.0
亮蓝（色料）	3.0
薄荷醇	10.0
香叶醇	10.0
水	10.0

4.66　室内地毯清洗剂

1. 技术配方（质量，份）

(1) 配方一

马来酸酐-苯乙烯共聚物（氨性溶液）	21.90
烯烃磺酸盐	21.90
异丙醇	14.60
十二烷酰氨基甲酸钠（钾）	7.30
焦磷酸四钠	1.46
硅酮乳液（50%）	1.46
水	31.38

(2) 配方二

脂肪醇聚氧乙烯醚	3
水合过硼酸钠	60

碳酸钠	27
四乙酰基乙二胺	10

(3) 配方三

十二烷基单乙醇酰胺磺基琥珀酸钠（100%）	30.0
酶制剂（脂肪酶、蛋白酶、淀粉酶复合制剂）	2.0～3.0
三聚磷酸钠	20.0
六偏磷酸钠	5.0
磷酸二氢钠	5.0
碳酸氢钠	20.0
尿素	8.0
水合硅酸钙（细粉）	10.0

使用时可稀释 25～30 倍。

(4) 配方四

胶性镁铝硅酸盐、乳剂、稳定剂、悬浮剂混合液	5.0
椰子油脂肪酸	15.0
异丙醇	5.0
三乙醇胺	10.0
精制水	65.0

将椰子油脂酸加热熔解后，再将异丙醇胺加入混合均匀。另外将镁铝硅酸盐的混合液边搅拌边加入水中。然后将两溶液混合，搅拌均匀，装瓶。使用时取本混合液与二氟二氯甲烷混合使用。

(5) 配方五

十二烷基硫酸钠	5.50
十二烷酰甲替甲氨酸钠	3.50
鲸蜡醇	1.50
胶态硅胶	2.00
磷酸氢二钠	2.00
荧光增白剂	0.01
防腐剂	0.10
水	87.39

(6) 配方六

矿油精（沸点低于 0 ℃ 的烃类混合物）	14. 29
三氯乙烯	14.90
丁基溶纤剂	14.29
木粉	42.80
水	14.29

(7) 配方七

三氧化铝（一水合物）	6.0
十二烷基硫酸钠	5.0
十二酰甲替甲氨酸	2.0

水	87.0

2. 产品用途

(1) 配方一所得产品用途

使用时用水稀释10倍。无臭且具有抗静电的性能。

(2) 配方二所得产品用途

能有效洗涤人造地毯上的墨水、咖啡、油垢及其他污渍。配方引自联邦德国公开专利4026806。

(3) 配方五所得产品用途

该制品的pH 9.2，泡沫稳定性高。使用时取上述混合液90%与10%的异丁烷混合使用。

(4) 配方六、七产品用途

配方六、七为干粉型清洁剂的配方，使用时将该清洁剂喷洒在绒地毯上，形成黏附性的薄膜或泡沫能吸附污垢，干燥后，这种薄膜或泡沫成粉尘状，然后利用吸尘器除去。

4.67 浴室清洗剂

1. 产品性能

浴室清洗剂适用于浴盆、浴室瓷砖、便池等的杀菌、去臭和去污洗涤。主要成分有表面活性剂、助洗剂、杀菌消毒剂、去臭剂。

2. 技术配方（质量，份）

(1) 配方一

脂肪醇聚氧乙烯醚（Plurafac D-25）	4.0
二甲苯磺酸钠（40%）	12.0
直链烷基苯磺酸钠（60%）	4.0
焦磷酸四钾（TKPP）	12.0
偏硅酸钠（五水合物）	6.0
乙二醇丁醚	8.0
水	154.0

该产品尤其适用浴室瓷砖的清洗。

(2) 配方二

辛基酚聚氧乙烯醚（n=12～13）	10.0
聚合物电介质分散剂（烷基萘磺酸聚合物钠）	4.0
十二烷基磺酸钠（Sulframin 85）	10.0
硅酸铝镁胶体（Veegum T）	3.0
松油	10.0
软磨料	20.0

水	143.0

首先将 Veegum T 缓慢加入水中，连续搅拌至均匀。于搅拌下依次将烷基萘磺酸聚合物钠盐、辛基酚聚氧乙烯醚、Sulframin 85 加入其中，分散均匀后，加入松油、软磨料，混合均匀。气溶胶型包装：浓缩物 91%，抛射剂-12 9%。适用于瓷性表面的清洗。

（3）配方三

聚乙二醇（150）二硬脂酸酯	6.0
椰油酰胺基丙基甜菜碱（35%）	20.0
非离子表面活性剂（珠光体）	8.0
椰子酰胺丙基氧化胺（35%）	6.0
柠檬酸	10.0
水	150.0

将聚乙二醇（150）二硬脂酸酯加入 60 ℃ 热水中使之分散均匀，加入椰油酰胺丙基甜菜碱。冷却到 30 ℃ 后再加柠檬酸、非离子表面活性剂和椰子酰胺基丙基氧化胺，得浴盆用酸性清洗剂。

（4）配方四

烷基苯磺酸钠	2.0
柠檬酸	5.0
十八烷基二甲基羟丙基硫酸铵	2.0
丁醇聚氧乙烯（2）醚	5.0
脂肪醇聚氧乙烯醚	2.0
水	84.0

这种浴室清洗剂去污力强，具有杀菌作用。适用于浴室、便池洗涤。

（5）配方五

三丙烯酚乙氧基化合物	12.00
聚乙二醇（M=1500）	41.00
脂肪醇聚氧乙烯醚（AE）	38.00
硬脂酸锌	3.00
草酸	1.00
色素	0.01
香料	1.99

将 AE 加入配料锅中，再加入聚乙二醇、三丙烯酚乙氧基化合物、色素，加热至 85 ℃，搅拌得透明混合物，再加入草酸和硬脂酸锌，于85 ℃ 下搅拌 0.5 h，降温后加入香料，得杀菌除臭洗涤剂。用于浴室、浴缸、便池等硬表面的去污洗涤。引自波兰专利 146971。

（6）配方六

烷基酚聚氧乙烯醚（TX-10）	24.0
硫脲	4.0
盐酸（31%）	20.0
缓蚀剂	2.0

水	150

该配方为重垢型浴盆清洗剂的技术配方。

(7) 配方七

烷基醇聚氧乙烯醚(HLB=10)	10.0
胶体硅酸镁铝	8.6
碳酸钙	60.0
水	121.4

该配方为浴室瓷砖清洗剂的技术配方。

(8) 配方八

	(一)	(二)
脂肪醇聚氧乙烯(5)醚	2.0	—
十二烷基苯磺酸钠	3.0	5.0
壬基酚聚氧乙烯醚	—	5.0
二乙二醇单乙醚	5.0	—
尿素	—	5.0
二氧化硅	—	50.0
乙醇(95%)	3.0	—
盐酸(31%)	—	13.0
乳酸	7.0	—
香料	0.1	—
水	79.9	22.0

配方(一)得产品为稀溶液型;配方(二)得产品呈膏状,室温下黏度达 11.0×10^{-2} Pa·s。均为浴室用酸性清洗剂。

(9) 配方九

烷基苯磺酸钠	10.0
硼酸	3.0
草酸	3.5
乙醇	10.0
水	73.5

该配方为轻垢型浴盆清洗剂的技术配方。

(10) 配方十

硫酸钠	11.0
碳酸钠	11.0
壬基酚聚氧乙烯(8)醚	10.7
三氧化二铝	22.0
三聚磷酸钠	17.0
石灰粉	28.0
香料	0.3

这种粉状浴室用清洗剂可用于浴室瓷砖、浴缸、洗手盆等瓷表面擦洗。

(11) 配方十一

硬脂酸钙	0.01
碳酸氢钠	10.00
烷基磺酸	90.00
烷基硫脲	0.90
聚乙烯吡咯烷酮（10%）	2.00
聚乙烯吡咯烷酮（40%）	5.40

该酸性洗涤剂对浴池等具有很好的洗洁效果和除臭功能。

(12) 配方十二

月桂硫酸钠	6.00
脂肪醇聚氧乙烯醚	6.00
烷基磺酸钠	2.00
氮川三亚甲基膦酸	0.06
丁二酸	3.34
戊二酸	3.34
己二酸	3.34
磷酸	0.40
七水合硫酸镁	2.70
染料水溶液（1%）	2.00
香料	2.00
水	168.20

这种酸性浴缸用清洗剂，引自欧洲专利申请336878。

3. 主要原料规格

(1) 椰油酰胺丙基甜菜碱

浅黄色液体，溶于水。具有柔软、抗静电和发泡去污性能。属两性表面活性剂，可与阴离子、非离子和其他两性表面活性剂配伍。在较广范围pH内稳定。对皮肤和眼睛的刺激性小。

活性物	30.0%±1.0%
相对密度（20 ℃）	1.0
游离酰胺	≤2.0%
氯化钠	4.5%～6.5%
pH（5%的水溶液）	4.5～8.0

(2) 硫脲

硫脲又称硫代尿素，白色有光泽结晶或结晶性粉末，熔点176～178 ℃。溶于冷水、乙醇，微溶于乙醚。有毒。

指标名称	优等品	一等品
含量	≥99.00%	≥98.50%
加热减量	≤0.40%	≤0.50%
灰分	≤0.10%	≤0.15%

水不溶物	≤0.02%	≤0.05%

(3) 枸橼酸

枸橼酸又称 2-羟基丙烷-1，2，3-三羧酸，无色半透明结晶或白色结晶性粉末，易溶于水和醇。在潮湿的空气中略有潮解性。一般为一水合物，在热至 40～50 ℃ 脱水得无水物。熔点 153 ℃。

含量（$C_6H_8O_7 \cdot H_2O$）	≥99.50%
硫酸盐（SO_4^{2-}）	≤0.03%
草酸盐（$C_2O_4^{2-}$）	≤0.05%
灼烧残渣	≤0.10%

4. 生产工艺

粒状产品一般将各物料混合均匀即得。液体产品一般将表面活性剂分散于水中，然后加入其余助剂等，混合均匀即得。

5. 产品标准

泡沫丰富，去污力强，使用安全，不伤瓷瓷表面，并具有一定的杀菌消毒功能。

6. 产品用途

用于浴室内设备及各种瓷瓷硬表面的清洗。

4.68　卫生间赋香清洗灵

该清洗灵中含有百里香油和多种维生素，具有洗涤去污、杀菌消毒、赋香、除沉积钙的综合功用，且洗涤废液中浓度低，不影响生物降解。引自联邦德国公开专利 4032301。

1. 技术配方（质量，份）

柠檬酸	7500
百里香油	150
山梨酸钾	100
甲酸钠	500
可溶性乳蛋白	700
惰性填料	27 600
碳酸氢钠	9250
维生素 H	0.2
烟酰胺	2.0
维生素 B_1	1.0
泛酸	0.5
维生素 B_5	5.0
乳清酸	1.0

维生素 B_{12}	0.2
对氨基苯甲酸	1.0

2. 生产工艺

将各物料混合均匀即得。

3. 产品用途

用于卫生间的赋香、去污洗涤。

4.69 强力碱性清洗剂

该清洗剂含有非离子表面活性剂、碱性助剂和共聚物，具有很强的去油污能力，用于金属、玻璃、陶瓷等硬表面的清洗。

1. 技术配方（质量，份）

壬基酚聚氧乙烯醚	6.5
三聚磷酸钠	2.0
氢氧化钠	4.5
硅酸钠	6.5
碳酸钠	3.5
聚乙二醇	25.0
乙烯甲醚-马来酸酐共聚物	1.0
水	73.5

2. 生产工艺

先将钠盐溶于水中，加入非离子表面活性剂（壬基酚聚氧乙烯醚和聚乙二醇），混匀后再加入共聚物，制得碱性清洗剂。

3. 产品用途

与一般硬表面洗涤剂相同。

4.70 增稠漂白液体清洗剂

这种稳定的增稠液体清洗剂，适用于自动洗碗机和硬表面的清洗，具有漂白性。引自欧洲申请专利 421738（1991）。

1. 技术配方（质量，份）

三聚磷酸钠	4.67
碳酸钾	3.91

焦磷酸钠	12.60
硅酸钠	3.27
有效氯（次氯酸钠）	0.93
碳酸钠	2.61
磷酸单十八烷酯	0.03
聚丙烯酸	1.07
三氧化二铝	0.03
苯甲酸	0.47
香料、染料	少量
水	70.40
氢氧化钾	0.84（调 pH 至 12.2～12.3）

2. 生产工艺

先将盐溶于水中，然后加入聚丙烯酸、三氧化二铝、香料和染料，最后用氢氧化钾调 pH 至 12.2～12.3。

3. 产品用途

用于餐具或硬表面的洗涤。

4.71　酸性硬表面污垢清洗液

该清洗液能无损地清洗掉耐酸材料表面浮垢、油垢。用于浴盆、搪瓷等表面的清洗。

1. 技术配方（质量，份）

烷基磺酸钠	1.00
十二醇硫酸钠	3.00
$C_{9\sim11}$ 脂肪醇聚氧乙烯（5）醚	3.00
氮川三亚甲基膦酸	0.03
七水合硫酸镁	1.35
己二酸	1.67
戊二酸	1.67
丁二酸	1.67
磷酸	0.20
香精	1.00
染料水溶液（1%）	1.00
水	84.2

2. 生产工艺

将各物料分散溶解于水中，得酸性液体清洗剂。

3. 产品用途

与一般液体洗剂相同。

4.72 地毯清洁剂

1. 产品性能

地毯清洁剂（carpet cleaner）又称地毯香波，透明液体。具有润湿、渗透、发泡和去污性。可清洗地毯污垢、灰尘，使地毯恢复原有的色泽和手感，并留有幽雅的香味。

初期的地毯用清洁剂是使用细软织品用液体洗涤剂和焦磷酸四钾的混合物。缺点是洗后在绒毯上的洗涤剂不能粉尘化，使地毯发黏。因此，后来研制各种添加剂，如氧化铝、二氧化硅、合成树脂和香料等，使洗涤剂的残留物容易粉尘化以便吸取除去，且留有香味。容易粉尘化的表面活性剂，如脂肪醇硫酸镁盐或锂盐等，比较好的粉化剂，如苯乙烯马来酸酐共聚树脂的铵盐等都可以作为配方的组分。

洗涤铺在地上的绒毯和洗涤其他织物或衣服等不同。因为铺在地上的绒不能像洗衣服那样搓洗，所以需要使用起泡性非常良好的洗涤剂。利用泡沫的性能将污垢吸附，然后再用海绵、干布等擦取，或者用真空吸尘器吸取。

2. 技术配方（质量，份）

（1）配方一

	（一）	（二）
月桂酰肌氨酸钠	2.00	—
月桂硫酸钠	8.00	10.00
月桂基异丙醇酰胺	—	2.00
异丙醇	3.00	2.00
甲醛（37%）	0.22	0.22
香精	1.00	1.00
水	85.78	84.78

（2）配方二

	（一）	（二）
十二烷基异丙醇酰胺（87.5%）	2.00	2.00
脂肪醇硫酸铵（28.5%）	36.00	10.00
甲醛	0.20	0.20
香料	0.50	0.50
颜料	适量	—
氯化钠	调黏度	—
磷酸	调 pH 至 6～8	—
水	61.3	87.3

将脂肪醇硫酸铵和十二烷基异丙酰胺溶于 60 ℃ 水中，搅拌均匀，于 40 ℃ 加入

甲醛，然后用磷酸调整 pH 至 6.0～6.8，加氯化钠调节黏度为 0.1 Pa·s左右，再加入适量的香精和颜料，得液体地毯香波，其泡沫丰富稳定，去污力强，褪色作用小。

（3）配方三

月桂酰二乙醇胺	3.00
月桂醇聚氧乙烯醚硫酸钠	10.00
烷基苯磺酸钠	20.00
甲醛（37%）	0.45
香精	1.00
水	165.55

将各物料分散于 60 ℃ 水中，然后于 40 ℃ 加入甲醛，搅拌均匀，加入香料得地毯香波。

（4）配方四

十二烷醇硫酸铵	0.250
烷基磷酸钠	0.100
2，4-二氯苯甲醇	0.025
尿醛树脂泡粒载体	13.000
异丙醇	10.000
硅酮消泡剂	0.200
2-溴-2-硝基-1，3-丙二醇	0.010
香料	0.200
氨水（25%）	0.600
水	75.600

（5）配方五

月桂酸聚乙二醇醚琥珀酸钠（40%）	30.0
月桂酰单异丙醇酰胺	3.0
月桂酸单乙醇醚磺基琥珀酸钠（38%）	63.0
抗静电剂（100%）	3.5
香精	0.5

将两种表面活性剂钠盐配成相应的浓度，投入配料罐中，搅拌（80 r/min）下加热至 45 ℃，加入其余物料，搅拌 1.5 h，降温至 30 ℃ 加入香料，得地毯用浓缩型香波。

（6）配方六

磺基琥珀酸羊毛醇酯	16.0
月桂醇硫酸三乙醇胺（40%）	40.0
月桂硫酸钠	40.0
苯基硅氧烷共聚物	2.0
乙二醇二丁醚	16.0
硅铝酸盐	2.0
氨水（20%）	4.0

香料	1.0
色料	适量
水	79.0

(7) 配方七

烷氧基化直链脂肪醇(M=820)	5.0
三聚磷酸钠	2.0
异丙醇	8.0
香料	1.0
水	84.0

这种泡沫型地毯清洁剂，使用时用4倍的水稀释。

(8) 配方八

α-$C_{14\sim16}$-烯烃磺酸钠(39%)	4.5
二甲苯磺酸钠(Witconate SXS，45%)	12.0
肌氨酸钠	4.5
月桂基异丙醇胺	0.5
月桂硫酸钠	6.0
EDTA-4Na	3.0
水	69.5
香料	适量

(9) 配方九

十二烷基硫酸钠(30%)	17.0
二甲苯磺酸钠(Petto BAF，高泡型)	2.5
EDTA(38%)	0.5
香料	1.0
染料	适量
水	79.0

(10) 配方十

脂肪醇烷基硫酸钠(29%)	40.0
月桂酰二乙醇胺(Ninol AA-62，100%)	4.0
丁基溶纤剂	5.0
SDA-3A醇	3.0
香料、颜料	适量
水	48.0

这种改良型地毯香波，尤其适用于油污物的洗涤。

(11) 配方十一

三聚磷酸钠	3.00
十二烷基硫酸钠	20.00
椰子酰二乙醇胺	4.00
月桂基硫代琥珀酸二钠	15.00
树脂液(苯乙烯-马来酐共聚树脂，16%)	20.00

香料	1.00
柠檬酸	0.25
乙氧基化脂肪胺（HLB=14.3）	1.00
水	36.75

将分子量为 1900 的苯乙烯-马来酐共聚物 16 份投入已盛有 4.5 份 30%的氨水和 79.5 份水的配料罐中，制得树脂液。

将 36.75 份水投入混合罐中，边搅拌边加入三聚磷酸钠和柠檬酸，溶解完全后加入其余物料，制得抗静电地毯香波。使用时 1 份原剂加 10～15 份水稀释。

(12) 配方十二

烷氧基化直链烷醇（HLB=10）	6.0
椰油酰二乙醇胺	14.0
三乙醇胺	12.0
香精	1.0
水	165.0

该配方为刷洗型地毯香波，使用时用 4 倍的水稀释。

(13) 配方十三

十二烷基苯磺酸三乙醇胺	0.5
三聚磷酸钠	4.0
磷酸乙二醇酯钠（阴离子型）	10.0
氢氧化钾（45%）	7.0
香料	0.5
水	78.0

先将三聚磷酸钠溶于水中，再加入其余物料，分散均匀，得蒸汽型地毯香波。

(14) 配方十四

月桂硫酸钠（30%）	20.0
月桂醇硫酸镁（30%）	20.0
月桂酰肌氨酸钠	30.0
香料、抗静电剂	适量
水	30.0

该地毯香波发泡性好，具有较好的粉化剂，使残留物粉尘化，便于吸尘器吸取。使用时用 40 倍水稀释。

(15) 配方十五

月桂硫酸钠	3.50
磷酸氢二钠	2.00
月桂酰肌氨酸钠	3.50
胶态硅胶	2.00
鲸蜡醇	1.50
防腐剂	0.10
香精	0.50

荧光增白剂	0.01
水	86.90

该地毯香波 pH 为 9.2，泡沫稳定性高。使用时取上述混合液 90%与 10%异丁烷制成气溶胶型。

(16) 配方十六

焦磷酸四钠	0.38
磷酸三钠	0.21
枫木粉	26.0
椰油酰二乙醇胺	0.88
过氧化氢	0.35
石脑油	20.5
三氯乙烯	11.2
水	40.5

该配方具有很强的脱脂去污力。

(17) 配方十七

丙烯酸共聚物钠 (25%)	18.0
十二烷基硫酸钠 (29%)	15.5
丙二甘醇甲醚	1.6
香料	0.5
水	57.4
异丁烷	7.5

该地毯香波为气溶胶型，pH 为 9.6。

(18) 配方十八

三聚磷酸钠	5.0
磷酸三钠	2.0
硅酸钠 (38%)，$n(SiO_2):n(Na_2O)=2.4:1.0$)	24.0
辛基酚聚氧乙烯 (7～8) 醚	4.0
烷基萘磺酸钠	3.5
香料	0.5
水	61.0

该地毯香波为蒸汽提取型，使用浓度 7.5 g/L 水。

(19) 配方十九

	(一)	(二)
月桂醇硫酸酯钠 (28%)	33.3	35.7
聚丙烯酸钠水溶液 (25%)	40.0	40.0
丙二醇甲醚	1.0	1.0
香料	1.0	0.8
水	24.7	22.3

该配方为机械刷洗用地毯香波，配方（一）清洗率为 56%，配方（二）清洗率

为 63%。应用浓度 1 份地毯香波加 10～40 份水。

(20) 配方二十

N-月桂酰肌氨酸钠（30%）	15.00
十二醇硫酸钠（28%）	20.00
硅铝酸镁（SiO_2 61%，MgO 14%，Al_2O 39%）	1.00
苯乙烯马来酐共聚物（$\overline{M}$=1900）	1.00
氨水（28%）	0.25
汉生胶	0.30
香料、色素	适量
水	62.45

3. 主要原料规格

(1) *N*-月桂酰肌氨酸钠

N-月桂酰肌氨酸钠又称十二酰甲胺乙酸钠、S_{12}。粉状产品为白色或微黄色粉末，溶于水产生大量泡沫。液体产品为 32%水溶液。属阴离子表面活性剂，是一种很好的除垢剂和发泡剂。液体产品规格如下：

项目	指标
活性物含量	32%±1%
Na_2SO_4	≤1.0%
NaCl	≤0.5%
pH	8～9

(2) 硅铝酸镁

硅铝酸镁又称铝硅酸镁，国外商品名 veegum，是复合的胶态物质。它的组成常以氧化物表示。白色小型片状，无味、无臭，质软而滑爽。不溶于醇或水，在水中可膨胀成较原来体积大许多倍的胶态分散体。是良好的乳液稳定剂、悬乳剂。

项目	指标
黏度（分散体 5.5%）/（Pa・s）	>0.3
pH（3%～4%的分散体）	9.3～9.7
含水量	≤5%

(3) 十二烷基苯磺酸三乙醇胺

十二烷基苯磺酸三乙醇胺又称烷基苯磺酸三乙醇胺，黄色透明液体，易溶于水。用作水包油或油包水乳化液的乳化剂。

项目	指标
有效物含量	>25%
黏度/s	>180.0
HLB	8～10
pH	7～8

4. 工艺流程

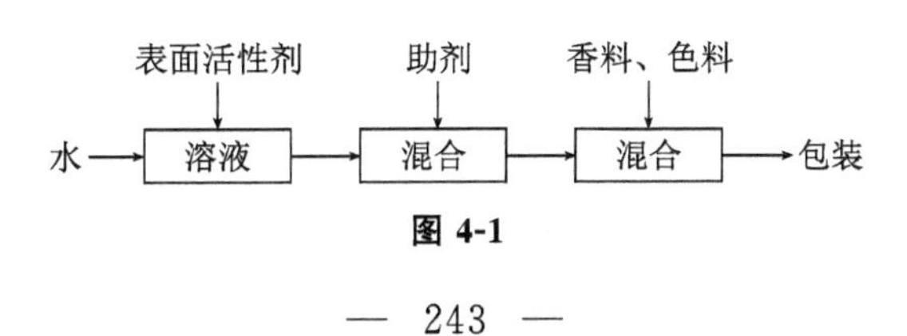

图 4-1

5. 生产工艺

一般先将表面活性剂溶于水，分散均匀后加入其余助剂，于 40 ℃ 以下加入香料、色料，必要时调整 pH，包装得成品。

6. 产品标准

外观为透明（或带浅色）液体或均匀膏状。1%的溶液 pH 7.5～9.5。对地毯纤维无损害。润湿力<50 s，渗透性好。易于蒸发、干燥。去污力好。黏度最大为 0.4 Pa·s。

7. 产品用途

用于地毯的清洁去污。可用机器刷洗，也可人工洗涤。人工洗涤时，将地毯香波用水稀释后，喷洒于地毯上，再用刷子刷洗，然后用干布沾干，或用吸尘器把污垢和水分吸去。

4.73 马桶用块状清洗剂

这种清洗剂含有纤维素和 EP 型聚醚，用于抽水马桶的清洗。引自澳大利亚专利 595015。

1. 技术配方（质量，份）

羟甲纤维素	12.85
EP 型聚醚	21.35
硫酸钠	8.60
水杨酸甲酯	3.65
防腐剂	0.10
染料	1.73
水	1.73

2. 生产工艺

将含 1.73 份染料和 1.73 份水的浆液与羟乙基纤维素混合，按配方量加 EP 型聚醚、水杨酸甲酯、硫酸钠钠和防腐剂。加热压制，切块，冷却变硬，得块状清洗剂。

3. 产品用途

放在抽水马桶的水箱中，约两个月全部溶尽，溶完后再放一块。

4.74 卫生间用去臭杀菌清洗剂

1. 产品性能

卫生间用清洗剂具有去污、杀菌和去臭功能，适用于卫生间瓷砖、卫生设备、便

池、抽水马桶的去垢洗涤和杀菌去臭。有粉状产品、片状产品和透明液体产品。

2. 技术配方（质量，份）

（1）配方一

氯化钠	20.0
硅藻土	4.0
粉状氯胺	4.0
硫酸氢钠	60.0
碳酸钠	12.0
润湿剂（表面活性剂）	适量

将各组分研磨混匀，得到粉状卫生设备去垢剂，其去垢力强，具有消毒杀菌功能。

（2）配方二

N-十二烷基二甲基丙基磺酸铵	4.0
癸醇聚氧乙烯（2.5）醚	2.2
癸醇聚氧乙烯（6）醚	5.8
二丙二醇单丁醚	10.0
缓冲剂	少量
异丙醇磺酸钠	8.4
氯联二丁二酸	20.0
水	149.6

该卫生设备去垢净洗剂引自美国专利 5061393。

（3）配方三

十二烷基苯磺酸	1.0
单/双癸基苯醚二磺酸	0.5
过硫酸氢钾	5.0
香料	1.0
水	92.5

该配方引自欧洲专利申请 271189。

（4）配方四

三聚磷酸钠	60.0
甲苯磺酸钠	10.0
无水硼砂	60.0
硼酸	60.0
二氯异氰尿酸钠	19.0
香精	1.5
羧甲基纤维素	1.0

将各组分混合均匀，压片成型，每片 3.5 g 左右。使用时用水溶解，具有良好的去垢、除臭和杀菌效果。

(5) 配方五

六偏磷酸钠	10.0
十二烷基苯磺酸钠	15.0
聚乙二醇	30.0
对二氯苯	40.0
蓝色染料	2.0
香料	3.0

将各原料混合热熔混，均质后注模成型，每片 30～100 g。本剂是一种长效抽水马桶用固体清洗剂。用时只要将其悬挂于抽水马桶水箱中，即可随水流不断释放出有效成分，达到清洗、防垢、杀菌和去臭效果。

(6) 配方六

氢氧化钠	12.5
十四烷基二甲基氧化胺	42.0
乙酸异冰片酯	0.768
对氯苯甲酸	1.25
次氯酸钠（13.5%的有效氯）	58.7
水	356

该配方为卫生设备清洗剂的技术配方。

(7) 配方七

氨基磺酸	130.0
硼酸	70.0
滑石粉	4.0

将各组分混合均匀，于 10～80 MPa 下压片，得到便池除垢剂。

(8) 配方八

	（一）	（二）
椰油酰胺基丙基甜菜碱（30%）	3.0	3.0
$C_{12\sim15}$脂肪醇聚氧乙烯（12）醚	3.0	3.0
十二烷基二甲基苄基氯化铵	5.0	5.0
盐酸（35%）	20.0	50.0
染料	0.2	0.2
水	68.8	38.8

配方（一）黏度（23 ℃）7 mPa·s，相凝集温度＞80 ℃，pH 1.0；配方（二）黏度（23 ℃）11 mPa·s，相凝集温度＞80 ℃，pH＜1.0。

(9) 配方九

聚乙氧基化三癸醇（HLB=13.0）	1.0
EDTA-4Na（40%）	10.0
水溶性烷基磷酸钠（倾点 18 ℃）	0.6
乙二醇正丁醚	10.0
纯碱	2.0
染料、香料	适量

水	176.4

将各物料分散于水中，得到便桶清洗剂。

(10) 配方十

十二烷基苯磺酸钠	0.2
壬基酚聚氧乙烯（5）醚	10.0
氢氧化钠	8.0
次氯酸钠	10.0
硫酸钠	1.0
香料	0.8
水	170.0

将表面活性剂、苛性钠、次氯酸钠和硫酸钠依次溶于水中，得洗厕剂，可用于便池和抽水马桶的洗涤去垢。

(11) 配方十一

椰油酰二乙醇胺	6.0
siponate A-246 L 磺酸盐	50.0
氢氧化钠（40%）	2.0
盐酸（37%）	27.0
聚丙烯酸乳液（增稠剂 ICS-1）	13.4
水	101.6

将各物料按配方量分散于水中，得抽水马桶用酸性清洁剂。

(12) 配方十二

直链烷基苯磺酸钠	8.00
硫酸氢钠	147.00
聚乙二醇 400	3.00
邻苄基对氯苯酚	3.00
无水二氧化硅	0.50
碳酸氢钠	33.00
二氯异氰脲酸钠	4.00
颜料	0.15
香料	1.35

将直链烷基苯磺酸钠、碳酸氢钠、硫酸氢钠混合约 5 min；将二氯异氰脲酸钠与邻苄基对氯苯酚混合热溶，并喷射于上述混合物，混合 10 min，再加入聚乙二醇，混合 10 min。最后依次加入色料、香料和二氧化硅，每加一种物料，混合 5 min 后再加另一种物料，制得阴离子型抽水马桶用清洗剂。

(13) 配方十三

壬基酚聚氧乙烯醚	13.0
三聚磷酸钠	4.0
丙烯酸-马来酐共聚物	2.0
硅酸钠	13.0
碳酸钠	7.0

氢氧化钠	9.0
水	147.0
聚乙二醇	50.0

(14) 配方十四

十二烷基苯磺酸钠	4.0
微晶纤维素	5.0
三聚磷酸钠	3.0
碳酸钠	0.3
硫酸钠	0.3
高岭土	45.0
硅酸钠	1.3
苯甲酸钠	0.5
CMC-Na	0.6
水	40.0

该洗洁剂可用于浴缸、抽水马桶、便池的去垢擦洗，引自波兰专利136091。

(15) 配方十五

十二烷基苯磺酸钠	0.5
氯化钠	49.2
硫酸钠	30.0
柠檬酸	9.0
碳酸氢钠	5.0
纤维素粉（20μm）	6.0
石蜡油	0.2
香料	0.1

将各物料混合均匀得粉状抽水马桶清洗剂。引自德国公开专利3608799。

(16) 配方十六

椰子酰单乙醇胺（熔点72℃）	8.0
烷基酸式磷酸酯（阴离子型，倾点<-15℃）	2.0
三乙醇胺	2.0
乙二胺四乙酸四钠（EDTA-4Na）	10.0
乙二醇正丁醚	2.0
五水合硅酸钠	4.0
水	172.0

将68份水加热至70℃，加入烷基酸式磷酸酯、三乙醇胺和椰子酰单乙醇胺，混合均匀，冷至室温。另将EDTA-4Na、硅酸钠、乙二醇正丁醚溶于水中，混合均匀加入前述混合物中，得卫生间用珠光清洗剂。

3. 主要原料规格

(1) 十二烷基二甲基苄基氯化铵

十二烷基二甲基苄基氯化铵又称1227，无色透明黏稠状液体。季铵盐型阳离子表面活性剂，具有抗静电、杀菌、乳化和发泡性。耐光、耐热。对皮肤有刺激性。

活性物含量	45%±1%
pH	6～7
总胺	<4%

(2) 对氯苯甲酸

三斜晶体，熔点 243 ℃，易溶于甲醇、无水乙醇和乙醚。

含量	≥97.0%
灼烧残渣	<0.2%

(3) 氨基磺酸

氨基磺酸又称磺酸胺，白色斜方形结晶。干燥时稳定，在溶液中逐渐水解成硫酸氢铵。熔点 205 ℃（分解）。强酸，25 ℃、1%的水溶液 pH 为 1.18。易溶于热水、含氮碱和液氨。

含量	≥98.0%
水不溶物	≤0.2%
硫酸盐	≤0.5%

4. 生产工艺

一般将表面活性剂分散于水中，再加入其余组分，分散均匀即得液体产品。

5. 产品标准

液体产品于－10～40 ℃ 不分层。去垢、杀菌、除臭效果好，使用安全。

6. 产品用途

用于卫生间的卫生设备、瓷砖、抽水马桶、便池等的去垢擦洗和杀菌消毒。

4.75　浴室用洗涤剂

这种硬表面液体洗涤剂，可用于浴室、瓷器等洗涤。其中含有表面活性剂、枯烯磺酸钠、己二醇、异丁氧基丙醇和焦磷酸钾。引自欧洲专利申请 334463。

1. 技术配方（质量，份）

己二醇	7.6
异丁氧基丙醇	1.9
焦磷酸钾	11.5
枯烯磺酸钠	6.2
表面活性剂	1.0
水	71.8

2. 生产工艺

将焦磷酸钾溶于水，再将枯烯磺酸钠、表面活性剂、己二醇和异丁氧基丙醇依次溶解于水中。

3. 产品用途

与一般硬表面清洗剂相同。用于浴室、瓷器等的洗涤，除垢力强。

4.76 便池污垢清洗剂

这类清洗剂，能有效地洗涤便池的污垢，也可用于浴缸、痰盂及其他硬表面的洗涤。

1. 技术配方（质量，份）

(1) 配方一

脂肪醇聚氧乙烯醚硫酸钠	3
脂肪醇聚氧乙烯醚	3
丙二醇单甲醚	7
乙二胺四乙酸（EDTA）	1
柠檬酸	4
水	82

(2) 配方二

氨基磺酸	65
滑石粉	2
硼酸	35

2. 生产工艺

(1) 配方一的生产工艺

先将 EDTA、柠檬酸溶于水，再与其余物料混合，制得便池用洗涤剂。引自英国申请专利 2231580。

(2) 配方二的生产工艺

将各物料均匀混合后在 10～80 MPa 下压成片剂，得便池除垢剂。

3. 产品用途

与一般除垢剂相同。

4.77 家用酸性清洁剂

这种清洁剂具有杀菌、无味、清洁效果好等特点。

1. 技术配方（质量，份）

脂肪醇聚氧乙烯醚	1.5

烷基苯磺酸	2.0
氨基多羟酸	0.5
汉生胶	2.0
过氧化氢	4.0
乙醇	5.0
水	85.0

2. 生产工艺

将各物料溶于水，搅拌均质即得。

3. 产品用途

用于浴室、厕所等清洁洗涤。

4. 参考文献

[1] 胡芳. 正交试验法优选酸性清洁剂配方 [J]. 河南化工，2019，36 (1)：26-28.

4.78　硬表面清洗剂

1. 产品性能

产品形状有粉状和液体状。对陶瓷、玻璃、塑料、漆面、水泥、金属、木材等硬表面具有良好的去污洗涤性能，且对材质表面无损伤。

2. 技术配方（质量，份）

(1) 配方一

葡萄糖酸钠	2.0
碳酸氢钠	0.5
$C_{10\sim13}$烷基苯磺酸钠	8.0
脂肪醇聚氧乙烯醚	2.0
丙烯酸-丙烯酸乙酯-甲基丙烯酸共聚物	0.1
水	87.4

该硬表面清洗剂引自联邦德国公开专利4209923。

(2) 配方二

对甲苯磺酸钠	5.0
癸基聚葡糖苷	2.0
丁二酸酐	10.0
过碳酸钠	10.0
水	73.0

该硬表面清洗剂具有漂白性能。

(3) 配方三

椰油酰二乙醇胺	5.0
癸基葡糖苷	1.0
乙醇	3.0
十二烷基苯磺酸钠	20.0
十二烷基二甲基氧化胺	2.0
水	69.0

该配方引自英国专利申请2234983。

(4) 配方四

硬脂醇聚氧乙烯醚	1.0
$C_{12\sim18}$烷基 E_3P_6 型聚醚	0.1
四硼酸二钠	0.1
焦磷酸钠	0.1
水	8.7

将表面活性剂分散于水中，加入两种钠盐，溶解完全得低泡硬表面清洗剂。适用于喷雾洗涤。引自联邦德国公开专利3942727。

(5) 配方五

二甲苯磺酸钠（40%）	3.0
烷基苯磺酸钠（60%）	3.0
脂肪醇聚氧乙烯醚（HLB=7）	2.5
脂肪醇聚氧乙烯醚（HLB=16）	5.0
无水硅酸钠	2.0
焦磷酸钠	3.0

使用浓度：一般硬表面，每升水加本清洗剂7.5～15.0 g；对污垢较重的硬表面，每升水加本清洗剂30.0～90.0 g。

(6) 配方六

	(一)	(二)
复合胶体硅酸镁铝	1.2	1.2
脂肪酰二乙醇胺	1.0	1.0
脂肪醇聚氧乙烯醚（M=428，EO6 2.7%）	4.5	6.3
脂肪醇聚氧乙烯醚（M=281，EO4 2.3%）	4.5	2.7
黄原酸树胶	0.4	0.4
碳酸钙（或无水硅酸铝）	40.0	40.0
香料、色料	适量	适量
防腐剂	0.1	0.1
水	48.3	48.3

该配方为乳液状通用硬表面擦洗剂。其中的碳酸钙要求100目，也可用高岭土代替。

(7) 配方七

二辛基氧化胺乙氧基（2）化物	10.0

十二烷基聚氧乙烯（3）醚硫酸钠	15.0
乙醇	5.0
水	70.0

将各物料分散于水中，得到渗透性好、去污力强的硬表面清洗剂。引自欧洲专利申请 393908。

(8) 配方八

五水合偏硅酸钠	1.0
无水磷酸四钠	1.0
辛基酚聚氧乙烯醚（triton X-100）	2.0
无水碳酸钠	1.0
硅酸铝（kaopolite SF）	42.0
精制水	53.0

该配方为液体柔和磨料清洗剂，适用于各种无孔的硬表面擦洗。

(9) 配方九

	（一）	（二）
三聚磷酸钠	20.0	14.0
直链烷基苯磺酸钠（40%）	2.0	2.5
壬基酚聚氧乙烯（7）醚	1.0	—
非离子型表面活性剂	—	1.0
月桂酰二乙醇胺	—	2.5
碳酸钠	32.0	—
碳酸氢钠	25.0	—
水合磷酸钠	20.0	—
二甲苯磺酸钠	—	5.0
水	—	75.0

配方（一）为粉状硬表面清洗剂，配方（二）为液体通用硬表面洗洁精，其中的三聚磷酸钠可用焦磷酸四钠代替。

(10) 配方十

直链烷基苯磺酸钠（LAS，60%）	3.0
烷基酚乙氧化物（$\overline{M}$=391，Iconol NP-4）	2.50
烷基酚乙氧化物（Iconol NP-12）	5.0
五水合偏硅酸钠	2.0
二甲苯磺酸钠	3.0
乙二醇单丁醚	6.0
焦磷酸四钾	3.0
水	75.5

使用时，轻垢者，每升水加 7.5～15.0 g；重垢者，每升水加 132～146 g。

(11) 配方十一

二甲苯磺酸钠（40%）	4.0
乙二醇正丁醚（dowanol EB）	5.0
两性离子表面活性剂（椰油酰胺基丙基甜菜碱）	10.0

EDTA	2.0
碳酸钠	4.0
水	75.0

该配方制得的浓缩型清洁剂可用于各种硬表面的清洗。

(12) 配方十二

烷基苯磺酸(90%)	4.7
氢氧化钠(50%)	1.2
壬基酚聚氧乙烯醚(n=10～11)	1.0
椰油酰二乙醇胺(100%)	2.0
N-甲基吡咯烷酮	3.5
二甲基苯磺酸钠(40%)	3.0
硅酸钠(1∶2.4)	5.5
水	79.1

先将水投入配料罐中，加入氢氧化钠后，搅拌下加入烷基苯磺酸，然后依次加入二甲苯磺酸钠、硅酸钠、壬基酚聚氧乙烯醚、椰油酰二乙醇胺和N-甲基吡咯烷酮，最后加入香料、色料，制得高泡型硬表面清洗剂。

(13) 配方十三

三聚磷酸钠	8.0
EO型表面活性剂	0.5
磷酸三钠	14.0
硅酸钠	9.0
氢氧化钠	45.0
碳酸钠	20.0
硫酸钠	2.0
乙二胺四乙酸钠	1.5

该配方为硬表面脱脂清洗剂，引自捷克专利25489。

(14) 配方十四

非离子表面活性剂	35.7
甘油三乙酸酯	12.0
硬脂酸钠	1.0
烷基苯磺酸	3.0
纯碱	24.0
一水合过硼酸钠	13.0
方解石	5.0

其中非离子表面活性剂可用壬基酚聚氧乙烯醚或脂肪醇聚氧乙烯醚。该配方引自英国专利申请2237285。

(15) 配方十五

脂肪醇聚氧乙烯醚	3.00
链烷磺酸钠	1.00
月桂醇聚氧乙烯醚硫酸钠	3.00

氨基三亚甲基膦酸	0.03
硫酸镁	1.35
磷酸	0.02
己二酸	1.67
戊二酸	1.67
丁二酸	1.67
香精	1.00
染料	适量
水	85.30
氢氧化钠（50%）	调 pH 至 3.0

这种酸性硬表面清洗剂可用于耐酸锆白搪瓷等硬表面的清洗，引自欧洲专利申请 411708。

(16) 配方十六

蔗糖己酸酯	2.0
椰油酰二乙醇胺	5.0
醇醚硫酸钠（AES-Na）	5.0
蔗糖癸酸酯	8.0
月桂基二甲基氧化胺	2.0
对甲苯磺酸钠	1.5
苯甲酸钠	2.0
乙醇	5.0
水	69.5

这种液体硬表面清洗剂具有良好低温贮存和使用性能，清洗力强。适用于一般硬表面的清洗。

(17) 配方十七

烷基苯磺酸钠	2.0～4.0
聚磷酸钠	3.0
碳酸钠	26.0～30.0
二氯异三聚氰酸钠	0.3～0.5
碳酸氢钠	24.0～28.0
硫酸钠	加至 100

将各物料干混得到粉状硬表面清洗剂，该剂具有很高的脱脂性和强的去污力。

(18) 配方十八

二丙二醇单甲醚	1.00
丙二醇单甲醚	1.00
脂肪醇硫酸（AS-H）	4.20
椰油酰二乙醇胺	1.00
壬基酚聚氧乙烯（10）醚	4.00
硫脲（去臭剂）	0.05
三聚磷酸钠	4.30
染料	0.01
水	84.45

将各物料溶解于水中，分散均匀，得到光滑漆面等硬表面清洗剂。引自美国专利 4670171。

(19) 配方十九

焦磷酸四钾	4.5
磷酸（85%）	4.5
烷基苯磺酸钠	4.0
单乙醇胺	9.0
乙二醇单丁醚	6.0
硅酸钠（1∶2，100%计）	2.0
异丙醇	2.0
水	68.0

该配方适用于重垢硬表面清洗。

(20) 配方二十

$C_{12\sim15}$脂肪醇聚氧乙烯（7）醚	53.9
醇醚硫酸钠	70.5
烷基苯磺酸钠	90.6
三聚磷酸钠	201.4
碳酸钾	20.1
氯化钠	11.5
羧甲基纤维素钠	1.0
荧光增白剂	1.0
香料	3.0
水	547.0

将表面活性剂溶于水，加入其余物料，混合均匀后制得稳定的硬表面清洗剂。引自欧洲专利申请 354010。

3. 主要原料规格

(1) 醇醚硫酸钠

醇醚硫酸钠又称脂肪醇聚氧乙烯醚硫酸钠、AES-Na。结构式 $RO(CH_2CH_2O)_3SO_3Na$，$R=C_{12\sim14}$烷基。淡黄色黏稠液体，是一种优良的阴离子表面活性剂。易溶于水，具有优良的去污、乳化、发泡性能。生物降解度>90%。

	一级品	二级品
外观	白色或浅黄色糊状物	
活性物	70%±2%	70%±2%
未硫化物	≤3%	≤3%
硫酸盐	≤3%	≤2.5%
色泽（APHA）	≤50	≤90
pH	7.0～9.5	7.0～9.5

(2) 椰油酰二乙醇胺

椰油酰二乙醇胺又称椰油脂肪酰二乙醇胺，淡黄色透明黏液。可溶于水，具有去污、发泡、分散特性。可与其他阴离子或非离子表面活性剂混用。

指标名称	n(椰油)∶n(二乙醇胺)1∶1	n(椰油)∶n(二乙醇胺)1∶2
总胺值/(mg KOH/g)	<30	135～155
酸值/(mg KOH/g)	<5	6～11
碘值/(gI_2/100 g)	<10	—
色泽(APHA)	<350	<350
pH(1%的水溶液)	9.8～10.7	9.5～10.5

(3) 焦磷酸四钾

焦磷酸四钾又称磷酸四钾、无水焦磷酸钾，白色粉末或块状。熔点 1100 ℃。溶于水，不溶于乙醇。稍有潮解性。用作重垢液体洗涤剂助剂，以提高洗涤效能。

含量 ($K_4P_2O_7$)	≥95.0%
水不溶物	≤0.5%
铁 (Fe)	≤0.05%
pH (2%的水溶液)	10.0～10.9

4. 生产工艺

粉状产品将各组分按配方量混合均匀即得，液体产品将各物料按配方量溶解分散于水中即得。

5. 产品用途

用于陶瓷、玻璃、塑料、漆面、水泥面、金属、木材等硬表面的去污洗涤，可采用擦洗、刷洗或喷淋洗涤等方式。

6. 参考文献

[1] 乔艾文. 硬表面清洗剂的可持续性解决方案 [J]. 中国洗涤用品工业，2012 (9)：26-27.

[2] 范彩玲，郑先福，朱灵峰，等. 环保型表面清洗剂的研制 [J]. 贵州大学学报 (自然科学版)，2001 (2)：149-150.

4.79　地板光亮清洗剂

1. 产品性能

地板光亮清洗剂 (floor cleaner) 一般为黏稠液体。去污力强，适用于地板、门窗的去污清洗。

2. 技术配方 (质量，份)

(1) 配方一

壬基酚聚氧乙烯 (4) 醚	5.0
EDTA-2Na	2.0
石油溶剂	30.0

直链烷基磺酸钠（60%）	10.0
油酸	2.0
萜烯油	10.0
三乙醇胺	2.0
染料、香料	适量
水	39.0

该地板清洗剂（10%）pH 为 8.9，黏度为 200 mPa·s。

（2）配方二

辛基苯基聚乙二醇醚（n=9～10）	10.0
聚丙烯酸（用作增稠稳定剂）	4.72
五氯苯酚钠	0.05
亚硝酸钠	0.15
氢氧化钠（10%）	2.8
水	82.28

将聚丙烯酸乳液和一部分水混合，加入氢氧化钠和其余水，然后加入亚硝酸钠、五氯苯酚钠、辛基苯基聚乙二醇醚，混合均匀得到固体含量为 11.33%的地板清洗剂。按每升水 1.9 g 的该清洗剂使用。

（3）配方三

	（一）	（二）
磷酸三钠（十二水合物）	—	1.0
十二烷基磷酸酯钠盐	6.0	5.0
椰油酰二乙醇胺	—	1.0
三聚磷酸钠	3.0	—
焦磷酸四钠（60%）	3.0	2.0
二乙二醇单乙醚	—	1.0
香料	适量	适量
水	88.0	90.0

配方（一）原液 pH 为 13.9，黏度为 60 mPa·s，相对密度 1.02。配方（二）原液 pH 为 11.0，黏度为 290 mPa·s，相对密度 1.01。

（4）配方四

酸性焦磷酸钠	1.0
磷酸二氢钠	40.0
壬基酚聚氧乙烯（9.5）醚	2.0
二甲苯磺酸钠（40%）	9.6
三聚磷酸钠	1.0
磷酸（85%）	4.0
柠檬酸	24.0
氯化钠	8.0
水	110.4

将各物料溶解于水中，混合均匀，得到酸性地板清洗剂。适用于瓷砖地面尤其是餐厅地面的清洗去垢，同时可提高打滑地面的静摩擦系数。引自美国专利 4749508。

(5) 配方五

十二烷基二甲基苄基氯化铵	10.0
月桂醇聚氧乙烯醚 (C_{12}-AE)	50.0
羟乙基纤维素	5.0
三乙醇胺	0.5
香料	1.0
色料	0.1
水	933.0

该清洗剂适用于水磨石地板的擦洗去垢，能有效地清洗餐厅等公共场所水磨石地板的污垢。

(6) 配方六

脂肪醇聚氧乙烯醚 ($\overline{M}$=428，EO 62.7%)	3.0
烷基磷酸酯钾 (50%)	4.0
焦磷酸四钾	8.0
氢氧化钾 (45%)	1.5
染料、香料	适量
水	83.5

该配方为低泡型地板清洗剂，相凝温度为 58 ℃，pH 为 13.4，黏度 (23 ℃) 为 5 mPa·s。适用于机械刷洗，使用质量浓度 7.5～15.0 g/L。

(7) 配方七

成分	(一)	(二)	(三)
焦磷酸四钾	8.0	22.0	8.0
改性聚氧乙烯醇 (非离子型，100%)	4.0	3.0	—
聚丙烯酸 (20%的乳液)	—	8.33	—
烷基磷酸酯钠 (50%)	10.0	—	4.0
透明硅酸钾溶液[$n(K_2O):n(S_2O_2)=2:1$]	—	5.0	—
无水磷酸三钠	—	5.0	—
氢氧化钾 (45%)	—	3.4	2.5
叔丁基苯基聚乙二醇醚 (n=7～8)	—	—	3.0
水	78.0	53.27	82.5

该配方为低泡型地板清洗剂，适用于机械刷洗，使用质量浓度 1.9～3.8 g/L。

(8) 配方八

十二水合磷酸三钠	2.0
椰油酰二乙醇胺	8.0
十二烷基苯磺酸钠	3.0
异丙醇	3.0
香料	0.1
防腐剂	适量
水	83.9

该地板清洗剂去污效力强，不腐蚀地板、不成膜。使用质量浓度 7.5～29.0 g/L。

(9) 配方九

十二水合磷酸钠	4.0
脂肪醇聚氧乙烯醚 ($\overline{M}$=800)	14.0
烷基磷酸酯钠 (100%)	4.0～6.0
五水合偏硅酸钠	4.0
三聚磷酸钠	16.0
香料	适量
水	156.0～158.0

该地板清洗剂在 50 ℃ 时仍稳定。

(10) 配方十

烷氧基化直链脂肪醇 (M=810)	8.0
二甘醇丁醚	8.0
焦磷酸四钾	12.0
香料	0.2
水	171.8

该配方为脱蜡型地板清洁剂，使用时每升水加 15～30 g。

(11) 配方十一

	(一)	(二)
焦磷酸四钠	9.0	7.0
氢氧化钾	2.0	—
氢氧化钠 (50%)	—	3.4
烷基磷酸酯钠 (80%)	6.0	3.2
无水硅酸钠	—	0.4
焦磷酸四钾	—	12.0
水	83.0	74.0
香料	适量	适量

该配方为地板脱蜡清洗剂，配方（一）使用质量浓度 7.5～15 g/L；配方（二）洗涤质量浓度 30 g/L。

(12) 配方十二

	(一)	(二)
单乙醇胺	5.0	0.5
二丙二醇单甲醚	1.0	4.0
脂肪醇聚氧乙烯醚 (M=428, 62.7%EO)	10.0	—
壬基酚聚氧乙烯醚 (n=9～10)	—	5.0
酸性烷基磷酸酯钠 (90%)	—	3.0
油酸	5.0	—
EDTA-4Na	—	6.0
氢氧化钠	—	1.0
无水硅酸钠	—	3.5
焦磷酸四钾	5.0	—
香料	0.1	0.1

染料	适量	适量
水	73.9	76.9

配方（一）pH 11.6，相凝温度 61 ℃，黏度（23 ℃）142 mPa・s，使用质量浓度：重垢 30 g/L；轻垢 15 g/L。配方（二）pH 13.3，黏度 10.0 mPa・s。该配方为脱蜡型地板清洗剂。

（13）配方十三

脂肪酰二乙醇胺（100%）	20.0
丁基溶纤剂	8.0
单乙醇胺	10.0
氮川三乙酸	6.0
氢氧化钠（28%）	2.0
氢氧化钾（45%）	6.0～8.0
硅酸钠	10.0
染料、香料	适量
水	136.0～138.0

这种无磷型地板清洗剂外观为黄色透明液体，pH 为 12.5～13.0，活性物含量 26%～28.5%，黏度（25 ℃）为 10 mPa・s。使用质量浓度 7.5～30.0 g/L。

（14）配方十四

二甲苯磺酸钠	2.0
十二水合磷酸三钠	3.0
直链烷基苯磺酸钠	5.0
椰油酰二乙醇胺	5.0
亚硝酸钠	0.2
焦磷酸四钾	3.0
聚乙烯醇（M=6 000）	5.0
香料	0.2
水	76.6

3. 主要原料规格

（1）烷基磷酸酯盐

烷基磷酸酯盐又称十二烷基磷酸酯钾（钠）、PL-1 型乳化剂。结构式为 $ROPO_3^-$ 和 $(RO)_2PO_3^-$ 的混合物，其中 $R=C_{12}H_{25}$。白色黏稠液体。具有抗静电、乳化、柔软等性能，是一种无刺激的阴离子表面活性剂。

有效物	≥50%
pH	7.5～8.5
Pb	≤0.0003%

（2）聚丙烯酸

聚丙烯酸属于 Sokalan PA 型增稠稳定剂。在清洗剂中具有抑制表面积垢能力和抗沉积性能。

	PA 80 s	PA 110 s
K 值（1%）	80	110
聚合摩尔数	100 000	250 000
浓度	35%	35%
pH	1.5	1.5
黏度（25 ℃）/（mPa·s）	1 000	5 000

（3）焦磷酸四钾

焦磷酸四钾又称无水焦磷酸四钾。白色粉末或块状。表观密度≥0.3。溶于水，不溶于乙醇。稍有潮解。用作重垢清洗剂助剂。

含量（$K_4P_2O_7$）	≥95.00%
水不溶物	≤0.50%
铁	≤0.05%
pH（2%的水溶液）	10.0～10.9

（4）氢氧化钾

产品有固体和液体两种。固体为白色块状或棒状。易溶于水、乙醇。在空气中吸收 CO_2 和水分，生成碳酸钾。水溶液呈强碱性，有强腐蚀性。液体产品呈蓝紫色透明液体。

	固体（二级）	液体（二级）
含量	≥88.0%	≥45.0%
碳酸钾（K_2CO_3）	≤3.0%	≤1.5%
氯化钾（KCl）	≤3.0%	≤1.5%

4. 生产工艺

一般先将水投入配料罐中，必要时加热至 60～80 ℃，依次加入表面活性剂和助剂，溶解完全后，于 40 ℃ 以下加入香料，混合均匀得到地板（液体）清洗剂。

5. 产品标准

外观为着色液体或稠状体，一般为碱性。40 ℃ 至－4 ℃下贮存稳定性好，不混浊分层。去污力强。脱蜡型具有良好的去污脱蜡效果。

6. 产品用途

用于地板去垢洗涤，一般采用刷洗（或机械刷洗）。使用时，用水稀释。

7. 参考文献

[1] 谢颖. 地板清洗剂 [J]. 陕西化工，1988 (2)：56-57.

4.80 玻璃清洗剂

1. 产品性能

玻璃清洗剂（glass cleaner）主要由表面活性剂、溶剂及助剂组成，产品为透明液体，去污力强，玻璃清洗后清净、透亮。尤其适用于宾馆等大型建筑物玻璃的清洗。

2. 技术配方（质量，份）

(1) 配方一

原料	用量
丁二酸十二酰胺基乙酯磺酸二钠	2.0～8.0
丁二酸二辛酯磺酸钠	0.5～2.0
乙酸	0.2～0.8
乙醇	20.0～40.0
水	加至100.0

该玻璃清洗剂引自波兰专利122618。

(2) 配方二

原料	用量
丁醇聚氧乙烯醚	12.0
月桂醇聚氧乙烯醚	10.0
甲基硅酮	6.0
EDTA-2Na	2.0
乙醇	4.0
水	166.0

(3) 配方三

原料	用量
月桂基二甲基氧化胺	0.95
二辛基二甲基氯化铵	0.38
葡萄糖苷	1.69
三聚磷酸钠	3.84
水	93.14

用这种玻璃清洗剂清洗后，可不需要漂洗。引自美国专利4606850。

(4) 配方四

原料	用量
三癸醇聚氧乙烯(8)醚	1.7
乙二醇丁醚	3.5
椰油酰二乙醇酰胺	0.5
焦磷酸钾	1.0
五水合硅酸钠	1.7
香料	0.3
水	91.3

洗涤时，直接使用原液。

(5) 配方五

原料	用量
十二醇硫酸酯三乙醇胺	0.04
Jourscour TR表面活性剂	0.16
异丙醇	10.00
氨水(28%)	0.20
染料、香料	0.50

水	89.30

该玻璃清洗剂可用喷射泵清洗。也可配成气溶胶型：原液（无染料）占96%、推进剂A-46占4%。

（6）配方六

仲醇聚氧乙烯（9）醚	0.15
丁基溶纤剂	3.00
无水异丙醇	5.00
香料、染料	0.50
水	91.45

该玻璃清洗剂采用气溶胶包装：原液占95%、异丁烷推进剂占5%。

（7）配方七

脂肪醇聚氧乙烯醚	1.0
二甲苯磺酸钠（40%）	20.0
氨水（28%）	1.0
水	78.0

这种浓缩型玻璃清洗剂使用时，用50倍水稀释。

（8）配方八

	（一）	（二）
乙二醇单丁醚	8.00	4.00
月桂基硫酸钠	0.07	—
十二烷基苯磺酸钠	—	0.10
氢氟酸（40%）	0.50	0.25
磷酸（85%）	—	0.20
醋酸（20%）	5.00	—
水	86.43	95.45

将该玻璃清洗剂喷雾于玻璃上，略干后，用棉布将玻璃揩干，不需用水冲洗，玻璃即可光亮如新。

（9）配方九

	（一）	（二）
壬基酚聚氧乙烯醚	0.700～1.400	0.300
烷基苯磺酸钠	1.300～2.800	—
防腐剂	0.075～0.500	—
异丙醇	—	35.000
聚丙烯酸钠	1.300～2.800	—
氨水（28%）	—	1.000
香料	0.300	0.300
水	加至100	59.650

配方（二）可制成喷射型玻璃清洗剂：原液占96%、喷射剂［V（二氟二氯甲烷）∶V（二氯四氟乙烷）=1∶1］占4%。

(10) 配方十

氮川二乙酸丙酸	1.0
2-乙基-1，3-己二醇	6.0
十二烷基苯磺酸钠	4.0
1-萘磺酸	1.5
纯碱	1.0
香料	0.2
水	83.3

该玻璃清洗剂引自欧洲专利申请513948。

(11) 配方十一

硬脂醇聚氧乙烯醚	5.0
聚醚改性硅油	5.0
烷基苯磺酸钠	5.0
可膨胀的蒙脱土钠盐	5.0
α-蒎烯	10.0
高岭土	2.0
水	68.0

将表面活性剂分散于水中，再加入其余物料，混合均匀得到玻璃清洗剂。该清洗剂尤其适用于汽车挡风玻璃的清洗。去污力强，易于漂洗，不留斑点。

(12) 配方十二

十二烷基二甲基丙基磺酸铵	0.2
异丙醇	3.0
丙二醇单丁醚	3.0
单乙醇胺	6.5
水	93.3

该玻璃清洗剂洗后不残留斑纹。

(13) 配方十三

壬基酚聚氧乙烯醚（HLB=12.9）	3.0
磷酸二氢钠	5.0
十二烷基苯磺酸钠	3.0
脂肪醇聚氧乙烯醚	5.0
非离子型润湿剂（100%）	4.0
异丙醇	3.0
水	75.0

首先将水投入配料罐，依次加入壬基酚聚氧乙烯醚、磷酸二氢钠、脂肪醇聚氧乙烯醚、十二烷基苯磺酸和非离子润湿剂，分散均匀后加入异丙醇，搅拌均匀得工业用玻璃清洗剂。

(14) 配方十四

脂肪醇聚氧乙烯醚（3）硫酸钠（60%）	0.15
焦磷酸钾	0.20

异丙醇	5.00
浓氨水	0.15
水	94.50

(15) 配方十五

焦磷酸钾	1.0
烷基萘磺酸钠(95%)	2.5
葡萄糖酸钠	1.0
乙二醇丁醚	5.0
异丙醇(99%)	24.0
氨水	5.0
精制水	61.5

先将水投入配料锅中,依次加入烷基萘磺酸钠、焦磷酸钾、乙二醇丁醚及氨水、异丙醇,混合均匀制得浓缩型玻璃清洗剂。使用时,对轻垢玻璃 m(原液):m(水)=1:16;重垢玻璃 m(原液):m(水)=1:8。

(16) 配方十六

脂肪醇聚氧乙烯(7)醚	0.60
聚氧乙烯椰油酸酯	6.00
乙二醇单丁醚	6.00
乙醇	6.00
氨水(28%)	5.00
染料	0.01
香精	0.02
精制水	176.37

先将脂肪醇聚氧乙烯醚、聚氧乙烯椰油酸酯溶于60 ℃热水中,然后加入乙二醇单丁醚、乙醇,于40 ℃以下加入其余物料,混合均匀即得玻璃清洗剂。

3. 主要原料规格

(1) 仲醇聚氧乙烯醚

仲醇聚氧乙烯醚又称仲烷醇聚氧乙烯醚,淡黄色黏稠液,溶于水,渗透性强,润湿力好,有分散凝冻现象。

渗透力(0.5%的溶液,30 ℃,用帆布测)/s	<10
浊点/℃	38~45
pH(1%的溶液)	6~8

(2) 乙二醇单丁醚

乙二醇单丁醚又称乙二醇一丁醚、丁基溶纤剂,无色透明液体,有醚味,沸点171 ℃,凝固点−70 ℃以下,闪点60 ℃。相对密度0.9012。折射率1.4197。溶于水[m(乙二醇单丁醚):m(水)=1:20],能溶于多数有机溶剂和矿物油。具有低蒸发速度和高稀释比的特点。是优良的溶剂。

沸程(66.7 kPa)/℃	92~95
纯度	≥95%

（3）异丙醇

异丙醇又称 2-丙醇，无色澄明液体，味微苦。相对密度 0.7850，凝固点－88.5 ℃，沸点 82.5 ℃，折射率 1.377 23，闪点 12 ℃（开杯）。能与水、乙醇、乙醚和氯仿混合，不溶于盐溶液。

指标名称	一级品	二级品
相对密度	0.784～0.788	0.784～0.790
馏程（101.325 kPa 下）		
初馏点/℃	≥81.5	≥81.0
干点/℃	≤83.0	83.5
不挥发物	≤0.005%	≤0.010%
纯度	≥99.5%	≥98.5%
水分	≤0.20%	≤0.30%

4. 生产工艺

一般先将水投入配料罐中，加热至 60～85 ℃，加入表面活性剂，分散均匀后加入其余物料，于 40 ℃ 以下加入醇、香料，搅拌均匀，得玻璃清洗剂。

喷射型玻璃清洗剂先按上述方法制得原液，将原液装入耐压罐，安装阀门后，压入抛射剂即得。

5. 产品标准

喷射型包装容器装封严密、耐压安全可靠。短时间耐受 50 ℃，不爆裂或跑气。喷射阀门畅通，无阻塞现象。原液为透明液体，去污力强，玻璃擦洗后清净、透亮，不残留斑点和斑纹。

6. 产品用途

用于各种玻璃的清洗，可喷洗或擦洗。用于大面积清洗时，应用水稀释后使用。

7. 参考文献

[1] 李波，满瑞林，秘雪，等. 一种环保型玻璃清洗剂的研制及其性能研究 [J]. 湖南工业大学学报，2017，31（4）：71-76.

[2] 钟劲茅，唐星华，凌雪梅，等. 环保型玻璃清洗剂的研制 [J]. 南昌航空工业学院学报（自然科学版），2003（4）：45-47.

4.81　家庭通用液体清洁剂

1. 产品性能

透明或带色液体。具有良好的去污力和发泡性，适用于家庭日用品等的清洁去污，应用范围广。

2. 技术配方（质量，份）

(1) 配方一

钾皂（50%）	1.4
二甲苯磺酸钠（40%）	16.0
改性椰子酰二乙醇胺	6.0
油酸	4.0
尿素	7.0
碳酸钠	30.0
乙二胺四乙酸钠	0.8
氨水	4.0
水	130.8

将尿素和碳酸钠溶于水中，再加入其余物料，混合均匀，得万能清洗剂。

(2) 配方二

脂肪酰二乙醇胺	15.0
碳酸钠	4.0
十二烷基苯磺酸钠	6.0
硼砂	3.0
EDTA-2Na	2.0
香料	适量
水	170.0

将各物料分散于水中得到通用清洁剂。

(3) 配方三

$C_{13\sim15}$烷基 E_7P_4 型聚醚	5.0
烷基磺酸钠	20.0
$C_{9\sim11}$脂肪醇聚氧乙烯醚	10.0
椰油脂肪酸	2.5
二丙二醇单丁基醚	14.0
香精	4.8
水	143.7

将各物料溶解分散于 70 ℃ 热水中，搅拌均匀，于 40 ℃ 加入香精，得到通用型浓缩液体清洗剂。引自欧洲专利申请 347110。

(4) 配方四

原料	(一)	(二)
椰油酰二乙醇胺（1∶1）	3.0	3.50
三聚磷酸钠	—	15.0
烷基苯磺酸钠	20.0	12.5
十二醇硫酸钠	12.0	—
氢氧化钠	调 pH 至 9.5	—
氯化钠	0.7	—
五水合偏硅酸钠	—	5.0

香料、防腐剂	适量	适量
水	64.3	77.5

该配方为通用型清洗剂配方，其中配方（二）为重垢型清洗剂配方。

（5）配方五

	（一）	（二）
直链伯醇乙氧基化物（M=425）	6.0	11.0
醇醚硫酸钠（59%）	—	15.0
无水碳酸钾	4.0	—
丁基二苯基溶纤剂乙二醇醚	5.0	—
EDTA-4Na	2.0	—
烷基醇酰胺	—	2.0
水	83.0	72.0

（6）配方六

直链烷基苯磺酸	7～14
脂肪酸	5～14
月桂醇聚氧乙烯醚	5～18
氢氧化钠	2～3
乙醇	5～8
丙二醇	2～4
三乙醇胺	2～4
乙二胺四乙酸二钠	1～2
染料、香料	适量
水	加至 100

将氢氧化钠、三乙醇胺溶于水，再加入脂肪酸、直链烷基苯磺酸，于 70 ℃ 溶解完全后，加入其余物料，最后于 40 ℃ 下加入香料、色料，混合均匀得无磷通用清洗剂。引自西班牙专利 540181。

（7）配方七

	（一）	（二）
焦磷酸四钾	2.0	2.0
脂肪醇聚氧乙烯醚（neodol 91-8）	10.0	10.0
二甲苯磺酸钠（40%）	2.0	4.0
偏硅酸钠（五水合物）	4.0	4.0
己二醇	8.0	6.0
香料	适量	适量
水	74.0	74.0

（8）配方八

	（一）	（二）
十二烷基苯磺酸钠（100%）	2.0	2.0
焦磷酸四钾	4.0	4.0
脂肪醇聚氧乙烯（8.4）醚	3.0	—
脂肪醇聚氧乙烯（9）醚	—	3.0

二甲苯磺酸钠（40%）	5.0	5.0
十二水合磷酸三钠	4.6	4.6
水	81.4	81.4

(9) 配方九

	(一)	(二)
脂肪醇聚氧乙烯（8.4）醚	—	3.0
丁基二苯基溶纤剂乙二醇醚	3.0	3.0
脂肪醇聚氧乙烯（6）醚	3.0	—
磷酸钠（十二水合物）	4.6	4.6
直链烷基苯磺酸钠（100%）	2.0	2.0
焦磷酸四钾	4.0	4.0
二甲苯磺酸钠（40%）	5.0	5.0
香精	0.3	0.3
水	78.1	78.1

(10) 配方十

脂肪醇聚氧乙烯醚硫酸钠	5.0
月桂醇聚氧乙烯（13）醚	7.0
$C_{9\sim12}$烷基苷	25.0
月桂基二甲基氧化胺	3.0
异噻唑啉酮衍生物	0.03
α-蒎烯	0.5
乙醇	5.0
水	54.47

将各物料溶解分散于热水中，得到多用液体清洗剂。

(11) 配方十一

直链烷基磺酸（97%）	6.7
焦磷酸四钠	20.0
脂肪醇醚硫酸钠（60%）	20.0
二甲苯磺酸钠（40%）	15.0
氢氧化钾（45%）	2.8
水	35.5

首先将水、二甲苯磺酸钠和氢氧化钾混合，然后加入烷基磺酸，调节 pH 至 7～8，加入脂肪醇醚硫酸钠、焦磷酸四钠，分散均匀得通用型清洁剂。

(12) 配方十二

丁醇聚氧乙烯（2）醚	2.0
烷基苯磺酸钠	3.0
脂肪醇聚氧乙烯（3）醚	1.5
二十二碳酸	0.5
丁二酸-戊二酸-己二酸混合物	1.0
碳酸钠	3.0
香料	0.3

水	88.7

先将纯碱溶于水，加入表面活性剂，再加入混合酸和二十二碳酸，分散均匀，于 40 ℃ 加入香料，得到无磷通用清洗剂。引自欧洲专利申请 151517。

3. 主要原料规格

（1）脂肪醇聚氧乙烯醚

浅黄色液体。溶于水，具有良好的乳化、润湿、去乳、分散能力。

指标名称	$n=7$	$n=9$	$n=10$
活性物含量	100%	≥99%	≥80%
浊点/℃	77±3	68±5	95
HLB	—	—	14.7
pH	5.5～7.5	6.0～7.5	—
倾点/℃	14±2	—	—

（2）磷酸钠

磷酸钠又称磷酸三钠、十二水合磷酸三钠，无色或白色结晶，73.3～76.7 ℃ 分解。溶于水，水溶液呈强碱性。加热至 100 ℃，失去 11 个结晶水，再加热至 212 ℃ 以上变成无水物。在干燥空气中易风化。

指标名称	一级品	二级品
磷酸三钠（$Na_3PO_4 \cdot 12H_2O$）	≥98%	≥95%
硫酸盐（SO_4^{2-}）	≤0.5%	≤0.8%
氯化物（Cl^-）	≤0.3%	≤0.5%
水不溶物	≤0.1%	≤0.1%

4. 生产工艺

一般将各物料溶解分散于水中（必要时加热至 70～80 ℃），然后于 40 ℃ 以下加入香料，混合均匀，得通用清洗剂。

5. 产品标准

呈透明液体或均匀着色液体。去污力强，漂洗性好。

6. 产品用途

广泛适用于家庭各类物品的去污洗涤。

7. 参考文献

[1] 李晓睿. 美国家用清洗剂的发展 [J]. 日用化学品科学，2013，36 (12)：1-3.
[2] 朱迪丹尼尔斯. 欧洲家用硬表面清洗剂的现状与未来（英）[J]. 韩亚明，洪翔，译. 日用化学品科学，2001 (6)：32-35.

第 5 章　工业用洗涤剂

5.1　轿车漆面清洗剂

该清洗剂主要用于轿车的外表清洗去污，对不易剥落的积垢去除效果好，洗后漆面光泽好。

1. 技术配方（质量，份）

壬基酚聚氧乙烯醚	10.0
右旋苧烯	10.0
乙二胺四（甲二磺酸）钠	2.0
乙二醇	10.0
碳酸钠	0.5
水	67.5

2. 生产工艺

将各物料分散于水，制得 pH 为 8.5 的轿车清洗剂。

3. 产品用途

用水稀释后，擦洗。

4. 参考文献

[1] 郭秀梅，吴曲波. 车用清洗剂的种类 [J]. 中国洗涤用品工业，2012 (3)：42-45.

5.2　工业冷洗剂

该剂含有二氯五氟丙烷、$C_{1\sim3}$烷基醇和 2-甲基-2-丙醇，混合后形成共沸物，可广泛用于工业特别是电子工业印刷线路板（洗脱焊迹）的冷洗。

1. 技术配方（质量，份）

二氯五氟丙烷（$C_3Cl_2F_5H$）	9.20
$C_{1\sim3}$烷基醇	0.80
2-甲基-2-2-丙醇	0.05

2. 生产工艺

将氟代烷与醇按配方量混匀，得恒沸的冷洗剂。

3. 产品用途

浸洗，或刷洗。

4. 参考文献

[1] 曹宝成，马洪磊，宗福建，等. 新型电子工业清洗工艺研究 [J]. 山东电子，1998 (4)：26-27.

5.3　超声波脱脂洗涤剂

该洗涤剂适用于机械零件的超声波脱脂去油清洗。

1. 技术配方（质量，份）

	(一)	(二)
乙二醇二甲基醚	18	—
草酸二乙酯	—	18
十二醇聚氧乙烯醚	1	1
壬基酚聚氧乙烯醚	1	1

2. 生产工艺

将各物料按配方量混合均匀即得。

3. 产品用途

超声波脱脂洗涤。

4. 参考文献

[1] 赵艳璧. 金属表面渣油清洗剂的研制 [D]. 大连：辽宁师范大学，2012.

5.4　钢件脱脂去油清洗剂

这种脱脂清洗剂，主要用于钢制品的脱脂和清洗的流水作业。引自捷克专利265567。

1. 技术配方（质量，份）

焦磷酸钠	2.0
三聚磷酸钠	2.2

碳酸钠	6.6
磷酸二氢钠	1.2
碳酸氢钠	3.4
酒石酸	0.9
聚磷酸钛	1.6
EP 型聚醚	1.0
硅酸钠	1.1

2. 生产工艺

采用干混法制得粉状脱脂去油清洗剂。

3. 产品用途

用水溶解后用于钢件的脱脂清洗。

4. 参考文献

[1] 刘梅英，朱日东. 低温脱脂剂的研制及其应用 [J]. 电镀与涂饰，2013，32 (9)：51-53.

5.5 低泡碱性脱脂剂

该脱脂剂可用于金属表面的清洗脱脂，脱脂率与三氯乙烷相当，0.2%的其溶液不腐蚀铁、钢铝、锌和铜。

1. 技术配方（质量，份）

葡萄酸钠	15
硅酸钠	42
EP 型嵌段共聚物[n(环氧乙烷)：n(环氧丙烷)=4：6,M=1 000～2 000]	5
$C_{10\sim14}$烷基 $E_5P_{3.5}$ 型聚醚	1
碳酸钠	42

2. 生产工艺

将各物料混合均匀即得。

3. 产品用途

与一般碱性金属清洗（脱脂）剂相同。

4. 参考文献

[1] 吕振华. 水基金属清洗剂的技术研究进展 [J]. 化工设计通讯，2018，44 (8)：67-68.

5.6　合金板清洗液

这种清洗液可用于铁—镍、铁—铬—镍、镍—钴—铁等合金板的除油清洗。

1. 技术配方（g/L）

磷酸钛	0.1～40.0
亚硝酸钠	0.1～100.0
EP 型聚醚（M=1100～3800）	0.1～10.0
脂肪醇聚氧乙烯醚	0.1～15.0
碱金属盐	1～200.0

2. 生产工艺

按配方量将各物料溶于水中，搅拌均匀得合金板清洗液。

3. 参考文献

[1] 房春媛. 新型高效水基金属清洗剂的研制 [D]. 大连：辽宁师范大学，2006.

5.7　铝用酸性清洗剂

这种液体洗涤剂，主要用于铝及铝合金表面的除油、去污清洗，可除去煤烟和积垢。

1. 技术配方（g/L）

磷酸	6
硫酸	9
硝酸	1
Fe^{3+}	0.05
SO_4^{2-}	0.13
双氧水	0.5
丙二醇	0.5
壬基酚聚氧乙烯醚	2

2. 生产工艺

按配方量将各物料分散于水中，制得酸性液体清洗剂。

3. 产品用途

用于铝及铝合金表面的清洗。

4. 参考文献

[1] 胡芳. 正交试验法优选酸性清洁剂配方 [J]. 河南化工，2019，36 (1)：26-28.

5.8 精密零件清洗剂

该清洗剂主要用于精密零件的超声洗涤，去油污力强，漂洗容易。

1. 技术配方（质量，份）

十二烯	6.5
十二醇聚氧乙烯醚（HLB=10.5）	2.5
水	1.0

2. 生产工艺

将各物料按配方量分散于水中，制得精密零件净洗剂。

3. 产品用途

40 ℃ 超声波清洗 3 min，然后用 20 ℃ 去离子水漂净。

4. 参考文献

[1] 张石磊. 精密零件清洗工艺研究及设备研制 [D]. 大连：大连理工大学，2008.

5.9 高效去焊药洗剂

无线电元件或集成板的自动焊接后，必须脱去焊药，以防留存的焊药腐蚀焊接点和元件。

1. 技术配方（质量，份）

（1）配方一

异丙醇	81.4
辛烷	18.6

这是一种无污染的高效去焊药洗剂，为恒沸混合物。

（2）配方二

甲醇聚氧乙烯醚	90
蓖麻油-乙氧基加合物（HLB=8）	10

该清洗剂主要用于松香型焊药的洗脱。

（3）配方三

乳酸酯	85
丙二醇单硬脂酸酯	7

硬脂酸聚乙二醇酯（C_{18}FAE）	3
十六醇聚氧乙烯醚（C_{16}AE）	5

将配方中的各物料按配方量混匀即得焊剂清洗剂，其清洗印刷电路板上焊药的效果与三氯四氟乙烷相当。

（4）配方四

1，1，1，2，2-五氟-3，3-二氢丙烷	76
丙酮	24

二者按配方量混合即得焊药清洗剂，是一种共沸混合物。

2. 参考文献

[1] 王旭艳，禹胜林. 印制板组装焊后清洗工艺 [J]. 电焊机，2008（9）：69-72.

5.10　印刷电路板用洗涤剂

该洗涤剂去除印刷电路板上的焊迹比卤代烃更有效，而且对人体和环境无不良反应。可有效地替代目前电子工业中使用的卤代烃型洗涤剂。

1. 技术配方（质量，份）

十二烷基聚氧乙烯醚羟酸钠盐	3.0
壬基酚聚氧乙烯醚（C_9APE）	2.0
苯甲醇乙氧基化物	40.0
单乙醇胺	5.0
水	50.0

2. 生产工艺

将各物料按配方量混合均匀即得。

3. 产品用途

浸渍后刷法。

4. 参考文献

[1] 李政. 印刷线路板清洗剂的新发展 [J]. 日用化学工业，1994（4）：42-44.

5.11　双丙酮醇型电气清洗剂

这种用于电气和电子设备的清洗剂，含双丙酮醇而不含卤素，对人体和环境无害，电气性能好，可用于超声波清洗电气、电子设备，如印刷电路板上的焊药和白色残留物。

1. 技术配方（质量，份）

组分	份
双丙酮醇	6.0
N-甲基-2-吡咯烷酮	1.2
脂肪醇聚氧乙烯醚	0.2
烷基磺酸钠	0.1

2. 生产工艺

将各物料按配方量混匀得电气清洗剂。

3. 产品用途

用超声波洗涤。

4. 参考文献

[1] 黄燕. 电气设备清洗剂的研制 [J]. 化工技术与开发，2010，39 (11)：23-25.

5.12 聚酯加工设备清洗剂

聚酯加工设备，通常用有机混合溶剂清洗，使用过的清洗剂通过回收处理再使用。往往由于洗涤过程中进入溶剂的树脂进一步聚合，给溶剂的回收带来麻烦。该清洗剂中添加了阻聚剂，可防止树脂在清洗剂中聚合，方便溶剂的回收。

1. 技术配方（质量，份）

组分	份
丁二酸二甲酯	17.00
戊二酸二甲酯	66.00
己二酸二甲酯	17.00
氢醌阻聚剂	0.01

2. 生产工艺

将 3 种二酯混合物，加入用少量溶剂溶解的氢醌阻聚剂，制得聚酯加工设备的清洗剂。

5.13 医械清洗消毒剂

1. 产品性能

这种清洗剂用于医疗器械的自动清洗和消毒，其中含有谷氨酰胺衍生物、十四烷基三丁基氯化磷、氮川三醋酸钠等。引自联邦德公开专利 4007758。

2. 技术配方（质量，份）

原料	份
丙氧基化十二醇	70
1，2，4-三羧基-2-膦酰基丁烷	15
丁醇聚氧乙烯醚（2）	20
谷氨酰-N-烷基丙二胺	30
双癸基二甲基丙酸铵	10
十四烷基三丁基氯化磷	60
氮川三醋酸钠	30
异丙醇	300
水	519

3. 生产工艺

依次将各物料溶于75℃的水、异丙醇混合溶剂中，搅拌均匀得消毒清洗剂。

4. 产品用途

喷雾清洗，在升温下消毒。

5.14　实验室用洗涤剂

这种含有膦酸盐螯合剂的洗涤剂，可用于实验及玻璃仪器的洗涤，以除增残留碱物质。引自欧洲专利申请353973。

1. 技术配方（质量，份）

原料	份
二亚乙基三胺五（亚甲基膦酸）六钠	8.50
丁二酸二辛酯磺酸钠	40.80
醇聚氧乙烯（2）醚	10.72
乙二胺四（亚甲基膦酸五钠）	75.90
水	800

2. 生产工艺

将表面活性剂和膦酸盐溶于水中，制得实验室用洗涤剂。

3. 产品用途

与一般液体洗涤剂相同。用水稍加稀释后，将玻璃仪器浸入刷洗后漂净。

5.15　食品机具专用清洗剂

这种清洗剂主要用于食品加工机具设备的清洗，属碱性低泡型，具有无毒、无腐蚀作用的特点。其中含有EO型非离子表面知性剂、次氯酸钠等。引自美国专利 4878951。

1. 技术配方（质量，份）

原料	份
氢氧化钠（50%）	20.00
二己基二苯磺醚磺酸钠	1.50
EO 型非离子表面活性剂	0.23
次氯酸钠（15%）	20.00
螯合剂	7.50
水	52.40

2. 生产工艺

先将氢氧化钠水溶液、次氯酸钠水溶液、螯合剂与水混合，再将其与剩余两种原料的混合物进行混合，制得食品设备用的液体清洗剂。

3. 产品用途

与一般液体硬表面洗涤剂相同，稍加稀释后，刷洗食品加工机具设备。

5.16 列车车体用洗涤剂

列车车体上附着污垢的成分比较复杂，大体上可分为两大类。一类是从外部沾染的污垢，如灰尘，特别是经常通过隧道、煤矿区等的客车车体，沾污许多煤灰粉尘。在车门、窗户附近的吐泻物，如痰、鼻涕等黏附力较强，是很难除掉的污垢。另一类是火车运行时，由于金属间的摩擦，如刹车闸的摩擦和电动牵引火车的导电引线的摩擦等产生的金属粉尘，以及机械油、润滑油等漏溅而形成的污垢。

1. 技术配方

（1）配方一

由于车体所使用的金属板材和涂料不同，清洗剂的成分和清洗方法也各有不同，下表介绍了国外所使用的几种清洗剂配方。

表 5-1 国外所使用的几种列车车体清洗剂配方

国别	车体涂料种类	配方（质量，份）	稀释倍数	pH	清洗周期
加拿大	醇酸树脂涂料	草酸 58.5 表面活性剂 34.0 螯合剂 4.7 分散剂 2.5 山梨糖醇 0.3	5%	1	4～15 天
荷兰	醇酸树脂涂料	草酸 2～7 去污剂 0.1～0.4 水 加至 100	1～2 倍		5～30 天

续表

国别	车体涂料种类	配方（质量，份）	稀释倍数	pH	清洗周期
西德	硝基混合清漆 聚氨酯表面涂料	盐酸类 磷酸类 碳酸钠或碳酸钾类	2 倍 5～30 倍 20～200 倍	1 1～3 10.0～12.5	7 天
瑞士	硝基混合清漆 涂覆树脂	硫酸　10～15 去污剂　17～26 溶剂　14 水　59～65	1～3 倍	1.0～1.5	半个月
英国	醇酸树脂涂料， 聚氨酯表面涂料	烷基烯丙基磺酸盐　5～7.5 壬醇　0.5～1.5 草酸　加至 100	5%	1.0～1.5	半个月至 1 个月
法国	醇酸树脂涂料	草酸　20.5 去污剂　26.8 溶剂　25.7 水　27.0 中性洗涤剂　52.5 溶剂　4.1 碳酸钠　0.6 水　42.8	通常 3%～5% 特殊 20%	1.8 2.0	1～7 天或 运行 1000 公里
意大利	醇酸树脂涂料	草酸　5 去污剂　7 三氯甲烷　6 水　82	1～5 倍	1～1.5	半个月

（2）配方二（质量，份）

烷基苯磺酸盐（表面活性剂）	8～10
金属防腐蚀剂	1～2
草酸（水合物结晶）	80～90
辛醇等高碳醇（润湿剂）	1～2
乙二醇或其他多元醇（干燥防止剂）	5
烷基苯磺酸钠型配方（份）	
烷基苯磺酸钠	33
非离子表面活性剂［的聚乙烯烷基醚（10）］	5
高碳醇（润湿剂）	1～2
消泡剂	1～2
中性盐（硫酸钠、氯化钠等）	60

2. 参考文献

［1］刘平，易晓斌，宋江蓉，等. 轨道交通之列车车体清洗剂的研制［J］. 清洗世界，2014，30（5）：21-24.

[2] 杨松柏，张天红. 动车组专用清洗剂的研究与应用 [J]. 中国铁路，2008 (4)：61-64.

5.17 玻璃幕墙用清洗剂

玻璃表面层较容易受空气、二氧化碳、水和其他气体浸透和扩散，更易受到化学物侵蚀，同时也易附着污垢。以表面活性剂为主剂的玻璃清洗剂，可有效清洁玻璃上的污垢。

1. 技术配方（质量，份）

(1) 配方一

成分	用量
琥珀酸二异辛酯磺酸钠	0.75
甲基环己醇	15.00
王基酚聚氯乙烯醚	1.90
甲基蓝染料	0.09
乙醇	200.00
水	782.35

本配方引自捷克专利235758。

(2) 配方二

成分	用量
改性多苯磺酸钠（液体）	20.0
$C_{10\sim22}$直链伯醇聚氧乙烯（6）醚硫酸盐	1.0
氨水（28%）	2.0
水	77.0

2. 参考文献

[1] 钟劲茅，唐星华，凌雪梅，等. 环保型玻璃清洗剂的研制 [J]. 南昌航空工业学院学报（自然科学版），2003 (4)：45-47.
[2] 雷音. 玻璃清洗剂的研制及应用 [J]. 渭南师专学报，1998 (2)：67-68.

5.18 汽车车体清洁剂

1. 技术配方（质量，份）

(1) 配方一

成分	用量
壬基酚聚氧乙烯（5）醚	2.56
硅酮油	2.13
巴西棕榈蜡	5.34
溶剂用煤油	26.73
壬基酚聚氧乙烯（10）醚	3.85
三乙醇胺	0.58

磷酸钙微粉（骨粉）	5.34
水	53.47

本配方是汽车车体手工清洁剂，为O/W型的乳液，使用前先用水冲洗车体，剩下难以冲洗掉的胶状油性污垢，再用本品擦净。本品兼有上光效果。

（2）配方二

巴西棕榈蜡	8.0
地蜡	19.0
微晶石蜡	1.0
硅酮油	6.0
溶剂用煤油	54.0
松节油	12.0
氧化硅微粉	少量

将上述成分加热混溶后，急骤冷却，则成为均匀的脆性固体蜡，稍许加热或用力搅动，很容易熔化。使用时，将本品擦在干布上擦拭车体，干后另用干净布擦亮。本品不仅可以擦净胶状油性垢，而且还有上光和防水效果。

（3）配方三

芳香烃（沸点130℃）	80.0
矿物油	15.0
硅胶微粉	5.0

（4）配方四

三聚磷酸钠	85.0
辛基酚聚氧乙烯醚	15.0

汽车车体机洗清洗剂。取本品60 g溶于1 L水中保存，使用时用25倍水稀释。

（5）配方五

烷基苯磺酸钠（40%）	5.0
磷酸三钠	40.0
硅酸钠	30.0
无水碳酸钠	25.0

（6）配方六

烷基烯丙基磺酸钠	13.0
直链烷基苯磺酸钠	9.5
葡糖酸钠	5.0
乙醇胺	0.1
苯甲酸钠	0.4
泡沫稳定剂	1.0
水	71.0

本品是无磷型汽车清洗剂，生物降解性好，对环境污染较少。

（7）配方七

壬基酚聚氧乙烯醚	5.0

磷酸三钠	20.0
硅酸钠	20.0
氢氧化钠	25.0
无水碳酸钠	30.0

本品为蒸汽喷洗机用汽车清洗剂。可以洗掉沾污车底盘上的胶状泥沙油污。使用时，用300～400倍的水溶解后，加热成100 ℃的蒸汽喷射冲洗。为了减少泡沫，须使用低泡性的表面活性剂，表面张力应保持在（35～40）$\times 10^{-5}$ N/cm。

无论是使用清洗剂水洗，还是蒸汽喷洗，洗净后都需要用蜡类上光剂擦亮。洗净和上光一次进行的清洗剂参考配方（质量，份）如下：

胺变性的硅酮油	10.0
非离子表面活性剂	5.0
阳离子表面活性剂	5.0
水	80.0

2. 说明

客运汽车的清洗对象，分为涂漆的车体、底盘、发动机和玻璃窗等部分。车体和玻璃窗部分附着的污垢，主要是尘埃和燃烧不完全的油烟等。底盘上附着的污垢，主要是泥沙和路面上的沥青、煤焦油及发动机的漏油等黏附力较强的污垢。汽车各部位附着的污垢类型不同，清洗方法也有所不同。

汽车车体的清洗方法有手工擦净法和机械清洗法。

3. 参考文献

[1] 汽车车体清洗剂配方 [J]. 河南化工，1997 (6)：22.

5.19 金属制品清洗剂

金属的清洗一般是根据金属的类别和污垢的不同采取适宜的去污方法，以取得最佳的经济效果。

1. 清洗剂的选择

利用强酸或强碱的作用，把金属表面生成的较厚的氧化膜溶解除掉，达到清洗的目的，称为浸渍法。这种清洗方法很难避免损伤金属的表面。除了采用调整清洗条件以使表面损伤达到最低程度之外，多数是使用防腐蚀剂，以减少清洗剂对金属表面的腐蚀。经过热处理成形的钢铁，在表面生成很厚的一层氧化物，一般是使用酸性溶液。普通钢板主要是使用硝酸或盐酸等。硅钢板和不锈钢板等特殊钢板，使用硝酸、氟酸和硫酸混合液或单独溶液。

在氧化物被硫酸溶解过程中，钢铁表面也由于被硫酸的侵蚀而产生氢气。由于所产生的氢气的压力，很容易使上层的 Fe_2O_3 和 Fe_3O_4 层剥离。此外，由于氢的还原作用，在洗涤液中溶解的硫酸铁几乎全是二价铁的化合物，很少有三价铁的化合物。利用所产生的氢虽然对去除氧化物的作用显著，但是由于酸液的渗透而引起钢板的氢蚀致脆现象，影响钢板质量。

更由于有 As_2O_3、SbO_3、H_2S、SO_2 等微量的杂质存在，愈加促进氢蚀致脆。此外，在钢板表面有氧化物鳞片的地方，硫酸溶液浸透的速度快，在没有氧化物鳞片的地方，磨光的表面比粗糙的表面更容易引发生氢蚀致脆。为了使致脆的现象控制在最低程度，可在清洗液中加 2%～5%的铬酸酐、重铬酸、硝酸等氧化剂。此外，也有加适当的防腐蚀剂的。通常是用表面活性剂降低清洗液的表面张力，以防止氢蚀致脆，或者将被洗物进行阳极电解酸洗处理。

对已经氢蚀致脆的被洗物，为了使之复原，可采用在沸腾的热水或油中进行热处理。在 120 ℃ 的空气中放置 1～2 h，或 200 ℃ 的空气中放置 30 h，也能使氢蚀致脆的被洗物复原。

硫酸的价格便宜且容易买到，可以作为钢铁的浸渍剂，使用量 5%～11%，温度 60～90 ℃。其缺点是温度越高，越出现容易引氢蚀致脆现象。

盐酸对氧化物鳞片的溶解力比碳酸大，一般使用量 5%～10%，温度为 40 ℃ 以下，多数在常温下进行，如果温度过高，酸的消耗大，而且产生有害气体，污染环境。

用磷酸溶液浸渍，很适于除去氧化铁的鳞屑，温度处理后可生成磷酸铁的防锈膜，能使涂料更好地黏附在钢铁表面。但是，磷酸的价格比硫酸和盐酸高。磷酸的使用量 15%～20%，温度 40～80 ℃。由于是弱酸性的溶液，在常温下难以去除微细的氧化物。

氢氟酸的价格高，而且处理困难，不常使用，虽然对铸铁的酸洗有特效，一般是加在硫酸和盐酸中使用。

2. 废水的处理方法

用硫酸溶液清洗浸渍钢板，1 吨钢板要使用 15～20 kg 的硫酸，因此每天要排放大量的含有硫酸（约占 10%）和硫酸铁（约占 15%）的废水，不仅污染环境，而且还有多量的溶解铁流失。因此，液浸渍清洗钢板的废水必须进行处理。

(1) 石灰中和法

石灰中和法是用石灰将废液中的硫酸和铁离子转变为硫酸钙和氢氧化铁的方法。石灰中和法简便，但是分离出来的硫酸钙和氢氧化铁的混合物，经济价值不大，需要妥善处理。

(2) 浓缩法

将废硫酸溶液浓缩为 30%～50%，大部分溶解的硫酸铁变成硫酸铁一水物析出，然后再进行分离。浓缩方法采用真空浓缩法或加热法。加热浓缩法，由于温度高，收回酸的质量差，而且易腐蚀铁设备。

(3) 溶剂沉淀法

在废硫酸溶液中加丙酮或乙醇等，使硫酸铁等无机盐类的溶解度下降、析出，然后再进行分离、回收。

(4) 硫酸铵法

在废硫酸溶液中通入氨，使硫酸铵和无机氢氧化物析出，然后再进行分离、回收。

3. 参考文献

[1] 刘静华. 金属制品的水基清洗工艺 [J]. 航空工艺技术，1982 (12)：27-29.

5.20 铝铜板清洗剂

1. 技术配方（质量，份）

十二烷基苯磺酸异丙基铵	5
二氯三氟乙烷	80
水	15

该清洗剂用于铝板和铜板清洗。配方引自欧洲专利申请 473083。

2. 参考文献

[1] 李高峰. 低温高效低泡水基冷轧铝板清洗剂的研究与开发 [J]. 表面技术，2017，46 (12)：290-294.

5.21 铝制品加工用脱脂剂

1. 技术配方（质量，份）

三紫磷酸钠	25～35
氢氧化钠、氧化钾混合物[$m(NaOH):m(KOH)=(1\sim10):1$]	12～20
脂肪醇	2.6～6.1
壬萘酚聚氧乙烯醚	3～7
脂肪醇聚氧乙烯醚	0.4～0.6
碳酸钠	加至 100

配方为铝制品加工用脱脂剂。

2. 参考文献

[1] 庞涛，黄先球，马颖，等. HS-1 型冷轧连退工序脱脂剂的研制 [J]. 清洗世界，2015，31 (12)：39-43.

5.22 有色金属光亮清洗剂

1. 技术配方（质量，份）

氮基磺酸	83～88

烷基乙氧基甲基二乙基苯磺酸铵	0.5～5.0
硫脲	0.7～1.0
氯化铝	加至 100

该配方为有色金属光亮清洗剂。

2. 参考文献

[1] 肖震. 新型有色金属光亮清洗剂（亮铜液）[J]. 上海金属（有色分册），1988 (5)：31-35.

5.23 铝及其合金碱性清洗液

铝及其合金放置过久，色泽会变得暗淡无光，形成氧化膜垢。用这种碱性清洗剂擦洗，能使其保持或恢复洁净光亮。

1. 技术配方（质量，份）

(1) 配方一

氢氧化钠（或氢氧化钾）	3～5
磷酸三钠	2
碳酸钠	40～50
水玻璃	20～30

(2) 配方二

氢氧化钠（或氢氧化钾）	8～10
磷酸三钠	40～60
水玻璃	25～30

(3) 配方三

氢氧化钠（或氢氧化钾）	10～12
磷酸三钠	20～30
水玻璃	25～35
OP-7 或 OP-10	25

2. 产品用途

将清洗剂涂在湿棉纱上，抹擦铝及合金表面，然后用干布擦净。配方三适用于铝阳极氧化制件的除油。

3. 参考文献

[1] 李骏堂，邵长法. 新型铝合金化学除油溶液：L8410 碱清洗剂 [J]. 航空工艺技术，1986 (6)：24-27.

5.24 不锈钢酸性清洗剂

该清洗剂为酸性液体。主要用于清洗不锈钢制件上的污垢，使不锈钢保持洁净光亮。

1. 技术配方（质量，份）

组分	份
无水柠檬酸	2.0
辛基酚聚氧乙烯醚	1.0
磷酸（85%）	1.5
甲基乙基酮（丁酮-2）	1.5
水	44.0

2. 生产工艺

将无水柠檬酸和磷酸溶于水中，再加其余组分。若用冷水，则聚氧乙烯醚需用3倍的温水预混合。产品为均匀液体，冷热条件下稳定，不分层，不沉淀。去污力强，对不锈钢件无腐蚀。

3. 产品用途

用棉纱蘸取本清洗剂，抹擦不锈钢表面，或加压喷洗。

4. 参考文献

[1] 张利平. 不锈钢清洗剂中缓蚀剂的选择 [J]. 阴山学刊（自然科学版），2003 (1)：89-91.

5.25 精密零件清洁剂

这种精密零件高级清洗剂适用于不锈钢、普通钢、铜及其他金属或合金制造的精密零件，如手表、仪表零件。可除去附在零件表面的动植物油脂、矿物油垢和无机污垢，并可增加表面光洁度。

1. 技术配方（质量，份）

（1）配方一

组分	份
直链烷基硫酸钠（$C_{12\sim18}$）	0.30
仲硫醚油酸丁酯铵盐	1.00
环庚醇	0.75
异丁醇	1.50～2.00
卵磷脂	0.30
三氯乙烯	90.00

（2）配方二

脂肪醇	1.80～2.20
十二烷基硫酸钠	0.50
仲硫醚油酸丁酯铵盐	1.00
环烷醇	0.75
三氯乙烯（二氯乙烷）	85.00
卵磷脂	0.40

（3）配方三

$C_{16\sim18}$伯烷基硫酸钠	0.40
环己醇	0.75
仲硫醚油酸丁酯铵盐	1.00
卵磷脂	0.50～1.40
异丁醇	2.00
三氯乙烯	94.00

2. 生产工艺

首先加入三氯乙烯，然后加入其余各组分，边加边搅拌，加完后继续搅拌半小时至全溶即得。

3. 产品用途

将精密零件浸渍于清洁洁中，然后用小聂子夹住，用小刷子清洗，让其自然晾干。

4. 参考文献

[1] 张石磊. 精密零件清洗工艺研究及设备研制 [D]. 大连：大连理工大学，2008.

5.26　金属除锈抛光剂

本品主要用于金属表面除锈抛光。对于钢琴、铜表面的轻微锈蚀、氧化膜及斑点，能迅速擦去，恢复表面的光洁度。

1. 技术配方（质量，份）

六次甲基四胺	2
硫脲	2
抛光粉（氧化铝）	30
淀粉	40
草酸	30
水	75

2. 生产工艺

将氧化铝和淀粉用水混合拌匀，在 100 ℃煮成浆糊，然后加入草酸、硫脲和六次

甲基四胺，继续搅拌 30 min，冷却即可使用。

3. 产品用途

涂于金属表面，用抛光机或手工抛光。

4. 参考文献

[1] 张何林，王宏，卢智敏，等. 新型金属表面抛光清洗剂的研制 [J]. 表面技术，2003 (6)：75-76.

5.27 脱脂洗涤剂

这种洗涤剂经试验对涂有防锈油钢板有良好的脱脂性，是一种低泡型去污脱脂清洗液。引自欧洲专利申请 392394。

1. 技术配方（质量，份）

五水合硅酸钠	45.0
十二醇聚氧乙烯（7.5）醚	7.5
纯碱	18.0
壬基酚聚氧乙烯（10）醚磷酸钠	2.5
磷酸钠	18.0
亚硝酸钠	9.0
水	150

2. 生产工艺

先将 4 种无机钠盐溶于水中，再加入其余物料，得脱脂洗涤剂。

3. 产品用途

用时加水稀释至 2%～5%，喷洗或刷洗钢材及金属制品。

5.28 工业用液体洗涤剂

工业用液体洗涤剂是洗涤剂工业的一个重要组成部分，广泛用于轻工、纺织、石油、化工、冶金和机械等工业中。这里主要介绍利用表面活性剂的去污、润湿、浸透、乳化等进行复配的几例液体洗涤剂。

1. 技术配方（质量，份）

(1) 配方一

脂肪酸单乙醇酰胺乙氧基化物	3.5～8.0
胶体润湿硫黄	1.0～5.0

硅酸钠	8.0～20.0
三聚磷酸钠	30.0～45.0
硫酸钠	3.0～15.0
碳酸钠	20.0～40.0
水	配成 0.02 kg/L

（2）配方二

2-膦酰基-1，2，4-丁基三羧酸	0.8
氢氧化钠	15.0
聚丙烯酸钠	2.5
次氯酸钠	3.0
水	71.5

（3）配方三

N-月桂基-*N*-丙酸亚氨基丙酸钠	12.0
聚丙烯酸钠	5.0
脂肪醇聚氧乙烯（7）醚	3.0
荧光增白剂	0.1
氮川三乙酸溶液	8.0
柠檬酸	1.0
二亚乙基三胺五（亚甲基膦酸）	1.0
氢氧化钠（30%）	45.0
水	24.4

（4）配方四

二亚乙基三亚乙基五（亚甲基膦酸）（50%）	0.50
羟基乙叉二膦酸盐（60%）	0.50
聚丙烯酸钠（29%）	15.00
氢氧化钠	22.00
氮川三乙酸钠（40%）	8.00
水	54.98

（5）配方五

壬基酚聚氧乙烯醚	8
谷氨酸钠	10
二氯甲烷	10
硅酸钠	5
氢氧化钾	7
脂肪醇聚氧乙烯醚	5
水	60

（6）配方六

磷酸钠	32
水杨酸	4
烷基苯磺酸钠（60%）	250

非离子表面活性剂（36%）	250
酒精	830

（7）配方七

乙醇胺	3.000
异丙醇	7.500
壬基酚聚氧乙烯（9.5）醚	1.500
硅酮消泡剂	0.002
丙二醇	40.000
染料	微量
水	48.000

（8）配方八

磷酸二氢钠	0.03
磷酸氢二钠	0.09
烷基磺酸盐（40%）	5.00
硼砂	0.50
葡聚糖酶	12.50
蛋白酶	7.50
1，2-丙二醇	40.00
氢氧化钠（50%）	0.42
水	40.00

（9）配方九

二丙二醇单甲醚	10.9
$C_{9\sim11}$脂肪醇聚氧乙烯（6）醚	4.9
$C_{9\sim11}$脂肪醇聚氧乙烯（2.5）醚	1.9
脂肪酸（油酸、亚油酸）	10.6
氢氧化钾（45%）	2.8
水	26.0

（10）配方十

$C_{12\sim14}$脂肪醇聚氧乙烯醚硫酸钠	0.3
脂肪醇聚氧乙烯醚	1.8
乙二胺四乙酸钠（EDTA-Na）	28
三乙醇胺	0.8
2-乙基已酸	1.8
油酸	0.4
水	64.3

2. 生产工艺

（1）配方一的生产工艺

将物料混合后，用水配成0.02 kg/L的溶液，用于牛奶设备的洗涤。引自苏联专利1509396。

（2）配方二的生产工艺

将氢氧化钠溶于水中，加入2-膦酰基-1，2，4-丁基三羧酸，再加其余两种物料，制得用于食品设备用洗涤剂。引自美国专利4935065。

（3）配方三的生产工艺

将水与氢氧化钠溶液混合，加入氮川三乙酸和柠檬酸，再加入膦酸，然后与其余物料混合，制得工业洗涤剂，用于金属等硬表面的洗涤。引自联邦德国公开专利3935622。

（4）配方四的生产工艺

将氢氧化钠溶于水中，然后与其他物料混合，制得工业洗涤剂。引自联邦德国公开专利3943139。

（5）配方五的生产工艺

将氢氧化钾、硅酸钠和谷氨酸钠依次溶于水中，再将二氯甲烷与表面活性剂的混合物与水混合，制得金属零件清洗剂。

（6）配方六的生产工艺

将各物料混合6 h，制得pH为10的纺织工业用洗涤剂，也可用于地板的清洗。

（7）配方七的生产工艺

将各物料按配方量混合均匀得大冰库用洗涤剂，适用于微冷冻表面的清洗，不冻结表面。引自美国专利50623。

（8）配方八的生产工艺

将氢氧化钠溶液与水混合，加入硼砂和磷酸盐，再与其余物料混合，制得食品工业分离膜（如从啤酒中分离乙醇用的复合膜）清洗用的洗涤剂。

（9）配方九的生产工艺

将各物料搅拌混合均匀得发动机微乳液清洗剂，所得的微乳液清洗剂可有效地除去汽车发动机上的油、润滑脂和无机污垢。引自加拿大专利申请2013431。

（10）配方十的生产工艺

将EDTA-Na溶于水中，加入三乙醇胺，然后加油酸和2-乙基己酸，混合均匀后与表面活性剂混合得工业用洗涤剂。

3. 产品用途

用于清洗车辆、发动机、机械部件，可喷洗或刷洗。引自联邦德国专利4001595。

4. 参考文献

[1] 荀合. 工业洗涤剂的剖析研究 [D]. 广州：华南理工大学，2011.

5.29 碱性硬表面擦洗净

这种净洗剂具有去污力强，易于漂净，不磨损被洗表面等特点。

1. 技术配方（质量，份）

辛醇缩水甘油醚	30
烧碱	200
EDTA-4Na	20
水	750

2. 生产工艺

将烧碱、EDTA-4Na溶于水中，加入辛醇缩水甘油醚，匀质过滤，得碱性硬表面净洗剂。

3. 产品用途

用时稀释。可用于金属（如钢板）、塑料、玻璃等硬表面的清洁洗涤。可刷洗或喷洗。

5.30 低泡金属清洗剂

此清洗剂为深绿色黏稠液体，略带香味。本品属于低泡沫型金属清洗剂，除具有良好的清洗性能外，还兼备泡沫随时消失的独特性能。适用于连续加压喷洗，可用于钟表、电子、汽车零件等热处理除油垢等。使用时，当自来水以质量比4∶96的比例混合，于室温下喷洗，对洗件还有防锈功能。

1. 技术配方（质量，份）

烷基酚聚氧乙烯醚	0.4
亚硝酸钠	0.4
聚醚型非离子表面活性剂（2040）	3.3
聚醚（2020）	0.2
聚醚（2070）	0.2
三乙醇胺	0.4
水	8.4
蓝颜料、香精	适量

2. 生产工艺

先将聚醚加热熔化，然后加入40 ℃温水，配成溶液。再加入烷基酚聚氧乙烯醚、亚硝酸钠及三乙醇胺，在40 ℃搅拌1 h至混合液均匀，最后加入颜料和香精，即为成品。

本品为均匀液体。冷热条件下均稳定，不分层，不沉淀。低温下去油污性能好，并有良好的水漂性能。完全无害，废液排放不会造成污染。对金属无腐蚀。

3. 产品用途

用自来水稀释至 4%，于室温下（加压）喷洗。

4. 参考文献

[1] 盘茂东，陈喜良，范宏亮. 高效增光防锈金属清洗剂的研制 [J]. 清洗世界，2018，34 (12)：38-40.

5.31 金属超声波清洗剂

该剂为浅黄色油状物，略带香味。用以代替汽油、煤油、柴油清洗金属机件，可供金属加工行业及轴承行业洗净机件之用。使用安全、无污染，可节省能源和改善劳动条件。适宜于超声波、振荡电解、浸渍、喷淋等各种清洗形式。

1. 技术配方（质量，份）

脂肪胺聚氧乙烯醚	0.15
烷基酚聚氧乙烯醚（Tx-10）	1.50
脂肪酸二乙醇胺（ninol）	0.30
脂肪醇聚氧乙烯醚（AEO-9）	2.60
脂肪醇聚氧乙烯酸硫酸钠	0.75
水	9.80

2. 生产工艺

将各组分（除水外）混合加热至 75 ℃，再将水加热至 70 ℃加入混匀乳化。制备时，还可适当加入适量的碳酸钠、焦磷酸钠、三聚磷酸钠和水玻璃等，一般是将这些无机盐溶于水中再与表面活性剂混合乳化。加入这些无机助剂可以有效提高清洗大量机件的效能。

本品为均匀的油状物，不分层，不沉淀。去油垢性能好，对金属无腐蚀作用。冷热条件下质量稳定。

3. 产品用途

采用超声波振荡洗涤，还可喷淋或用尼龙刷蘸洗的方法，也可将被洗物件浸渍于清洗剂，然后刷洗。

5.32 电子元件清洗剂

清洗金属外壳，如铝电容器等电子元件，含苧烯、壬基酚醚、磷酸异辛酯和表面活性剂，该剂具有良好的电性能。

1. 技术配方（质量，份）

成分	份
十二烷基苯磺酸钠	5
脂肪酸烷醇酰胺	45
α-苧烯	900
壬基酚聚氧乙烯醚	45
磷酸异辛酯	5

2. 生产工艺

将各物料混合热溶解，分散均匀，得电子元件清洗剂。

3. 产品用途

用水稀释后，可采取喷洗或震荡洗涤。

4. 参考文献

[1] 和德林，朱瑞廉，王瑞庭. 电子元件的清洗工艺与清洗剂 [J]. 洗净技术，2004 (1)：5-8.

参考文献

[1] 王前进，张辰艳，苗宗成. 新编实用化工产品丛书：洗涤剂——配方、工艺及设备 [M]. 北京：化学工业出版社，2018.

[2] 李东光. 日用洗涤剂配方与制备 [M]. 北京：化学工业出版社，2019.

[3] 姬学亮. 洗涤剂和化妆品生产技术 [M]. 北京：科学出版社，2018.

[4] 曾凡瑞，覃显灿. 洗涤剂生产技术 [M]. 北京：化学工业出版社，2011.

[5] 屈小英，谢音，陈一先，等. 化妆品与洗涤剂产品的分析检测 [M]. 北京：科技文献出版社，2009.

[6] 刘云. 洗涤剂：原理・原料・工艺・配方 [M]. 2 版. 北京：化学工业出版社，2013.

[7] 宋小平，王佩华，韩长日. 洗涤剂制造技术 [M]. 北京：科学技术文献出版社，1998.

[8] 黄玉媛，刘汉淦. 清洗剂配方 [M]. 北京：中国纺织出版社，2008.

[9] 李东光. 工业清洗剂配方与制备 [M]. 北京：中国纺织出版社，2009.

[10] 顾民，吕静兰. 工业清洗剂 [M]. 北京：中国石化出版社，2008.

[11] 宋小平，韩长日. 洗涤剂实用配方与生产工艺 [M]. 北京：中国纺织出版社，2010.

[12] 黄玉媛，刘汉淦. 表面处理用化学品配方 [M]. 北京：中国纺织出版社，2008.

[13] 顾大明，肖鑫礼，李加展. 工业清洗剂：示例配方制备方法 [M]. 2 版. 北京：化学工业出版社，2017.

[14] 杨晓东，李平辉. 日用化学品生产技术 [M]. 北京：化学工业出版社，2008.

[15] 黄玉媛，陈立志，刘汉淦，等. 精细化学品实用配方手册 [M]. 北京：中国纺织出版社，2009.

[16] 宋小平，韩长日，仇厚援. 日用化工品制造技术 [M]. 北京：科学技术文献出版社，1998.

[17] 秦国治，田志明. 工业清洗及应用实例 [M]. 北京：化学工业出版社，2007.

[18] 徐宝财. 表面活性剂原料手册 [M]. 北京：化学工业出版社，2007.

[19] 赵世民. 表面活性剂：原理、合成、测定及应用 [M]. 2 版. 北京：中国石化出版社，2017.

[20] 吕彤. 表面活性剂合成技术，北京：化学工业出版社，2016.

[21] 徐宝财，张桂菊，赵莉. 表面活性剂化学与工艺学 [M]. 北京：化学工业出版社，2017.

[22] 肖进新，赵振国. 表面活性剂应用技术 [M]. 北京：化学工业出版社，2018.